城镇排水与污水处理行业职业技能培训鉴定丛书

排水巡查员培训题库

北京城市排水集团有限责任公司　组织编写

中国林业出版社
·北京·

图书在版编目（CIP）数据

排水巡查员培训题库/北京城市排水集团有限责任公司组织编写. —北京：中国林业出版社，2020.9
（城镇排水与污水处理行业职业技能培训鉴定丛书）
ISBN 978-7-5219-0812-1

Ⅰ.①排… Ⅱ.①北… Ⅲ.①城市排水－排水工程－职业技能－鉴定－习题集 Ⅳ.①TU992－44

中国版本图书馆CIP数据核字（2020）第179344号

中国林业出版社

责任编辑：陈　惠　王思源
电　话：(010) 83143614

出版发行	中国林业出版社(100009　北京市西城区刘海胡同7号)
	https://www.forestry.gov.cn/lycb.html
印　刷	北京中科印刷有限公司
版　次	2020年10月第1版
印　次	2020年10月第1次印刷
开　本	889mm×1194mm　1/16
印　张	11
字　数	355千字
定　价	68.00元

未经许可，不得以任何方式复制或抄袭本书之部分或全部内容。

版权所有　侵权必究

城镇排水与污水处理行业职业技能培训鉴定丛书编写委员会

主　　　编　郑　江

副 主 编　张建新　蒋　勇　王　兰　张荣兵

执行副主编　王增义

《排水巡查员培训题库》编写人员

刘大爽　王欢欢　祁　旭　严瞿飞　王恩雕
杨福天　毕　琳　赵东方　马海金　郭宰宏
李志勋

前　言

2018年10月，我国人力资源和社会保障部印发了《技能人才队伍建设实施方案（2018—2020年）》，提出加强技能人才队伍建设、全面提升劳动者就业创业能力是新时期全面贯彻落实就业优先战略、人才强国战略、创新驱动发展战略、科教兴国战略和打好精准脱贫攻坚战的重要举措。

我国正处在城镇化发展的重要时期，城镇排水行业是市政公用事业和城镇化建设的重要组成部分，是国家生态文明建设的主力军。为全面加强城镇排水行业职业技能队伍建设，培养和提升从业人员的技术业务能力和实践操作能力，积极推进城镇排水行业可持续发展，北京城市排水集团有限责任公司组织编写了本套城镇排水与污水处理行业职业技能培训鉴定丛书。

本套丛书是基于北京城市排水集团有限责任公司近30年的城镇排水与污水处理设施运营经验，依据国家和行业的相关技术规范以及职业技能标准，并参考高等院校教材及相关技术资料编写而成，包括排水管道工、排水巡查员、排水泵站运行工、城镇污水处理工、污泥处理工共5个工种的培训教材和培训题库，内容涵盖安全生产知识、基本理论常识、实操技能要求和日常管理要素，并附有相应的生产运行记录和统计表单。

本套丛书主要用于城镇排水与污水处理行业从业人员的职业技能培训和考核，也可供从事城镇排水与污水处理行业的专业技术人员参考。

由于编者水平有限，丛书中可能存在不足之处，希望读者在使用过程中提出宝贵意见，以便不断改进完善。

2020年6月

目 录

第一章 初级工 ……………………………………………………………… (1)
  第一节 安全知识 …………………………………………………………… (1)
    一、单选题 ……………………………………………………………… (1)
    二、多选题 ……………………………………………………………… (6)
    三、简答题 ……………………………………………………………… (7)
  第二节 理论知识 …………………………………………………………… (8)
    一、单选题 ……………………………………………………………… (8)
    二、多选题 ……………………………………………………………… (18)
    三、简答题 ……………………………………………………………… (22)
    四、计算题 ……………………………………………………………… (23)
  第三节 操作知识 …………………………………………………………… (24)
    一、单选题 ……………………………………………………………… (24)
    二、多选题 ……………………………………………………………… (28)
    三、简答题 ……………………………………………………………… (30)
    四、实操题 ……………………………………………………………… (32)

第二章 中级工 ……………………………………………………………… (34)
  第一节 安全知识 …………………………………………………………… (34)
    一、单选题 ……………………………………………………………… (34)
    二、多选题 ……………………………………………………………… (38)
    三、简答题 ……………………………………………………………… (39)
  第二节 理论知识 …………………………………………………………… (40)
    一、单选题 ……………………………………………………………… (40)
    二、多选题 ……………………………………………………………… (47)
    三、简答题 ……………………………………………………………… (51)
    四、计算题 ……………………………………………………………… (52)
  第三节 操作知识 …………………………………………………………… (54)
    一、单选题 ……………………………………………………………… (54)
    二、多选题 ……………………………………………………………… (58)
    三、简答题 ……………………………………………………………… (61)
    四、实操题 ……………………………………………………………… (61)

第三章 高级工 ……………………………………………………………… (64)
  第一节 安全知识 …………………………………………………………… (64)

一、单选题 …………………………………………………………………………… (64)
　　二、多选题 …………………………………………………………………………… (69)
　　三、简答题 …………………………………………………………………………… (70)
　第二节　理论知识 ……………………………………………………………………… (70)
　　一、单选题 …………………………………………………………………………… (70)
　　二、多选题 …………………………………………………………………………… (81)
　　三、简答题 …………………………………………………………………………… (86)
　　四、计算题 …………………………………………………………………………… (87)
　第三节　操作知识 ……………………………………………………………………… (89)
　　一、单选题 …………………………………………………………………………… (89)
　　二、多选题 …………………………………………………………………………… (91)
　　三、简答题 …………………………………………………………………………… (92)
　　四、实操题 …………………………………………………………………………… (97)

第四章　技　师 …………………………………………………………………………… (99)
　第一节　安全知识 ……………………………………………………………………… (99)
　　一、单选题 …………………………………………………………………………… (99)
　　二、多选题 …………………………………………………………………………… (103)
　　三、简答题 …………………………………………………………………………… (104)
　第二节　理论知识 ……………………………………………………………………… (105)
　　一、单选题 …………………………………………………………………………… (105)
　　二、多选题 …………………………………………………………………………… (114)
　　三、简答题 …………………………………………………………………………… (120)
　　四、计算题 …………………………………………………………………………… (122)
　第三节　操作知识 ……………………………………………………………………… (123)
　　一、单选题 …………………………………………………………………………… (123)
　　二、多选题 …………………………………………………………………………… (125)
　　三、简答题 …………………………………………………………………………… (126)
　　四、实操题 …………………………………………………………………………… (126)

第五章　高级技师 ………………………………………………………………………… (131)
　第一节　安全知识 ……………………………………………………………………… (131)
　　一、单选题 …………………………………………………………………………… (131)
　　二、多选题 …………………………………………………………………………… (133)
　　三、简答题 …………………………………………………………………………… (134)
　第二节　理论知识 ……………………………………………………………………… (135)
　　一、单选题 …………………………………………………………………………… (135)
　　二、多选题 …………………………………………………………………………… (145)
　　三、简答题 …………………………………………………………………………… (149)
　　四、计算题 …………………………………………………………………………… (155)
　第三节　操作知识 ……………………………………………………………………… (161)
　　一、单选题 …………………………………………………………………………… (161)
　　二、多选题 …………………………………………………………………………… (162)
　　三、简答题 …………………………………………………………………………… (163)
　　四、实操题 …………………………………………………………………………… (165)

第一章

初 级 工

第一节 安全知识

一、单选题

1. 硫化氢在常温下为( )。
A. 液体　　　　　B. 混合物　　　　　C. 气体　　　　　D. 固体
答案：C

2. 下列关于劳保用品使用的说法错误的是( )。
A. 员工必须按要求妥善保管和正确使用,确保其防护性能完好
B. 凡从事多种作业的工种,按主要的工作岗位发给劳保用品
C. 劳保用品可以按员工自身需求佩戴
D. 二次使用的劳保用品应按照其相关标准进行检测试验
答案：C

3. 在必须使用个人防护用品用具的作业或场合中,忽视其使用是属于( )。
A. 管理不到位　　　　　　　　　　　B. 人的不安全行为
C. 物的不安全状态　　　　　　　　　D. 环境的影响
答案：B

4. 电动自行车在非机动道路行驶,最高时速应当保持( )。
A. 每小时20km车速　　　　　　　　B. 每小时40km车速
C. 每小时60km车速　　　　　　　　D. 每小时15km车速
答案：D

5. 下列说法错误的是( )。
A. 下井作业人员禁止携带手机等非防爆类电子产品或打火机等火源,必须携带防爆照明、通讯设备
B. 进入污水井等地下有限空间调查取证时,作业人员应使用普通相机拍照
C. 下井作业现场严禁吸烟,未经许可严禁动用明火
D. 当作业人员进入排水管道内作业时,井室内应设置专人呼应和监护
答案：B

6. 下列不属于有限空间事故高发的原因是( )。
A. 安全投入不足　　　　　　　　　　B. 应急救援能力差
C. 安全培训未落实　　　　　　　　　D. 作业人员身体情况欠佳
答案：D

7. 缺氧环境下从事有限空间作业,应使用( )呼吸防护用品。
A. 防尘口罩　　　　　　　　　　　　B. 送风式长管呼吸器 + 隔离式紧急逃生呼吸器

C. 防毒面具　　　　　　　　　　　　　　D. 隔离式紧急逃生呼吸器
答案：B

8.《中华人民共和国安全生产法》规定，生产经营单位的特种作业人员必须按照国家有关规定，经专门的安全作业培训，取得（　　），方可上岗作业。
A. 特种作业操作资格证书　　　　　　　B. 相应资格
C. 职业技能等级证书　　　　　　　　　D. 特种作业操作证书
答案：B

9. 生产经营单位与从业人员订立的劳动合同，应当载明有关保障从业人员（　　）、防止职业危害，以及为从业人员办理工伤保险事项。
A. 福利待遇　　　B. 劳动安全　　　C. 教育和培训　　　D. 劳动权利
答案：B

10.（　　）措施不是有限空间危害通用控制措施。
A. 隔离　　　B. 通风　　　C. 分析检测　　　D. 清洗和净化
答案：C

11. 氧的体积百分比高于（　　）属于富氧环境。
A. 22%　　　B. 23.5%　　　C. 24%　　　D. 25%
答案：B

12. 下列不属于有限空间作业危害特点的是（　　）。
A. 属高风险作业可导致死亡　　　　　　B. 绝大多数情况下不可以预防
C. 发生的地点形式多样化　　　　　　　D. 多种危害共存
答案：B

13. 在安全生产工作中，必须坚持"（　　）"的方针。
A. 安全第一，预防为主，综合治理　　　B. 管理、装备、培训并重
C. 管生产必须管安全　　　　　　　　　D. 安全第一，预防为主
答案：A

14. 新参加工作的人员、（　　）和临时参加劳动的人员可随同参加工作，但不得分配单独作业的任务。
A. 无操作证人员　　B. 实习人员　　C. 外施人员　　D. 管理人员
答案：B

15. 从业人员有权了解其作业场所和工作岗位存在的（　　）。
A. 机器设备的数量　　B. 管理机构组成　　C. 危险因素　　D. 人员的分布情况
答案：C

16. 高处作业是指在坠落高度基准面（　　）以上（含）位置有可能坠落的作业。
A. 2m　　　B. 3m　　　C. 4m　　　D. 5m
答案：A

17. 生产经营单位应当在有较大危险因素的生产经营场所和有关设施、设备上，设置明显的（　　）。
A. 安全警示标志　　B. 安全宣传挂图　　C. 安全宣传标语　　D. 安全横幅
答案：A

18. 安全帽应保证人的头部和帽体内顶部的空间至少有（　　）才能使用。
A. 20mm　　　B. 25mm　　　C. 32mm　　　D. 35mm
答案：C

19. 职业性安全健康监护体检，一线工人周期为（　　）1次。
A. 3年　　　B. 2年　　　C. 1年　　　D. 半年
答案：C

20. 我国规定工作地点噪声容许标准为（　　）。
A. 75dB　　　B. 80dB　　　C. 85dB　　　D. 90dB
答案：C

21. 饮酒驾车是驾驶员的血液酒精含量（　　）时的驾驶行为。
A. ≤10mg/mL　　　　B. ≥20mg/mL　　　　C. ≥80mg/mL　　　　D. ≥20mg/mL 且 <80mg/mL
答案：D

22. 我国的"119"消防宣传活动日是（　　）。
A. 1月9日　　　　B. 1月19日　　　　C. 9月11日　　　　D. 11月9日
答案：D

23. 我国目前通用的火警电话是（　　）。
A. 911　　　　B. 119　　　　C. 110　　　　D. 112
答案：B

24. 油锅起火应该使用（　　）的方法扑灭。
A. 水　　　　B. 盖锅盖　　　　C. 扔出去　　　　D. 不管
答案：B

25. 公众聚集场所对员工的消防安全培训应当至少（　　）进行1次。
A. 1年　　　　B. 半年　　　　C. 1季度　　　　D. 1个月
答案：B

26. 电气设备在发生火灾时不应该用（　　）灭火。
A. 卤代烷　　　　B. 水　　　　C. 干粉　　　　D. 沙土
答案：B

27. 机关、团体、事业单位应当每（　　）进行1次防火检查。
A. 2个月　　　　B. 一季度　　　　C. 4个月　　　　D. 6个月
答案：B

28. 停电检修作业必须严格执行（　　）制度。
A. 监控　　　　B. 监护　　　　C. 备案　　　　D. 集中控制
答案：B

29. 作业现场出现危险品泄漏，首先应（　　）。
A. 边处理边施工　　　　B. 报告公司领导
C. 停止作业，撤离人员　　　　D. 进行堵漏处理
答案：C

30. 有限空间作业事故多发生在（　　）。
A. 贮罐　　　　B. 污水井、化粪池　　　　C. 反应釜　　　　D. 地下室
答案：B

31. 对管径小于（　　）的管道，严禁进入管道内部作业。
A. 400mm　　　　B. 600mm　　　　C. 800mm　　　　D. 1000mm
答案：C

32. 火灾初起阶段是扑救火灾（　　）的阶段。
A. 最不利　　　　B. 最有利　　　　C. 较不利　　　　D. 较有利
答案：B

33. 交通信号灯由红灯、绿灯、黄灯组成。红灯表示禁止通行，绿灯表示准许通行，黄灯表示（　　）。
A. 警示　　　　B. 禁止　　　　C. 准许　　　　D. 禁止或警示
答案：A

34. 机动车驶近急弯、坡道顶端等影响安全视距的路段以及超车或者遇有紧急情况时，应当减速慢行，并（　　）示意。
A. 鸣喇叭　　　　B. 开远光灯　　　　C. 停车　　　　D. 开近光灯
答案：A

35. 机动车在高速公路上发生故障时，警告标志应当设置在故障车来车方向（　　）以外。
A. 50m　　　　B. 100m　　　　C. 150m　　　　D. 200m

答案：C

36. 小型客车定员人数为( )。
A. ≤5 人　　　B. ≤7 人　　　C. ≤9　　　D. 10~19 人
答案：C

37. 在存放易燃易爆危险品的场所，不得穿( )。
A. 橡胶鞋　　　B. 布鞋　　　C. 金属钉鞋　　　D. 电工绝缘鞋
答案：C

38. ( )是化学品标签中的警示词。
A. 危险、警告、注意　　　B. 火灾、爆炸、自燃
C. 毒性、还原性、氧化性　　　D. 中毒、火灾、腐蚀
答案：A

39. 易燃易爆区域是指( )。
A. 火灾危险类别为甲、乙类的区域　　　B. 火灾危险类别为甲、乙、丙类的区域
C. 火灾危险类别为甲类的区域　　　D. 火灾危险类别为乙类的区域
答案：A

40. 当触电人脱离电源后，如深度昏迷、呼吸和心脏已经停止，首先应当做的事情是( )。
A. 找急救车，等候急救车的到来
B. 紧急送往医院
C. 就地进行口对口(鼻)人工呼吸和胸外心脏按压抢救
D. 让触电人静卧
答案：C

41. 临时变压器台的总配电箱底边距地面高度一般不应小于( )。
A. 0.8m　　　B. 1.3m　　　C. 1.8m　　　D. 2.3m
答案：B

42. 交流弧焊机的二次侧的空载电压多为( )。
A. 60~75V　　　B. 45~55V　　　C. 30~50V　　　D. 12~36V
答案：A

43. 插座回路保护线的颜色应当为( )。
A. 深蓝色　　　B. 浅蓝色　　　C. 绿、黄双色　　　D. 黑色
答案：C

44. 装设避雷针、避雷器、避雷网、避雷带都是防护( )的主要措施。
A. 雷电侵入波　　　B. 直击雷　　　C. 反击　　　D. 二次放电
答案：B

45. 检查及维修输送有毒有害介质的闸阀门时，应有必要的( )。
A. 工具　　　B. 安全防护措施　　　C. 操作人员　　　D. 操作顺序
答案：B

46. 定期对厂内各类设备、管线进行维护，不应有积尘、油垢和锈蚀，无( )现象。
A. 跑冒滴漏　　　B. 断裂　　　C. 备用　　　D. 截流
答案：A

47. 使用台虎钳，钳把不得作套管加力或用手锤敲打，所夹工件不得超过钳口最大行程的( )。
A. 1/4　　　B. 1/3　　　C. 1/2　　　D. 2/3
答案：D

48. 停电检修时，在一经合闸即可送电到工作地点的开关或刀闸的操作把手上，应悬挂( )标示牌。
A."在此工作"　　　B."止步，高压危险"
C."禁止合闸，有人工作"　　　D."注意安全"
答案：C

49. 气体检测仪强制检定周期是( )1 次。
A. 半年 B. 1 年 C. 2 年 D. 3 年
答案：B

50. 应每年对锅炉全套设备进行( )次维护与保养，对相关部件的气密性进行复查，并应测量每次保养及故障处理后的燃烧烟气值，并做好记录。
A. 1 B. 2 C. 3 D. 4
答案：A

51. 要测量 380V 交流电动机绝缘电阻，应选用额定电压为( )的绝缘电阻表。
A. 250V B. 380V C. 500V D. 1000V
答案：C

52. 下列突发公共事件应急机制描述正确的是( )。
A. 领导靠前、反应灵敏、处置高效 B. 领导靠前、反映靠后、处置高效
C. 分工明确、责任到人 D. 领导靠后、反映靠后、处置高效
答案：A

53. 排水应急抢险工作处置原则是( )。
A. 统一领导、分级负责 B. 分级领导、各自为战
C. 分级负责、分级领导 D. 统一领导、各自为战
答案：A

54. 应急预案启动共分( )部分。
A. 5 B. 4 C. 3 D. 2
答案：C

55. 在应急抢险过程中，对抢险过程中起关键作用的个人和先进集体进行表扬，总计( )条。
A. 4 B. 5 C. 6 D. 7
答案：A

56. 应急抢险事件报告时，不属于信息报送内容的是( )。
A. 时间 B. 地点 C. 全部人物 D. 处置情况
答案：C

57. 《中华人民共和国安全生产法》规定，生产经营单位必须建立、健全安全生产责任制度和安全生产规章制度，改善安全生产条件，推进( )，提高安全生产水平。
A. 安全生产标准化建设 B. 企业安全文化建设
C. 事故预防体系建设 D. 隐患排查治理体系建设
答案：A

58. 规定，安全生产工作应当"以人为本"，坚持( )的方针。
A. 安全第一、预防为主 B. 安全第一、预防为主、综合治理
C. 安全第一、以人为本 D. 安全第一、人人有责
答案：B

59. 进入燃气管道地下有限空间作业，作业人员必须穿戴( )。
A. 防水工作服装 B. 防火工作服装 C. 一般工作服装 D. 防静电工作服装
答案：D

60. 使用长管呼吸器前必须进行检查，以下检查项错误的是( )。
A. 使用前检查面罩是否完好，密合框是否有破损
B. 检查导气管、长管的气密性，观察是否有空洞或裂缝
C. 使用高压送风式长管呼吸器时，检查气瓶压力是否满足作业需要以及检查报警装置
D. 滤毒罐外观有无破损
答案：C

61. 预警区是作业区的组成部分，行车方向的上游，通行的道路区域。通过警示前方有占道作业活动，下

列关于预警区说法不正确的是( )。
A. 应以上游过渡区前端为起点设置预警区
B. 在每段预警区的端点处设置限速标志等相应标志
C. 主干路、次干路预警区分段长度为100m
D. 根据道路情况不同,预警区可设一段、二段、三段
答案:C

62. 下列关于锥形交通路标说法正确的是( )。
A. 限制车速为50km/h,渐变段锥形交通路标间距应至多为2m
B. 限制车速为60km/h,渐变段锥形交通路标间距应至多为3m
C. 限制车速为50km/h,非渐变段锥形交通路标间距应至多为3m
D. 限制车速为50km/h,非渐变段锥形交通路标间距应至多为4m
答案:A

63. 次干路、支路、三级公路、四级公路上的设施设置可参照主干路、一级公路、二级公路的规定。根据实际情况,其限制车速可设定为( )或更低。
A. 20km/h   B. 30km/h   C. 40km/h   D. 50km/h
答案:B

64. 有限空间作业前,在未知有毒有害气体因素时,必须选用( )气体检测报警仪,进行气体检测。
A. 复合泵吸式   B. 扩散式   C. 便携式   D. 复合式
答案:A

65. 污水中含有沼气,沼气的最主要成分是( )。
A. 一氧化碳   B. 甲烷   C. 乙烷   D. 氯气
答案:B

66. 医院废水排放的主要超标成分有( )。
A. 余氯   B. 氯化物   C. 汞   D. 以上都是
答案:D

67. 化学有害因素的职业接触限值不包括( )。
A. 时间加权平均容许浓度   B. 最低接触浓度
C. 短时间接触容许浓度   D. 最高容许浓度
答案:B

68. 气象预警等级最高为( )。
A. 橙色   B. 红色   C. 黄色   D. 蓝色
答案:B

69. 排水管网内产生( )气体等有毒有害物质,造成人员伤亡。
A. 硫化氢   B. 三氯甲烷   C. 氰化钠   D. 四氯化碳
答案:A

70. 除非涉及为多人使用,否则在梯子上只允许( )人工作。
A. 1   B. 2   C. 3   D. 4
答案:A

71. 正压式空气呼吸器一般在( )时开始报警,并立即返回地面。
A. 5.5MPa   B. (5.5±0.5)MPa   C. (5.5±1.0)MPa   D. (5.5±2.0)MPa
答案:B

二、多选题

1. 巡查人员佩戴劳保防护用品有( )。
A. 劳保鞋、工作服、雨衣   B. 安全帽、反光背心
C. 雨衣、安全帽、指挥棒   D. 安全带、雨衣、劳保鞋

答案：AB

2. 有限空间作业存在的危害包括（　　）。
A. 缺氧窒息　　　　B. 中毒　　　　C. 燃爆　　　　D. 雷击
答案：ABC

3. 消防器材要执行"三定"管理的原则，即（　　），明确责任，建立台账。
A. 定位置　　　　B. 定数量　　　　C. 定负责人　　　　D. 定防范措施
答案：ABC

4. 要建立起一个完善的生产经营单位安全生产责任制，须达到的要求包括（　　）。
A. 符合国家安全生产法律法规和政策、方针的要求
B. 根据本单位、部门、班组、岗位的实际情况
C. 发挥职工群众的监督作用
D. 建立安全生产责任制的监督、检查等制度
答案：ABCD

5. 安全生产投入主要用于（　　）。
A. 生产安全隐患整改
B. 增设新安全设备、器材、装备、仪器、仪表
C. 用于发放职工福利，提高职工待遇
D. 制订、落实生产事故应急救援预案
答案：ABD

6. 建筑行业发生率较高的伤害是（　　）。
A. 高处坠落　　　　B. 触电事故　　　　C. 物体打击
D. 机械伤害　　　　E. 坍塌事故
答案：ABCDE

7. 新工人上岗前必须做的工作是（　　）。
A. 签订劳动合同
B. 经过上岗前的"三级"安全教育
C. 遵守企业劳动纪律
D. 安全考核
答案：AB

8. 泵站运行人员在操作高压到合闸时必须穿戴的安全防护用品有（　　）。
A. 实验合格的高压绝缘靴
B. 实验合格的高压绝缘手套
C. 试验合格的绝缘拉杆
D. 试验合格的绝缘夹钳
答案：AB

9. 安全施工要杜绝的"三违"是指（　　）。
A. 违章指挥　　　　B. 违章作业　　　　C. 违反劳动纪律　　　　D. 违章操作
答案：ABC

10. 从事电焊、气焊作业的工人，必须穿戴（　　）。
A. 焊接专用手套　　　　B. 绝缘鞋　　　　C. 护目镜或面罩　　　　D. 防毒面具
答案：ABC

三、简答题

1. 简述管网养护作业中存在的危险源。

答：（1）有限空间作业方面，危险源有：缺氧、有害气体、燃爆气体，风险：中毒窒息、燃爆。

（2）作业现场安全：坠落、触电、溺水、踩踏、治安。

（3）设备安装和调试方面：运行日常工作当中由于操作不当易造成机械伤害，如机械格栅操作及操作过程中操作不规范造成的人员伤害及设备损坏；设备运行及养护操作不规范造成人员伤害及设备损坏；此外还有像天车、电动葫芦、手电动闸阀、发电机、通风类设备的操作等。

（4）火灾事故：吸烟、电器短路、电器过载、人为火灾等。

（5）机动车事故：违反道路交通安全法、酒后驾驶、超速行驶、闯红灯、超高、超宽、疲劳驾驶等所造成的人员、车辆伤害。

2.《北京市排水和再生水管理办法》第十八条第五款规定，在排水和再生水设施用地范围内应禁止的行为有哪些？

答：取土、爆破、埋杆、堆物。

3.《北京市排水和再生水管理办法》共八章，包括总则、规划与建设、附则三章外，还包括哪五章？

答：运营与养护、污水处理、再生水利用、监督与管理、法律责任。

4. 简述生产经营单位安全设施"三同时"的内容。

答：新建、改建、扩建工程的安全设施，须与主体工程同时设计、同时施工、同时投入生产和使用。

5. 特种劳动防护用品分为哪几类？

答：头部护具类、呼吸护具类、眼(面)护具类、防护服类、防护鞋类、防坠落护具类。

6. 正压式(便携)空气呼吸器在排水设施的检测、养护以及应急救援工作中扮演重要角色，正压式呼吸器的使用过程是什么(过程描述中注明安全注意事项)？

答：(1)使用前的检查(使用前必须按照以下步骤对呼吸器进行检查，否则会给使用者造成生命危险)

气瓶定位：检查瓶阀是否处于关闭状态，将气瓶放入背架中部凹槽内，减压阀的手轮完全旋紧，气瓶束带必须扣紧，无松动。

快速检测：①查看压力。完全打开气瓶阀门，查看压力表，气瓶在充满状态下，环境温度为20℃时，压力表应显示压力为30MPa，若低于此压力，会缩短使用时间。②气密性。打开并关闭瓶阀，观察压力表，在一分钟内压力的下降不得超过2MPa。③报警哨。关闭供气阀(与面罩脱离即可)，打开瓶阀，让管路充满空气，再关闭瓶阀，打开强制供气阀，缓慢释放管路内的气体，同时观察压力表数值，当压力表示数在(5.5±0.5)MPa时，报警哨必须开始报警。

(2)佩戴(蓄有胡须，佩戴眼镜或其他脸部问题导致无法保证面罩气密性的情况下，禁止使用该设备)

背架的调节：背上整套装置，双手扣住身体两侧的肩带D形环，身体前倾，向后下方拉近D形环直到肩带及背架与身体充分贴合。扣上腰带并拉紧，背架佩戴要求不发生松动移位，打开气瓶阀至少一圈以上。

佩戴面罩：一只手托住面罩将口鼻罩与脸部贴合，另一只手将头带向后拉，罩住头部并收紧头带。用手掌封住进气口吸气，如果感到无法呼吸且面罩充分贴合则说明密封良好。将供气阀推入面罩供气口，听到"咔哒"的声音，同时，快速接口的两侧按钮同时复位则表示已正确连接，此时即可正常呼吸。

(3)使用过程中注意事项

使用过程中时刻关注压力表变化，当气瓶压力达到(5.5±0.5)MPa时报警哨开始鸣叫，此时使用者必须撤离有毒工作环境到安全区域，否则将有生命危险。

在恶劣或紧急情况下(受伤或呼吸困难)，使用者需要额外空气补给时，打开强制供气阀，呼吸气流将增大。

(4)使用完毕后的操作

按下供气阀两侧的按钮，使供气阀与面罩脱离。松开头带卸下面罩。打开腰带扣。松开肩带卸下呼吸器。关闭瓶阀。打开强制供气阀放空管路空气。

第二节 理论知识

一、单选题

1. 城镇排水与污水处理设施建设工程竣工后，(　　)应当依法组织竣工验收。

A. 施工单位　　B. 建设单位　　C. 监理单位　　D. 排水主管部门

答案：B

2. 排水户向所在地城镇排水主管部门申请领取排水许可证。城镇排水主管部门应当自受理申请之日起(　　)内作出决定。

A. 10d　　B. 20d　　C. 30d　　D. 40d

答案：B

3. 制定《中华人民共和国水法》是为了合理开发、利用、节约和保护水资源,防治水害,实现水资源的( )利用,适应国民经济和社会发展的需要。
　　A. 有效　　　　　　　　B. 可持续　　　　　　　C. 综合　　　　　　　D. 合理
　　答案:B

4.《中华人民共和国水法》中的水资源是指( )。
　　A. 空中水、地表水、地下水　　　　　　B. 海水、淡水
　　C. 地表水、地下水　　　　　　　　　　D. 河湖水、海水
　　答案:C

5. 县级以上人民政府应当加强水利基础设施建设,并将其纳入本级( )。
　　A. 水利建设规划　　　　　　　　　　　B. 工程建设计划
　　C. 国民经济和社会发展计划　　　　　　D. 五年计划
　　答案:C

6. 下列不是城市水系研究对象的是( )。
　　A. 城市景观　　　　B. 滨水空间　　　　C. 江、河、渠、湖、湾　　　　D. 海水利用
　　答案:D

7. 城市水系的分类不包含( )。
　　A. 单一河道型城市水系　　　　　　　　B. 水网型城市水系
　　C. 环水域布局型城市水系　　　　　　　D. 地下水系
　　答案:D

8. 城市雨水量的估算和( )参数无关。
　　A. 雨水量　　　　　B. 径流系数　　　　C. 降雨重现期　　　　D. 汇水面积
　　答案:C

9. 关于雨水管渠设计重现期,下列选项正确的是( )。
　　A. 雨水管渠设计重现期,应根据汇水地区性质、地形特点和气候特征等因素确定
　　B. 同一排水系统不可采用不同重现期设计规格
　　C. 重要干道、重要地区或短期积水即能引起较严重后果的地区,重现期一般采用0.5～3年
　　D. 一般干道及普通地区不须要考虑降雨重现期
　　答案:D

10. 下列不是防汛排涝的主要措施的是( )。
　　A. 加强城市雨水管网与排涝系统　　　　B. 完善城市防洪排涝工程体系
　　C. 通过科学技术措施提高城市防洪排涝能力　　D. 提高城市污水管网的畅通率
　　答案:D

11. 截流井的安装位置是( )。
　　A. 安放在合流管线的最上游　　　　　　B. 安放在合流管线的最下游
　　C. 安放在合流管线的中游　　　　　　　D. 没有要求
　　答案:B

12. 暴雨蓝色预警的含义是( )内降雨量达20～50mm,或者降雨有可能持续。
　　A.4h　　　　　　　B.5h　　　　　　　C.6h　　　　　　　D.7h
　　答案:C

13. 根据病害种类不同管道检测评估分为( )。
　　A. 功能性检测评估和结构性检测评估　　B. 传统检测评估和现代检测评估
　　C. 闭路电视检测评估和管道潜望镜检测评估　　D. 声呐检测评估和激光检测评估
　　答案:A

14. 下图中属于闭路电视检测设备的是( )。

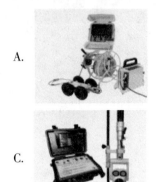

答案：A

15. 管道功能性缺陷包括（ ）。
A. 积泥、洼水、结垢、树根、杂物、残堵
B. 积泥、洼水、腐蚀、树根、杂物、结垢
C. 腐蚀、树根、杂物、洼水、积泥、残堵
D. 积泥、树根、杂物、残堵、结垢、断裂
答案：A

16. 管道结构性缺陷包括（ ）。
A. 腐蚀、破裂、变形、错口、脱节、渗漏、侵入
B. 腐蚀、积泥、变形、错口、脱节、渗漏、侵入
C. 破裂、变形、洼水、脱节、渗漏、侵入
D. 变形、错口、脱节、渗漏、侵入、杂物
答案：A

17. 排水设施检测按照检测设施的位置不同分为（ ）。
A. 管道外检测　　B. 激光检测　　C. 声呐检测　　D. 管道潜望镜检测
答案：A

18. 维护作业单位应不少于每年（ ）次对作业人员进行安全生产和专业技术培训，并建立安全培训档案，并且应不少于每（ ）年1次对作业人员进行健康体检，并建立健康档案。
A.1，1　　　　B.1，2　　　　C.2，1　　　　D.2，2
答案：B

19. 当管道管径大于（ ）时，须进行人工清掏。
A.600mm　　　B.800mm　　　C.1000mm　　　D.1200mm
答案：C

20. 下列关于排水设施应急事件分级正确的是（ ）。
A. 依据突发公共事件分级，将事故从高到低划分为特别重大（Ⅰ级）、重大（Ⅱ级）、较大（Ⅲ级）、一般（Ⅳ级）4个级别
B. 依据突发公共事件分级，将事故从低到高划分为特别重大（Ⅰ级）、重大（Ⅱ级）、较大（Ⅲ级）、一般（Ⅳ级）4个级别
C. 依据突发公共事件分级，将事故按时间顺序划分为特别重大（Ⅰ级）、重大（Ⅱ级）、较大（Ⅲ级）、一般（Ⅳ级）4个级别
D. 依据突发公共事件分级，将事故按涉及范围划分为特别重大（Ⅰ级）、重大（Ⅱ级）、较大（Ⅲ级）、一般（Ⅳ级）4个级别
答案：A

21. 在事故处置过程中有（ ）突出表现的单位和个人，应依有关规定给予奖励。
A. 出色完成应急抢险任务，成绩显著的
B. 防止或开展事故抢险工作有功，但是未使公司和人民群众的生命财产免受损失或减少损失的
C. 对应急抢险工作提出重大建议，实施效果不显著的
D. 及时有效的实施应急救援工作，最大程度的减少财产损失的

答案：A

22. 在事故处置过程中的行为，按照国家法律、法规，对有关责任人员视情节和危害后果给予行政处分或罚款，这些行为有（　　）种。
    A. 10　　　　　　　B. 6　　　　　　　C. 4　　　　　　　D. 8
    答案：C

23. 关于电视检测系统的优点，下列说法错误的是（　　）。
    A. 操作方便、图像记录、判断准确直观
    B. 避免人员进入管道可能发生的人身伤亡事故
    C. 为竣工验收、接管检查提供了科学而有效的方法
    D. 检测高水位运行的排水管网来说不需要临时做一些辅助工作（如临时调水、封堵等）
    答案：D

24. 关于闭路电视检测系统的设备性能，下列说法错误的是（　　）。
    A. 摄像镜头应具有平扫与旋转、仰俯与旋转、变焦功能
    B. 摄像镜头高度应可以自由调整
    C. 灯光强度不可调节
    D. 检测设备应结构坚固、密封良好，能在 0～50℃ 的气温条件下和潮湿的环境中正常工作
    答案：C

25. 使用闭路电视检测系统检测圆形管道时，检测时摄像镜头移动轨迹应在管道中轴线上，偏离度不应大于管径的（　　）。
    A. 10%　　　　　　B. 20%　　　　　　C. 30%　　　　　　D. 40%
    答案：A

26. 声呐检测系统仅能检测（　　）的管道状况。
    A. 液面以下　　　　B. 液面以上　　　　C. 圆形管道　　　　D. 方沟
    答案：A

27. 声呐检测系统能检测识别（　　）。
    A. 积泥　　　　　　B. 洼水　　　　　　C. 结垢　　　　　　D. 破裂
    答案：A

28. 以下关于管道潜望镜的优点描述错误的是（　　）。
    A. 便携式设计　　　　　　　　　　　B. 操作简便
    C. 直观　　　　　　　　　　　　　　D. 可以应用于任何情况的排水设施检测
    答案：D

29. GIS 是地理信息系统的英文（Geographic Information System）简称，是一种特定的（　　）。
    A. 空间信息系统　　B. 数据库系统　　　C. 管理信息系统　　D. 地图管理系统
    答案：A

30. 城市排水管网地理信息系统就是利用 GIS 技术和给排水专业技术相结合，集采集、管理、更新、（　　）与处理城市排水管网系统信息等功能于一身的应用系统。
    A. 统计　　　　　　B. 综合分析　　　　C. 测量　　　　　　D. 标记
    答案：B

31. GIS 为（　　）、在线监测、调度等系统提供运行所需要的基础数据，并能储存和更新其他几类系统的运行结果。
    A. 设备管理　　　　B. 统计管理　　　　C. 管网模型　　　　D. 人力资源
    答案：C

32. 排水管网 GIS 数据最重要的组成是检查井及管线数据，分别为点、线数据。上述两个数据必须具有"（　　）"属性项。
    A. 代码　　　　　　B. 雨水　　　　　　C. 污水　　　　　　D. 合流
    答案：A

33. 排水管网地理信息系统应能够反映管网在运行中的变化规律和趋势，包括管网材料本身的损耗和管网内水流（　　）的变化情况，为管网的运行调度提供数据依据。
   A. 速度　　　　　　B. 流态　　　　　　C. 氨氮　　　　　　D. 流量和水质
   答案：D

34. 排水管网地理信息系统需要管理图形数据、属性数据，操作过程中还可能生成列表和图形，采用（　　）形式，可使界面便于管理。
   A. 命令行　　　　　B. 多窗口　　　　　C. 单一窗口　　　　D. 图文结合
   答案：B

35. 以下参数与排水管道功能等级评估无关的是（　　）。
   A. 功能性缺陷参数　B. 管道重要性参数　C. 地区重要性参数　D. 土质重要性参数
   答案：D

36. （　　）是指自然生长进入排水管道的树根（群）。
   A. SG　　　　　　　B. ZW　　　　　　　C. WS　　　　　　　D. CK
   答案：A

37. 在排水管道功能性缺陷评估中，定义为"水中的泥沙及其他异物沉淀等有机或无机物在排水管道底部形成的堆积物"的缺陷种类为（　　）。
   A. 积泥　　　　　　B. 杂物　　　　　　C. 树根　　　　　　D. 残堵
   答案：A

38. 对于排水设施功能性评估为二级的管线，其功能性状况评价为少量轻度缺陷或仅个别中度缺陷，管道功能状况较好。则其管道养护方案应（　　）。
   A. 计划养护　　　　B. 无须养护　　　　C. 须尽快养护　　　D. 紧急养护或扩建
   答案：A

39. 结垢是指水中的（　　）等附着或沉积于排水管内表面形成的软质或硬质结垢。
   A. 油脂、铁盐、石灰质　　　　　　　　B. 硫化物、无机磷、非挥发性脂肪酸
   C. 硫化物、油脂、硝态氮　　　　　　　D. 有机磷、硫化物、挥发性脂肪酸
   答案：A

40. 残堵作为设施验收时常见的缺陷之一，下列图中属于此缺陷的是（　　）。

   A.　　　　　　　　　　　　　　　　　B.

   C.　　　　　　　　　　　　　　　　　D.

   答案：A

41. 下列与排水管道结构等级评估无关的因素是（　　）。
   A. 排水管道所在区域位置　　　　　　　B. 管道尺寸
   C. 土质情况　　　　　　　　　　　　　D. 降雨重现期
   答案：D

42. 在排水管道功能性缺陷评估中，定义为"外部作用力超过自身承受力使排水管道产生的裂缝或破损。破裂形式有纵向、环向和复合三种"的缺陷种类为（　　）。
   A. 破裂　　　　　　B. 腐蚀　　　　　　C. 结垢　　　　　　D. 错口
   答案：A

43. 当排水设施结构性评估中管道使用年限小于25年时,其管道老化状况系数应选择( )。
A. 0 B. 0.3 C. 0.6 D. 1
答案:A

44. 渗漏作为设施普查和抽查时常见的缺陷之一,下列图中属于此缺陷的是( )。

A. B. C. D.

答案:A

45. 排水热线信息来源有( )类。
A. 2 B. 3 C. 4 D. 5
答案:A

46. 雨水检查井盖丢失处置时效为( )。
A. 5h B. 6h C. 7h D. 8h
答案:C

47. 关于排水设施热线诉求描述正确的是( )。
A. 排水管网堵冒 B. 排水管网养护作业
C. 排水管网改造施工 D. 排水设施维护工程
答案:A

48. 热线紧急程度分为( )级别。
A. 2个 B. 3个 C. 5个 D. 7个
答案:B

49. 热线类型及紧急程度的分类目的是( )。
A. 优化处置人力资源和设备物资配置 B. 优化排水巡查工工作强度
C. 优化排水巡查工热线处置量 D. 优化排水巡查工管线检测排查程序
答案:A

50. 以下属于施工周边常见的违规使用排水设施的行为有( )。
A. 施工降水 B. 生活污水 C. 施工废水 D. 以上都是
答案:D

51. 施工废水不包括( )。
A. 场地清洗 B. 基坑积水 C. 残渣剩饭 D. 设备冲洗
答案:C

52. 日常巡查发现设施丢损类事件的处置时限为( )。
A. 2h B. 3h C. 4h D. 6h
答案:A

53. 近年来,全国各地均出现过因被盗、损毁、雨污水顶托导致的排水井盖(箅)缺失,造成人员坠落、车辆陷落等事故,社会影响较大,为避免类似事故再次发生,依据《城镇排水与污水处理条例》第( )条,《城镇排水管渠与泵站运行、维护级安全技术规程》(CJJ 68—2016)对检查井盖防坠落和防盗窃提出了明确要求。
A. 二十五 B. 二十六 C. 二十七 D. 二十八
答案:B

54. 管径800mm的排水管道属于( )。

A. 小型管渠　　　　B. 中型管渠　　　　C. 大型管渠　　　　D. 特大型管渠
答案：B

55. 因暴雨时管线超量运行、设施事故等原因，需应急排放水体前，应先报当地（　　）批准后方可实施。
A. 环保部门　　　　B. 政府主管部门　　C. 城市管理部门　　D. 气象部门
答案：B

56. 根据《国家防汛抗旱应急预案》，下列情况不属于Ⅱ级响应的是（　　）。
A. 多个流域发生大洪水
B. 大江大河干流一般河段及主要支流堤防发生决口
C. 数省（区、市）多个市（地）发生严重洪涝灾害
D. 一般大中型水库发生垮坝
答案：A

57. 根据《国家防汛抗旱应急预案》，下列情况不属于Ⅰ级响应的是（　　）。
A. 某个流域发生特大洪水　　　　B. 一个流域发生大洪水
C. 大江大河干流重要河段堤防发生决口　　D. 重点大型水库发生垮坝
答案：B

58. 进入汛期、旱期，各级防汛抗旱指挥机构应实行（　　）值班制度，全程跟踪雨情、水情、工情、旱情、灾情，并根据不同情况启动相关应急程序。
A. 24h　　　　　　B. 36h　　　　　　C. 48h　　　　　　D. 72h
答案：A

59. 24h降雨量达到25~50mm时，称为（　　）。
A. 大雨　　　　　　B. 中雨　　　　　　C. 小雨　　　　　　D. 暴雨
答案：A

60. 支管接入主管时，支管应在（　　）处接入。
A. 雨水口　　　　　B. 检查井　　　　　C. 管道接口　　　　D. 管道上游
答案：B

61. 排水户内部应实行（　　），排水管道纳管方案应经城镇排水管理单位审核。排水户应在污水接入城镇污水管渠前设置排水检查井。
A. 就近原则　　　　B. 初步处理　　　　C. 雨污分流　　　　D. 自管原则
答案：C

62. 大管径排水主管在适当距离的检查井内设置（　　），便于突发情况时的应急处理。
A. 观察孔　　　　　B. 闸槽　　　　　　C. 液位仪　　　　　D. 气体报警仪
答案：B

63. 局部现场固化的内衬管的长度应能覆盖待修复缺陷，且轴向前后应比待修复缺陷至少长（　　）。
A. 100mm　　　　　B. 200mm　　　　　C. 300mm　　　　　D. 400mm
答案：B

64. 当排水管网发生设施运行突发事件时，各单位要按照相应要求处置，其中井盖丢失、破损必须（　　）内处置完成。
A. 3h　　　　　　　B. 4h　　　　　　　C. 5h　　　　　　　D. 6h
答案：D

65. 应急演练的基本任务是：检验、评价和（　　）应急能力。
A. 保护　　　　　　B. 论证　　　　　　C. 协调　　　　　　D. 保持
答案：D

66. （　　）是应急机制的基础，也是整个应急体系的基础。
A. 分级响应　　　　B. 统一指挥　　　　C. 公众动员机制　　D. 以人为本
答案：B

67. 以下不属于抢险类应急物资储备的是（　　）。

A. 基本生活用品　　B. 通信器材　　C. 交通工具　　D. 个人防护装备
答案：A

68. 地理信息系统是以采集、存储、管理、描述、分析(　　)和地理分布有关的数据的信息系统。
A. 海拔　　B. 气压　　C. 地球表面及空间　　D. 点与点之间距离
答案：C

69. GIS作为一种空间查询和数据分析工具，(　　)功能是它的本质特征。
A. 坐标　　B. 位置　　C. 空间分析　　D. 设施分布
答案：C

70. 《给水排水管道工程施工及验收规范》(GB 50268—2008)于2008年10月15日由中华人民共和国住房和城乡建设部公告第132号公布，自(　　)起实施。
A. 2009年5月1日　　B. 2009年4月1日　　C. 2009年3月1日　　D. 2009年2月1日
答案：A

71. 《城镇给水排水技术规范》(GB 50778—2012)于2012年5月28日由中华人民共和国住房和城乡建设部公告第1413号公布，自(　　)起实施。
A. 2012年10月1日　　B. 2012年10月2日　　C. 2012年10月3日　　D. 2012年10月4日
答案：A

72. 排水管道根据排水性质，可分为(　　)。
A. 污水、雨水、合流管道　　B. 干管、支管
C. 公共排水、专用排水管道　　D. 排水、自来水、再生水管道
答案：A

73. 排水管线是指具有相同的(　　)，且通常是同时建设的连续井段。
A. 管道材质、断面尺寸、接口方式　　B. 管道材质、管道坡度、管道埋深
C. 接口方式、管道材质、充满度　　D. 断面尺寸、管道埋深、管道材质
答案：A

74. (　　)是指两座相邻检查井之间的排水管道。
A. 井段　　B. 井距　　C. 管距　　D. 管道
答案：A

75. 圆形排水管道的横断面尺寸是指管道的(　　)。
A. 内径　　B. 内宽　　C. 外径　　D. 外宽
答案：A

76. 在管道地区重要性参数取值中，中心政治、商业及旅游区取值为(　　)。
A. 0　　B. 0.3　　C. 0.6　　D. 1
答案：D

77. 交通干道和其他商业区的地区重要性参数取值应为(　　)。
A. 1　　B. 0.6　　C. 0.3　　D. 0
答案：B

78. 粉砂土、湿陷性土的土质重要性参数取值应为(　　)。
A. 1　　B. 0.6　　C. 0.3　　D. 0
答案：A

79. 排水管道应定期进行结构状况的普查和评估，为制订(　　)提供依据。
A. 养护计划　　B. 维修计划　　C. 普查计划　　D. 情况统计
答案：B

80. 结构缺陷腐蚀(FS)是指排水管道内壁受到水中有害物质的(　　)。
A. 腐蚀　　B. 磨损　　C. 腐蚀和磨损　　D. 以上都不是
答案：C

81. 违反《城镇排水与污水处理条例》规定，擅自拆除、改动城镇排水与污水处理设施的，由城镇排水主管

部门责令改正，恢复原状或者采取其他补救措施，处( )罚款；造成严重后果的，处10万元以上30万元以下罚款；造成损失的，依法承担赔偿责任；构成犯罪的，依法追究刑事责任。
A. 2万元以上10万元以下　　　　　　　　B. 5万元以上10万元以下
C. 2万元以上5万元以下　　　　　　　　　D. 5万元以上8万元以下
答案：B

82. ( )不属于行政处罚的种类之一。
A. 没收违法所得　　B. 罚金　　C. 责令停产停业　　D. 罚款
答案：B

83. 北京市政府令第215号是( )。
A.《城镇排水与污水处理条例》　　　　　　B.《北京市排水和再生水管理办法》
C.《北京市排水许可管理办法》　　　　　　D.《城镇污水排入排水管网许可管理办法》
答案：B

84. 排水许可证有效期( )，在到期前( )应申请延期。
A. 1年，7天　　B. 3年，7天　　C. 3年，30天　　D. 5年，30天
答案：D

85.《城镇排水与污水处理条例》国务院令第641号执行时间为( )。
A. 2015年3月1日　　B. 2014年1月1日　　C. 2010年5月6日　　D. 2010年1月1日
答案：B

86. 在雨水、污水分流地区，新区建设和旧城区改建不得将( )管网、( )管网相互混接。
A. 雨水，污水　　C. 雨水，中水　　B. 污水，中水　　D. 雨水，自来水
答案：A

87. 从事工业、建筑、餐饮、医疗等活动的企业事业单位、个体工商户(以下称排水户)向城镇排水设施排放污水的，应当向( )申请领取( )。
A. 城镇排水主管部门，污水排水管网许可证　　B. 城镇排水主管部门，接入许可证
C. 主管部门，接入许可证　　　　　　　　　　D. 主管部门，污水排水管网许可证
答案：A

88.《城镇排水与污水处理条例》开始实施的时间是( )。
A. 2013年12月1日　　B. 2014年1月1日　　C. 2013年9月18日　　D. 2013年10月2日
答案：B

89. 按《城镇排水与污水处理条例》的规定，"排水户"排水前须取得( )手续。
A. 污水排入排水管网许可证　　　　　　B. 施工许可证
C. 规划许可证　　　　　　　　　　　　D. 接入核准手续
答案：A

90. 城市防洪规划应以( )防洪规划为依据。
A. 流域　　B. 城市　　C. 区域　　D. 地区
答案：A

91. 城市防洪规划应贯彻"( )"的防洪减灾方针。
A. 全面规划、综合治理、防治结合、以防为主　　B. 全面规划、综合治理
C. 全面规划、防治结合、以防为主　　　　　　　D. 综合治理、防治结合、以防为主
答案：A

92. 确定城市防洪标准应符合现行( )规定。
A. GB 50201—2014　　B. GB 50201—1994　　C. CJJ 50201—2014　　D. CJJ 50201—1994
答案：A

93. 安装照明开关离地高度，最低不应小于( )。
A. 1.2m　　B. 1.3m　　C. 1.4m　　D. 1.5m
答案：B

94. 当水泵的减磨环(口环)严重磨损,它表现的特征是( )。
A. 出水量明显减少　　B. 电机发热　　　　　C. 根本无法工作　　　D. 漏水
答案:A

95. 有限空间分为密闭设备、地上有限空间和( )。
A. 地下有限空间　　　B. 受限空间　　　　　C. 密闭空间　　　　　D. 限值空间
答案:A

96. 原电池型气体传感器电流的大小与( )直接相关。这种传感器可以有效地检测氧气、二氧化硫、氯气等。
A. 使用年限　　　　　B. 气体湿度　　　　　C. 传感器尺寸大小　　D. 所测气体的浓度
答案:D

97. SC1型手持式CCTV的光学变焦是( )。
A. 12倍　　　　　　　B. 24倍　　　　　　　C. 36倍　　　　　　　D. 48倍
答案:C

98. SC1型手持式CCTV的数字变焦是( )。
A. 4倍　　　　　　　 B. 8倍　　　　　　　 C. 12倍　　　　　　　D. 24倍
答案:C

99. SC2型手持式CCTV的光学变焦是( )。
A. 20倍　　　　　　　B. 25倍　　　　　　　C. 30倍　　　　　　　D. 36倍
答案:C

100. SC1型手持式CCTV摄像头是( )像素。
A. 44万　　　　　　　B. 45万　　　　　　　C. 46万　　　　　　　D. 47万
答案:A

101. SC2型手持式CCTV摄像头是( )像素。
A. 200万　　　　　　 B. 210万　　　　　　 C. 220万　　　　　　 D. 230万
答案:B

102. SC2型手持式CCTV的摄像头电缆插座以下部位的防护等级是( )。
A. IP65　　　　　　　B. IP66　　　　　　　C. IP67　　　　　　　D. IP68
答案:D

103. SC2型手持式CCTV的激光测距精度是( )。
A. 1mm　　　　　　　B. 1cm　　　　　　　 C. 0.5mm　　　　　　 D. 0.5cm
答案:A

104. SC1与SC2型手持式CCTV摄像头单个近光灯灯泡的功率是( )。
A. 3W　　　　　　　　B. 5W　　　　　　　　C. 10W　　　　　　　 D. 15W
答案:A

105. SC1与SC2型手持式CCTV摄像头单个远光灯灯泡的功率是( )。
A. 3W　　　　　　　　B. 5W　　　　　　　　C. 10W　　　　　　　 D. 15W
答案:A

106. SC2型手持式CCTV摄像头有( )近光灯。
A. 3个　　　　　　　 B. 4个　　　　　　　 C. 5个　　　　　　　 D. 6个
答案:B

107. 污水排入排水管网许可证应由( )办理。
A. 北京市环保局　　　B. 北京排水集团　　　C. 北京自来水集团　　D. 北京市水务局
答案:D

108. 以下对防毒面具内部装填的活性炭的滤毒原理描述错误的是( )。
A. 物理吸附作用　　　B. 化学吸着作用　　　C. 催化作用　　　　　D. 静电效应
答案:D

109. 常用的正压式呼吸器气瓶最大充气压力是（　　）。
A. 30MPa	B. 35MPa	C. 40MPa	D. 50MPa
答案：A

110. 正压式（便携式、长管式）呼吸器气瓶一般不要完全排空气体，应保持的最小压力是（　　）。
A. 0.2MPa	B. 0.3MPa	C. 0.4MPa	D. 0.5MPa
答案：D

111. 正压式（便携式、长管式）呼吸器在使用时气瓶气压会随作业人员的消耗而降低，当降低到（　　）时，报警哨会开启。
A. (5.5±0.5)MPa	B. (4.5±0.5)MPa	C. (3.5±0.5)MPa	D. (2.5±0.5)MPa
答案：A

112. 绝缘垫厚度不应小于（　　）。
A. 2mm	B. 3mm	C. 4mm	D. 5mm
答案：D

113. "禁止合闸，有人工作！"标示牌的颜色应是（　　）。
A. 白底黑字	B. 白底红字	C. 红底白字	D. 黑底白字
答案：B

114. 配电室的长度超过（　　）者至少应设有两个门。
A. 6m	B. 10m	C. 13m	D. 16m
答案：A

115. 倒虹吸通过河道，一般不宜少于1条；通过峡谷、旱沟或小河可采用（　　）条。
A. 1	B. 2	C. 3	D. 4
答案：B

116. 通风方式有自然通风和强制通风两种，其中自然通风时间不应小于30min；强制机械通风的平均风速不应小于（　　）。
A. 0.60m/s	B. 0.65m/s	C. 0.75m/s	D. 0.80m/s
答案：D

117. 一般雨水口间距为30~50m，深度为（　　）。
A. 20~40cm	B. 50~200cm	C. 100~150cm	D. 200~300cm
答案：C

二、多选题

1. 以下适用《城镇排水与污水处理条例》的情况有（　　）。
A. 城镇排水与污水处理的规划
B. 城镇排水与污水处理设施的建设、维护和保护
C. 向城镇排水设施排水与污水处理
D. 城镇内涝防治
答案：ABCD

2. 城镇排水与污水处理应当遵循（　　）原则。
A. 尊重自然、统筹规划	B. 配套建设、保障安全
C. 综合利用、全面治理	D. 配套建设、有效治理
答案：AB

3. 编制城市水系规划时，应遵循的原则是（　　）。
A. 充分发挥水系在城市给水、排水和防洪排涝中的作用，确保城市饮用水安全和防洪排涝安全
B. 维护水系生态环境资源，保护生物多样性，改善城市生态环境
C. 水系是城市公共资源，城市水系规划应确保水系空间的公共属性，提高水系空间的可达性和共享性
D. 城市水系规划应将水体和岸线、滨水区分开进行布局各类工程设施

答案：ABC

4. 针对地铁周边的排水设施，巡查内容应包括( )。
A. 检查井 B. 截流井 C. 雨水口 D. 污水口
答案：AC

5. 地铁周边检查井常见的非法接入形式包括( )。
A. 施工降水 B. 施工临时排水 C. 永久排水 D. 生活降水
答案：AB

6. 根据排水管道内部病害种类不同，针对排水管道设施检测类别可分为功能性检测和结构性检测，下列说法正确的有( )。
A. 功能性缺陷一般可通过养护疏通解决 B. 结构性缺陷一般可通过工程修复手段解决
C. 功能性缺陷一般可通过工程修复手段解决 D. 结构性缺陷一般可通过养护疏通解决
答案：AB

7. 以下属于排水设施检测范围的是( )。
A. 查找排水系统隐蔽或被覆盖的检修井或去向不明管段
B. 结构性缺陷一般可通过工程修复手段解决
C. 功能性缺陷一般可通过工程修复手段解决
D. 结构性缺陷一般可通过养护疏通解决
答案：ABCD

8. 高压水车冲洗作业的缺点有( )。
A. 小胡同受局限，无法进入 B. 夜间作业有噪声，不适于胡同操作
C. 需要水源 D. 冬季施工冲洗用水受温度影响
答案：ABCD

9. 管网养护的目的是保持排水系统的排水能力和正常使用，养护对象有( )。
A. 检查井、雨水口 B. 截流井、倒虹吸 C. 进出水口、机闸 D. 排河口及河道
答案：ABC

10. 以下排水应急事件的特点描述正确的是( )。
A. 排水管网设施历史悠久，数量巨大
B. 分布范围广，深埋地下
C. 具有预测、预警难度大，经济损失和社会影响、处置困难的特点
D. 在污水控制和水生态循环保护中不起作用
答案：ABC

11. 以下对排水设施危险源、风险分析描述正确的有( )。
A. 排水管网发生断裂、坍塌或者可能造成人员伤亡、财产损失、影响交通或破坏环境的事故
B. 通过排水管网传播重大传染病疫情的事故；有毒有害气体超标导致人员伤亡的事故
C. 井盖丢失导致路人人身伤害的事故
D. 雨、污水泵站出现故障影响水量提升产生淹泡事件
答案：ABCD

12. 探地雷达按功能分类有( )。
A. 检测各种材料，如岩石、泥土、砾石，以及人造材料如混凝土、砖、沥青等的组成
B. 确定金属或非金属管道、下水道、缆线、缆线管道、孔洞、基础层、混凝土中的钢筋及其他地下埋件的位置
C. 检测不同岩层的深度和厚度
D. 检测管道内部结构破损
答案：ABC

13. 管道潜望镜的保养周期说法正确的是( )。
A. 镜头、照明灯、控制器为每周 1 次 B. 镜头连接电缆、各类信号线为每周 1 次

C. 电池包为每周1次   D. 控制器为每周1次
答案：ABCD

14. GIS是一种(　　)、显示与应用地理信息的计算机系统，是分析和处理海量数据的通用技术。
A. 兼容   B. 存储   C. 管理   D. 分析
答案：ABCD

15. GIS通过对空间数据的拓扑和空间状况的运算、属性数据运算以及空间数据与属性数据的联合运算实现各种空间功能，包括(　　)和地学分析等。
A. 叠加分析   B. 缓冲区分析   C. 拓扑空间查询   D. 空间集合分析
答案：ABCD

16. 排水管道功能性检测中，缺陷为积泥的程度分为轻度、中度、重度三类，以下对于缺陷程度分级说法正确的是(　　)。
A. 轻度积泥的缺陷程度分级判断依据为深度小于断面尺寸的15%
B. 中度积泥的缺陷程度分级判断依据为深度为断面尺寸的15%~30%
C. 重度积泥的缺陷程度分级判断依据为深度大于断面尺寸的30%
D. 轻度积泥的缺陷程度分级判断依据为深度小于断面尺寸的20%
答案：ABC

17. 针对排水管道功能性检测，下列说法正确的是(　　)。
A. 设施验收时发现排水管道内存在混凝土废弃物及遗弃的作业工具，则可将此类缺陷归为杂物
B. 断面尺寸为2000mm的排水管道普查周期应≤2年
C. 管道功能性评估时，评定段的管道重要性参数E与管道断面尺寸有关
D. 合流管道在进行功能性评估时，其管道养护性指数与保证降雨重现期有关
答案：ABCD

18. 结构缺陷权重分为(　　)。
A. 轻微   B. 轻度   C. 中度   D. 重度
答案：BCD

19. 关于《排水管道结构等级评定标准》(Q/BDG JS002—GW05—2012)，下列说法不正确的是(　　)。
A. 破裂不影响排水管道正常使用寿命
B. 地面沉降不影响管道结构外形或结构强度发生变化
C. 杂物不影响排水管道正常使用寿命
D. 脱节影响排水管道正常使用寿命
答案：AB

20. 热线紧急程度分级(　　)。
A. 一般   B. 紧急   C. 特急   D. 加急
答案：ABC

21. 热线按事件类型分类(　　)。
A. 排水设施诉求   B. 热线业务咨询   C. 水务部门反应   D. 热线投诉索赔
答案：ABD

22. 常见的井盖基本类型有(　　)。
A. 内置链式   B. 合页式   C. 钢纤维混凝土   D. 内锥形
答案：AB

23. 下列属于合流制排水管网弊端的是(　　)。
A. 易淤积   B. 汛期排水不畅   C. 污水收集率不高   D. 降雨过程中污染水体
答案：ABD

24. 下列关于缺陷的时钟表示法描述正确的是(　　)。
A. 0507表示缺陷在管道底部5~7点   B. 0903表示缺陷在管道下半圆
C. 0309表示缺陷在管道上半圆   D. 1212表示缺陷在管道正上方12点

答案：AD

25. 在社会生活中，会出现各种各样的应急事件，这些事件可能来自于自然界的不可抗力，也可能是人为因素造成的灾难，还有爆发性的公共卫生方面的传染性疾病，以及社会政治因素引发的抗议、集会、游行示威等事件。这些事件所共同具有的一个本质特征就是会给社会现有的正常秩序和人们安宁的生活带来一定的影响、冲击或危害。下列属于应急事件的有(　　)。
   A. 1982 年 7 月 23 日日本长崎大水灾　　　　B. 火灾、战争、车祸、建筑物坍塌
   C. 禽流感、煤矿瓦斯爆炸、食物中毒　　　　D. 2012 年北京"7·21"特大暴雨事件
   答案：ABCD

26. 城市排水管网中污水处理厂或再生水处理厂可能出现的应急抢险事件有(　　)。
   A. 厂内生产可燃性有机气体等易燃易爆物质引起爆炸
   B. 污水处理厂非正常运行或持续停运
   C. 回用水处理设施非正常运行或持续停用
   D. 回用水输水干管受破坏或非正常运行
   答案：ABCD

27. 防汛突发事件包含城市内涝灾害，下列属于城市内涝灾害的有(　　)。
   A. 河道漫溢、大范围积水　　　　　　　　B. 交通瘫痪、危旧房屋倒塌
   C. 地下设施进水　　　　　　　　　　　　D. 地下设施进水引发的断电、断水等次生灾害
   答案：ABCD

28. 排水管网信息化管理的主要内容包括：建立污水处理厂的自动化控制系统；建立计算机辅助调度系统；建立管网地理信息系统；建立管网数学模型系统；(　　)等。
   A. 建立大流量污水排放用户管理系统　　　B. 建立客户服务系统
   C. 建立企业网络系统　　　　　　　　　　D. 建立计算机辅助决策系统
   答案：ABCD

29. 城市排水管网进行信息化管理对提高(　　)具有重要意义。
   A. 城市管理水平维护　　B. 城市安全运行　　C. 改善城市环境　　D. 城市减排增效
   答案：ABC

30. 随着 GIS 技术向相关学科，如计算机制图技术、数字图像处理、数据库管理系统等的发展，已逐渐渗透到测绘、资源环境、(　　)领域。
   A. 土地管理　　　　B. 设施管理　　　　C. 军事　　　　D. 商业
   答案：ABCD

31. 未来地理信息技术的发展将使其在排水管网管理中的应用能够更加广泛，主要包括(　　)。
   A. 将 GIS 扩展至多维分析，以三维可视化等方式提高管理水平
   B. GIS 与 RS、GPS 相结合，将后者作为高效的数据获取手段
   C. 越来越多的利用声音、图像、图形等多媒体数据
   D. 进一步与互联网络结合，使排水管网的地理信息数据可以突破空间的局限，在更大范围内获取和查询
   答案：ABCD

32. 根据排水体制，收集和运输污水、雨水的管道可分为(　　)。
   A. 污水管道　　　　B. 雨水管道　　　　C. 干线
   D. 合流管道　　　　E. 户线
   答案：ABD

33. 以下属于功能等级缺陷名称的有(　　)。
   A. 积泥　　　　　　B. 洼水　　　　　　C. 结垢
   D. 树根　　　　　　E. 封堵
   答案：ABCDE

34. 影响管道结构正常使用寿命的缺陷包括(　　)。
   A. 腐蚀　　　　　　B. 破裂　　　　　　C. 变形

D. 错口　　　　　　　　E. 积泥

答案：ABCD

35. (　　)需要8h内完成并回复反映人。

A. 井盖丢损　　　B. 汛期积水　　　C. 箅子丢损　　　D. 应急抢险

答案：AC

36. 下列属于井盖丢损事件分类的为(　　)。

A. 丢失、震响、周边破损　　　　　　B. 箅子损坏、震响、下沉位移

C. 丢失、井座损坏、井盖损坏　　　　D. 震响、下沉位移、井盖损坏

答案：ACD

37. 下列属于雨水箅子堵冒事件分类的为(　　)。

A. 管线欠养淤积　　　　　　　　　　B. 雨水口及支管欠养淤积

C. 管线断裂等内部结构损坏　　　　　D. 雨水口无支管或支管损坏

答案：BD

38. 复合式多气体检测仪可以在一台仪器上配备所需的多个气体检测传感器，所以它具有(　　)的特点。

A. 体积小　　　B. 重量轻　　　C. 响应快　　　D. 同时多气体浓度显示

答案：ABCD

39. 催化燃烧式气体传感器选择性地检测可燃性气体：凡是不能燃烧的，传感器都没有任何响应。催化燃烧式气体传感器特点是(　　)。

A. 计量准确　　　　　　　　　　　　B. 响应快速

C. 寿命较长　　　　　　　　　　　　D. 在可燃性气体范围内，无选择性

答案：ABCD

三、简答题

1. 城镇排水与污水处理设施维护运营单位应当具备哪些条件？

答：(1)有法人资格；(2)有与从事城镇排水与污水处理设施维护运营活动相适应的资金和设备；(3)有完善的运行管理和安全管理制度；(4)技术负责人和关键岗位人员经专业培训并考核合格；(5)有相应的良好业绩和维护运营经验；(6)法律、法规规定的其他条件。

2. 简述城市水系对城市的影响。

答：(1)水系可以形成城市中重要的开放空间。水系由于其自然特性及对城市的影响意义，可以为城市构成开放空间。延河也可以建设城市的绿化带，改善城市环境。复杂的水系能形成丰富活泼的城市空间。

(2)水系交通可以成为城市中重要的交通组成部分。河口型水系城市可借助河流的对外交通联系作用，建立起河港、海港以及相关产业，成为推动城市的主要发展动力之一。

(3)城市水系可以有效地降低城市的"热岛效应"，调节城市气候。

3. 以结构性状况为目的的普查周期宜为5～10年，以功能性状况为目的的普查周期宜为1～2年，当遇到什么情况时普查周期可相应缩短？

答：(1)流沙易发、湿陷性土等特殊地区的管道；(2)管龄30年以上的管道；(3)施工质量差的管道；(4)重要管道；(5)有特殊要求管道。

4. 应急抢险的内容有哪些？

答：(1)城区排水管线由于管线自然损坏、外力或人为破坏及其其他事件衍生的导致道路严重积水和管道塌陷、破坏的应急事件。

(2)市政府、市管委、水务局等政府部门安排的其他突发事件应急的配合。

5. 什么是排水管道，按排水性质分为哪几类？

答：排水管道是收集和运输污水、雨水的管道。根据排水性质，可分为污水管道，雨水管道和合流管道。

6. 什么是井段？

答：两座相邻检查井之间的排水管道。

7. 什么是积泥？

答：水中的泥沙及其他异物沉淀在排水管道底部形成的堆积物。

8. 什么是洼水？

答：因地基不均匀沉降等因素在排水管道内形成的水洼。

9. 什么是排水管道结垢？

答：水中的油脂、铁盐、石灰质等附着或沉积于排水管道内表面形成的软质或硬质结垢。

10. 什么是排水管道杂物？

答：排水管道内的碎砖石、树枝、遗弃工具、破损管道碎片等坚硬杂物。

11. 什么是封堵？

答：残留在排水管道内的封堵材料。

12. 什么是管道脱节？

答：两根同断面排水管道接口未充分推进或脱离。

13. 什么是管道破裂？

答：外部作用力超过自身承受力使排水管道产生的裂缝或破损。破裂形式有纵向、环向和复合三种。

14. 什么是管道腐蚀？

答：排水管道内壁受到水中有害物质的腐蚀或磨损。

15. "三违"指什么？

答：违章指挥、违章操作、违反劳动纪律。

四、计算题

1. 根据功能等级评定标准，已知某管线的沿程平均淤积状况系数 $Y_\alpha = 0.55$，局部最大淤积状况系数 $Y_m = 0.5$，负荷状况系数 $F = 1$，管道重要性参数 $E = 0.3$，地区重要性参数 $K = 0.6$，请根据如上参数，评定该管线的养护指数 MI 值，并判断该管线的功能等级。

解：由 $Y_m < Y_\alpha$，可知淤积状况系数 $Y = Y_\alpha = 0.55$

已知负荷状况系数 $F = 1$，故 $F > Y$，得功能性缺陷参数 $G = 1$

根据管道重要性参数 $E = 0.3$，地区重要性参数 $K = 0.6$，得

养护指数 $MI = 85G + 5E + 10K = 85 \times 1 + 5 \times 0.3 + 10 \times 0.6 = 92.5$，该管线的功能等级为 4 级。

2. 已知某管段的管道修复指数为 3.6，地区重要性参数为 10，管道重要性参数为 6，土质影响参数为 6，求该管段的结构缺陷参数，并判断该管段的结构缺陷等级。

解：修复指数 $RI = 0.7F + 0.1K + 0.05E + 0.15T$，得 $F = (3.6 - 0.1 \times 10 - 0.05 \times 6 - 0.15 \times 6)10.7 = 2$，该管段的结构缺陷等级为 2 级。

3. 已知某条管段地区重要性参数为 10，管道重要性参数为 6，土质影响参数为 6，结构性缺陷参数为 6，求管道修复指数 RI，并判断该管段的修复等级。

解：修复指数 $RI = 0.7F + 0.1K + 0.05E + 0.15T$，得 $RI = 0.7 \times 6 + 0.1 \times 10 + 0.05 \times 6 + 0.15 \times 6 = 6.4$，该管段的修复等级为 3 级。

4. 已知某管段在中心商业区，管径为 600mm，土质影响参数为 6，结构性缺陷参数为 10，求管道修复指数 RI，并判断该管段的修复等级。

解：修复指数 $RI = 0.7F + 0.1K + 0.05E + 0.15T$，得 $RI = 0.7 \times 10 + 0.1 \times 10 + 0.05 \times 3 + 0.15 \times 6 = 9.05$，该管段的修复等级为 4 级。

5. 已知某管段在胡同内，管径为 1800mm，土质影响参数为 6，结构性缺陷参数为 3，求管道修复指数 RI，并判断该管段的修复等级。

解：修复指数 $RI = 0.7F + 0.1K + 0.05E + 0.15T$，得 $RI = 0.7 \times 3 + 0.1 \times 0 + 0.05 \times 10 + 0.15 \times 6 = 3.5$，该管段的修复等级为 2 级。

6. 已知管段损坏状况最大系数为 6，管段损坏状况系数为 5，结构性缺陷影响系数取 1，求该管段的结构性缺陷参数，并判断该管段的结构缺陷等级。

解：结构性缺陷参数计算公式为：当 $S_{max} > \alpha S$ 时，$F = S_{max}$；当 $S_{max} < \alpha S$ 时，$F = \alpha S$。

已知 $S_{max} = 6$，$S = 5$，$\alpha = 1$，则 $\alpha S = 5$，故该管段的结构性缺陷参数 $F = S_{max} = 6$，该管段的结构缺陷等级为

4级。

7. 已知某管段长度为30m，且整管段存在3级腐蚀缺陷，求该管段的结构性缺陷密度指数。

解：须确定结构性缺陷是局部缺陷或者整体缺陷，按下列公式进行计算

$$S_M = \frac{1}{SL}\sum_{i=1}^{n} P_i L_i$$

式中：S_M——管段结构性缺陷密度指数；

　　　S——管段损坏状况参数；

　　　P_i——第i处结构性缺陷分值；

　　　L——管段长度，m；

　　　L_i——第i处结构性缺陷的长度，当缺陷的计量单位为"个"时，长度设为1m。

已知$L=30$m，该管段仅有腐蚀一类病害，故$S=P_i=6$，则该管段的结构性缺陷密度指数$S_M=6$

8. 已知某管段长度为50m，且存在3级腐蚀缺陷10m，存在2级渗漏1m，存在3级异物侵入缺陷1m，求该管段的结构性缺陷密度指数。

解：已知$L=50$m，该管段有腐蚀、渗漏、异物侵入三类病害，且3级腐蚀缺陷的分值为6，2级渗漏缺陷的分值为3，3级异物侵入缺陷的分值为6，根据

$S = \frac{1}{n}\sum_{i=1}^{n} P_i$，得$S=(3+6+6)/3=5$，则该管段的结构性缺陷密度指数$S_M=(6\times10+3\times1+6\times1)/(5\times50)\approx0.28$

第三节　操作知识

一、单选题

1. 排河口异常排放处置措施有（　　）。

A. 排水巡查工立即赶到现场与反映人核实情况，并拍照取证

B. 排查雨、污水水检查井及管线上、下运行状况

C. 维护现场安全，码放警示标志

D. 排水巡查工次日到达现场进行处置

答案：A

2. 汛期积滞水处置措施为（　　）。

A. 在做好安全防护的情况下，自行排查汛期积滞水原因。先期进行排放积滞水，打捞雨水口杂物，码放安全标示，开启雨水箅子放水

B. 根据上级指示进行后续跟踪监督工作，记录巡查日志

C. 及时出具调查报告，上报反馈热线及相关主管部门

D. 制订实施方案，上报相关主管部门

答案：A

3. 为了防止倒虹吸管内污泥的淤积，下列措施不正确的是（　　）。

A. 在下游靠近进水井的检查井底做沉泥井　　B. 利用进水井中的闸门调节流量

C. 有用有备，提高倒虹吸管内的流速　　D. 在进水井中设置可利用冲洗的设施

答案：A

4. 下列关于车辆日常维护保养的要求错误的是（　　）。

A. 保持车辆的干净、整洁、防止水和灰尘腐蚀车身及零件

B. 在车辆行驶一定的里程后，要对车辆各部件连接处的螺栓进行检查、调整

C. 发现有松动的地方要按要求及时拧紧，防止事故隐患，保证行车安全

D. 车辆保养时不用严格按照各汽车生产厂家的要求更换和加注润滑油（脂），可以随意更换价格低廉质量

较差的产品

答案：D

5. 气体检测仪比周围气体热或冷导致检测仪不能精准地测量气体时，应（　　）。
A. 在使用之前，让检测仪达到周围温度
B. 送到维修部门进行维修
C. 立即切断电源，拆开机器检查传感器是否损坏
D. 进行数据清零后使用

答案：A

6. 报警设定点设置不正确导致检测仪不报警，应（　　）。
A. 重新设置报警设定点　　　　　　　　B. 送维修部门维修
C. 数据清零后再次设置　　　　　　　　D. 拆开设备检查问题

答案：A

7. 排水设施巡查工经常用到的仪器设备不包括（　　）。
A. 气体检测仪　　　B. 呼吸器　　　C. PDA巡查手机　　　D. 管道冲洗车

答案：D

8. 以下对IP对讲机的描述正确的是（　　）。
A. 是利用移动通信的数据通道，将话音数字化，压缩，然后经现有的公众移动数据网络发送出去，形成的集群通信体系
B. 数字信号处理器通过模数转换器（ADC）将话筒（Mic）传来的语音数字化，内置DSP（数字信号处理器）软件将信号进行处理编码，编好码的信号将被调制，数模转换器（DAC）将已调制的信号模拟化并将其给射频发射器通过天线发射
C. 其原理是锁相环和压控振荡器（VCO）产生发射的射频载波信号，经过缓冲放大、激励放大、功放，产生额定的射频功率，经过天线低通滤波器，抑制谐波成分，然后通过天线发射出去。接收后又再次产生音频信号通过放大、带通滤波器、去加重等电路，进入音量控制电路和功率放大器放大，驱动扬声器，得到人们所需的信息
D. 频谱利用率更高，语音音频质量更好，对语音和数据服务集成更完善，更方便

答案：A

9. 当巡视人员发现井盖或雨水箅缺失或损坏后，应立即设置（　　），并在（　　）内修补恢复。
A. 安放护栏，6h　　B. 警示标志，6h　　C. 安放护栏，2h　　D. 警示标志，2h

答案：B

10. 管道施工现场某工人不慎挖断村民水管，作为管理人员，首先应该（　　）。
A. 与公司领导沟通，获得支持后与当地村民沟通试图解决问题
B. 直接与当地村民协调，并找相关部门解决问题
C. 立即请求现场监理确认损坏程度，并告知公司管理人员或主管人员
D. 只通知监理一起处理问题，试图将影响控制在最小范围内

答案：C

11. 布置污水管道时，当地形有较大的倾斜，为保持管道中有一个理想的坡度，减少管道跌水，常采用的一种管网布置方法为（　　）。
A. 分区布置　　　　B. 正交布置　　　　C. 扇形布置　　　　D. 分散布置

答案：C

12. 下列选项中错误的（　　）。
A. 下井作业人员禁止携带手机等非防爆类电子产品或打火机等火源，必须携带防爆照明、通讯设备
B. 进入污水井等地下有限空间调查取证时，作业人员应使用普通相机拍照
C. 下井作业现场严禁吸烟，未经许可严禁动用明火
D. 当作业人员进入排水管道内作业时，井室内应设置专人呼应和监护

答案：B

13. 电视检测作业时，应确保管道内水位不大于管道直径的( )。
A. 10%   B. 20%   C. 30%   D. 40%
答案：B

14. 在进行( )前应对被检测管道做疏通、清洗。
A. 功能性检测   B. 结构性检测   C. 验收   D. 接收
答案：B

15. 爬行器轮径大小、轮间距应可以根据被检测管道的( )进行更换或调整。
A. 管道直径   B. 水位   C. 淤积状况   D. 塌陷状况
答案：A

16. 电视检测设备的图像传感器技术指标应符合( )。
A. ≥1/2" CCD，黑白   B. ≥1/2" CCD，彩色
C. ≥1/4" CCD，黑白   D. ≥1/4" CCD，彩色
答案：D

17. 电视检测设备的灵敏度技术指标应符合( )。
A. ≤1lux   B. ≤2lux   C. ≤3lux   D. ≤4lux
答案：C

18. 排水热线设施诉求类一般事件应在( )内完成处置。
A. 8h   B. 12h   C. 24h   D. 72h
答案：D

19. 接到事件后，处置单位应在( )内完成初次联系反映人。
A. 1h   B. 4h   C. 6h   D. 8h
答案：A

20. 开展服务补救须询问不满意原因，自接收不满意信息起，时限为( )。
A. 10min   B. 30min   C. 40min   D. 60min
答案：B

21. 排水热线设施诉求类应急抢险事件应在( )内到达现场并采取安全措施。
A. 1h   B. 4h   C. 6h   D. 8h
答案：A

22. 北京市西城区西四街边南北走向，大红罗厂附近，清掏雨水箅子后垃圾未清走，应进行( )。
A. 管网堵冒   B. 私接私排   C. 服务质量投诉   D. 工作建议
答案：C

23. 业务咨询类事件，时限为( )。
A. 72h   B. 8h   C. 6h   D. 4h
答案：D

24. 有市民描述：万泉河路稻香园桥北约100m左右主路第二车道井盖破损，该件应该分类为( )。
A. 井盖破损   B. 井盖损坏   C. 井盖丢损   D. 井盖丢失
答案：C

25. 发现排水设施病害情况、损害排水设施的行为，按( )及时处置上报。
A. 要求程序   B. 3h内   C. 处置后   D. 回单位后
答案：A

26. 同一检测点不同气体的检测，应按氧气、( )的顺序进行。
A. 可燃气   B. 惰性气体   C. 有毒有害气体   D. 可燃气、有毒有害气体
答案：D

27. 绝缘手套的测验周期是( )。
A. 每年1次   B. 6个月1次   C. 5个月1次   D. 1季度1次
答案：B

28. 绝缘靴的试验周期是( )。
A. 每年 1 次　　　　B. 6 个月 1 次　　　　C. 5 个月 1 次　　　　D. 1 季度 1 次
答案：B

29. 装设接地线时，应( )。
A. 先装中相
B. 先装接地端，再装导线端
C. 先装导线端，再装接地端
D. 直接装导线端
答案：B

30. 正压式呼吸器的复合碳纤维气瓶定期检验的周期是( )。
A. 2 年　　　　B. 3 年　　　　C. 4 年　　　　D. 5 年
答案：B

31. 使用验电笔验电的，除检查其外观、电压等级、试验合格期外，还应( )。
A. 自测发光
B. 自测音响
C. 直接验电
D. 在带电设备上测试其好坏
答案：D

32. 下列不利于保持患者呼吸道畅通的方法是( )。
A. 下颚向胸前靠近
B. 下颚抬高，头部后仰
C. 解开衣领，松开领带
D. 不要在人员密集处停留
答案：A

33. 进行口对口人工呼吸时，以下描述错误的有( )。
A. 吹气时要用手捏住患者的鼻子
B. 每次吹气之间应有一定的间隙
C. 每分钟吹气次数不应超过 10 次
D. 每分钟一般吹气次数为 12~16 次
答案：C

34. 针对地铁周边排水设施巡查周期应( )巡查 1 次。
A. 每天　　　　B. 每周　　　　C. 每月　　　　D. 每年
答案：A

35. 施工降水排入雨水井前，必须经过( )设施，最小停留时间不得小于 30s。
A. 隔油　　　　B. 化粪　　　　C. 沉砂　　　　D. 曝气
答案：C

36. 地铁施工建设周边排水设施结构外缘( )范围内不得进行机械挖掘、振动等影响排水设施安全的扰动性作业。
A. 2.5m　　　　B. 3.5m　　　　C. 4.5m　　　　D. 5.5m
答案：A

37. 日常巡检中最少需要( )个锥桶进行交通拦护。
A. 2　　　　B. 3　　　　C. 4　　　　D. 5
答案：B

38. 日常巡视记录中管线沉陷、地面坍塌记录对于初级工来说，其承担程度应当为( )。
A. 负责　　　　B. 熟练　　　　C. 熟悉　　　　D. 参与
答案：A

39. 当维护作业人员进入排水管道内部检查、维护作业时，必须要符合的要求是( )。
A. 管径不得小于 1m
B. 管内流速不得大于 0.5m/s
C. 水深不得大于 0.8m
D. 充满度不得大于 30%

40. 排水设施普查周期的确定中，上次评定的结构等级为二级的管线其下次普查周期应为( )。
A. ≤2 年　　　　B. ≤5 年　　　　C. ≤6 年　　　　D. ≤10 年
答案：B

41. 排水管道结构性检测的主要目的为( )。
A. 探明其是否存在腐蚀、破裂等影响排水管道设施正常运行的病害

B. 探明其是否存在腐蚀、杂物等影响排水管道设施正常运行的病害
C. 探明其是否存在结垢、积泥等影响排水管道设施正常运行的病害
D. 探明其是否存在残堵、杂物等影响排水管道设施正常运行的病害

答案：A

42. 管网检测的主要内容不包括(　　)。
A. 水量监测　　　　B. 气体检测　　　　C. 管道检测　　　　D. 泵站监测

答案：D

43. 确认热线问题在处理时效内无法完成的事件可以(　　)。
A. 申请延期处置　　B. 先回复再说　　　C. 不予理睬　　　　D. 解释说明后不予理睬

答案：A

44. 排水巡查工发现问题，上报热线的方法是(　　)。
A. 写入巡查日志　　　　　　　　　　　B. 拨打热线值班电话
C. 直接报告主管领导　　　　　　　　　D. 报告主管领导后写入巡查日志

答案：B

二、多选题

1. 现场为路面塌陷时处置措施有(　　)。
A. 排水巡查工赶到现场后，在塌陷来车方向设置警示标志，周边设置警戒线
B. 查看塌陷内有无积滞水，对现场进行拍照
C. 查看周边有无设施管线，如果路面塌陷周边没有排水设施，立即上报主管部门，协调其他单位处理
D. 按照上级指示开展后续工作，不用记录巡查日志

答案：ABC

2. 擅自接入公共排水管网处置措施有(　　)。
A. 排水巡查工赶到现场后先取证拍照，然后制止接入行为
B. 了解相关的信息不用上报主管部门
C. 宣传排水的法律法规，告知其办理相关手续及办理联系方式、地点、流程等
D. 根据上级指示进行后续跟踪监督工作，记录巡查日志

答案：ACD

3. 北京市区排水报装业务受理服务范围包括(　　)。
A. 东城区　　　　　B. 西城区　　　　　C. 海淀区　　　　　D. 昌平区

答案：ABC

4. "一会三函"项目受理中，一函和二函分别代替(　　)。
A. 项目选址意见书　　　　　　　　　B. 建设用地规划许可证
C. 立项批准文件　　　　　　　　　　D. 建设工程规划许可证

答案：CD

5. 排水报装所需资料中，施工场区平面布置图应包括(　　)。
A. 施工现场区　　　　　　　　　　　B. 围墙、出入口、道路
C. 现场生产区　　　　　　　　　　　D. 现场办公区

答案：ABCD

6. 城镇排水管渠与泵站维护技术规程中规定当发现井盖缺失或损坏后，必须及时(　　)，并应在8h内恢复。
A. 安放护栏　　　　B. 警示标志　　　　C. 报警　　　　　　D. 撤离

答案：AB

7. 雨水口的外部检查内容主要有(　　)。
A. 雨水箅子丢失　　B. 雨水箅子破损　　C. 雨水口框破损
D. 盖框间隙　　　　E. 盖框高差

答案：ABCDE

8. 施工周边常见的违规使用排水设施的行为主要有（　　）。
   A. 施工降水　　　　B. 生活污水　　　　C. 河道中水　　　　D. 施工废水
   答案：ABD

9. 顶管施工在沙砾层或卵石层时，应采取管节（　　）等减少顶进阻力和稳定周围土体。
   A. 增加顶力　　　　B. 外表面融蜡措施　　　　C. 采用中继间技术
   D. 触变泥浆技术　　E. 连续加压
   答案：BD

10. 巡查日志填写要求是（　　）。
    A. 当日填写　　　　B. 内容细致准确完整　　　　C. 字迹工整
    D. 不缺项　　　　　E. 可以修改
    答案：ABCD

11. 城镇排水泵站如果突然发生市电断电，值班人员应严格遵守的处理程序有（　　）。
    A. 泵站值班人员应首先认真检查本站电气设备运行情况。确认本站电气设备运行正常无故障后，主动与电力管理部门联系，了解停电原因和可能恢复供电的时间。并将了解的情况向班长汇报
    B. 如果是短时间停电，且又不影响泵站的正常工作，可等待电力部门恢复正常供电。如果是较长时间停电或泵站需要运行抽升用电，必须在符合安全操作规程规定的情况下，准备启用其他电源
    C. 如果值班人员通过检查发现是由于本站电气设备发生故障造成电力部门线路停电，值班人员应立即向班长汇报
    D. 在故障没有排除之前，严禁值班人员盲目启用其他备用电源向泵站供电系统合闸送电
    答案：ABCD

12. 以下温度条件超出了手持 CCTV 的工作温度范围的是（　　）。
    A. $-15℃$　　　　B. $-12℃$　　　　C. $-10℃$
    D. $40℃$　　　　　E. $60℃$
    答案：ABE

13. 以下距离条件在 SC1 型手持 CCTV 的激光测距范围内的有（　　）。
    A. $0.5m$　　　　B. $60m$　　　　C. $80m$
    D. $100m$　　　　E. $120m$
    答案：BCD

14. 当管道内水位不符合水位不大于管道直径的 20% 的要求时，检测前应对管道实施（　　），使管内水位满足检测要求。
    A. 封堵　　　　B. 导流　　　　C. 砌堰　　　　D. 填埋
    答案：AB

15. 在进行结构性检测前应对被检测管道做（　　）。
    A. 封堵　　　　B. 疏通　　　　C. 清洗　　　　D. 导流
    答案：BC

16. 以下距离条件在 SC2 型手持 CCTV 的激光测距范围内的有（　　）。
    A. $0.5m$　　　　B. $60m$　　　　C. $80m$
    D. $100m$　　　　E. $120m$
    答案：ABC

17. 以下关于手持 CCTV 电池的描述正确的是（　　）。
    A. 严禁将电池用作其他用途
    B. 严禁对电池进行敲击、扔掷
    C. 电池内置温控保护，待电池表面温度接近室温方可对其进行充电
    D. 电池应放置于干燥、通风、阴凉处，远离火源和易燃易爆品
    E. 充电时要有人看管

答案：ABCDE

18. 发现地铁交通导改施工造成雨水口缺失应（　　）。
A. 通知施工现场负责人，向其出示排水设施巡管工作证
B. 了解雨水口缺失原因
C. 同时报分部巡查管理负责人
D. 将问题及处理情况填入巡查日志
答案：ABCD

19. 防汛中接到某处积滞水信息后应（　　）。
A. 先向所在管网分公司设施管理部报告　　B. 再向所在班组报告
C. 现场调查处置反馈　　D. 了解现场积水原因
答案：ABCD

20. 巡查人员针对设施巡查的内容不包括（　　）。
A. 雨水箅子损坏　　B. 管道塌陷　　C. 自来水井盖丢失　　D. 污水井冒水
答案：BCD

21. 根据《城镇排水与污水处理条例》规定，城镇污水处理设施维护运营单位应当按照国家有关规定检测进出水水质，向城镇排水主管部门报送（　　）。
A. 主要污染削减量　　B. 污水处理水质
C. 污水处理水量　　D. 污水处理运营费用
答案：ABC

三、简答题

1. 地面巡视主要内容应包括哪些？

答：管道上方路面沉降、裂缝和积水情况；检查井冒溢和雨水口积水情况；井盖、盖框完好程度；检查井和雨水口周围的异味；其他异常情况。

2. 排水管道日常养护的主要内容包括哪些？

答：管网巡查、经常性检查、冲洗和清通、有毒有害气体的监测与释放、突发事件的处理、管道和构筑物的维修等，使排水管道始终处于完好状态，预防意外事故发生。

3. 在排水管道损坏事故中，由于人为因素造成管道损坏的事故屡见不鲜。人为因素主要有哪几个方面？

答：（1）野蛮施工。在城市建设过程中，施工方未弄清地下管线的情况就盲目施工，在施工过程中损坏管道导致水管破裂，野蛮施工是人为排水管道损坏的主要原因。

（2）管道安装不规范，施工质量差。安装管道前未按设计要求做好地基处理，管道运行后发生不均匀沉降，从而使管道接口漏水或破裂；管道运输过程中，管道被碰伤；管道内、外防腐没有处理，加速管道腐蚀老化等这些情况均造成漏水或爆管。

（3）管道安装及维护中不规范导致的管道漏水。随着城市的发展，各种线路要求入地敷设，所以道路下的空间日益拥挤，对排水管道的安装提出了更高的要求。但在部分设施比较集中的地段，使得排水管线无法按照规范留出足够的安全和维护间距，有的甚至是紧贴安装，而这些地段是管道最容易产生损伤的地段。

（4）城市地下设施开挖扰动管道基础，使管道失稳，发生不均匀沉降，从而使管道接口漏水或破裂。

4. CCTV检测的定义是什么？至少简述两种除CCTV检测以外的管道检测方法及定义。

答：CCTV检测：采用闭路电视系统进行管道检测的方法，简称CCTV检测。

除CCTV检测外，还有声呐检测，即采用声波探测技术对管道内水面以下的状况进行检测的方法。管道潜望镜检测，即采用管道潜望镜在检查井内对管道进行检测的方法，简称QV检测。

5. 手持CCTV中摄像头部分通常会提供"光学变焦"与"数码变焦"的方式，简述两种变焦方式的主要区别。

答：光学变焦是依靠光学镜头结构来实现变焦，就是通过镜片移动来放大与缩小需要拍摄的景物，光学变焦倍数越大，能拍摄的景物就越远。

数码变焦是通过成像设备内的处理器，把图片内的每个像素面积增大，从而达到放大目的，其图像质量是相对于正常情况下较差。

6. 对于 SC2 型手持 CCTV 上的锂电池使用应注意哪些问题？

答：（1）严禁将电池用作其他用途。

（2）不允许电池两极间短路。

（3）电池长时间不使用时，需要每隔 3 个月将电池充满。

（4）电池应放置于干燥、通风、阴凉处，远离火源和易燃易爆物品。

7. 下水管道电视检查作业过程中，操作人员应何时开始录像、何时停止录像，录像的过程中应注意哪些问题？

答：（1）开始录像：用吊机将爬行器从检查井垂直放到管道内后，放置管中，摆正前进方向，将爬行器整体送入管道内、爬行器尾部与管口平齐，计数器清零，系统供电后开始录像。

（2）进行系统信息设置：设置工作的时间、地点、操作手等基本信息。

（3）录像画面的质量标准

①画面位置：爬行器行走时，画面正直，符合管道实际情况。

②画面的光线：亮度充分、不眩目、不昏暗。

③画面的清晰度：画面清晰、能够准确发现管道病害，并进行拍摄。同时用时钟法记录病害位置，发现障碍物，及时进行减速躲避操作。

（4）结束录像

①管道检测完毕后，停止录像。

②设备返回时不进行录像。

8. 机动车在哪些情形下不得超车？

答：（1）前车正在左转弯、掉头、超车的。

（2）与对面来车有会车可能的。

（3）前车为执行紧急任务的警车、消防车、救护车、工程抢险车的。

（4）行经铁路道口、交叉路、窄桥、弯道、陡坡、隧道、人行横道、市区交通流量大的路段等没有超车条件的。

9. 简述气体检测仪的维护保养要求。

答：（1）保养维护

①定期校准、测试和检验检测器。

②保留所有维护、校准和告警事件的操作记录。

③用柔软的湿布清洁外表。请勿使用溶剂、肥皂或抛光剂。

④请勿把检测器浸泡在液体中。

⑤清洁传感器滤网：摘下滤网，使用柔软洁净的刷子和洁净的温水进行清洁。滤网重新罩上之前应处于干燥状态。

⑥清洁传感器：摘下传感器，使用柔软洁净的刷子进行清洁。请勿用水清洁。

⑦请勿把传感器暴露于无机溶剂产生的气味（例如，油漆气味）或有机溶剂产生的气味。

（2）校验

①检测仪传感器由于在使用过程中逐渐老化，灵敏度下降，所以使用寿命一般为两年。

②便携式复合气体检测仪使用过程中要定期校验，校验应由国家法定计量部门进行。

③按井控管理要求，便携式复合气体检测仪每半年应校验一次。

④在超过满量程浓度的环境使用后应重新校验。

10. 简述呼吸器气瓶的使用保管要求。

答：（1）保管者和使用者必须严格遵守有关的规章制度。

（2）气瓶严禁沾染油脂。

（3）夏季不要放在日光暴晒的地方，防止老化。

（4）在运输和储存的过程中，应避免气瓶受到振动，且不要拖拉手动瓶阀来移动气瓶。

（5）新更换或充气的气瓶，在气瓶表面要标记更换日期，以确保气瓶随时达到备用状态。

（6）空气呼吸器及备件属于公司贵重防护仪器，使用管理工作由公司各使用班组具体负责，要严格交接班制度，禁止非使用人员随意佩带或挪动，防止丢失或损坏，否则对责任人进行严格的经济处罚。

11. 电动机主要有哪几种保护方式？

答：（1）短路保护；（2）过电流保护；（3）过载保护；（4）零电压及欠电压保护；（5）弱磁保护。

12. 检测为1级或2级，且准入检测为2级如何佩戴安全防护用品？

答：（1）应设置安全警示设施，地下有限空间地面出入口周边应至少配置。

①1套围挡设施；②1套安全标志、警示标识或1个具有双向警示功能的安全告知牌。

（2）应配备气体检测报警仪。

①作业前，每个作业者进入有限空间的入口应配置1台泵吸式气体检测报警仪。

②作业中，每个作业面应至少有1名作业者配置1台泵吸式或扩散式气体检测报警仪，监护者应配置1台泵吸式气体检测报警仪。

（3）应配备通风设备，应至少配置1台强制送风设备。

（4）应配备照明设备。

（5）宜配备通讯设备。

（6）宜配备三脚架，每个有限空间出入口宜配置1套三脚架（含绞盘）。

（7）应配备呼吸防护用品，每名作业者应配置1套正压隔绝式呼吸器。

（8）应配备安全带、安全绳，每名作业者应配置1套全身式安全带、安全绳。

（9）应配备安全帽，每名作业者应配置1个安全帽。

四、实操题

1. 管网设施巡查道路改扩建工程的操作。

情景设置：（1）白天；（2）道路改扩建工程，涉及随路建设雨、污水管线。

序号	知识点	考核项	考核细则
1	涉水行为类型	道路改扩建类工程可能发生的涉水行为	安全距离内施工
2			破坏
3			占压掩埋
4			改移
5			废除
6			施工遗撒
7			新建排水设施接驳
8			五防井盖降标
9			检查井护网损坏
10			路型变化但设施未随之变化导致收水功能受影响
11			升降检查井
12	管控动作	新建排水设施工程出现报废与新建管线双重行为，在巡管工作中应关注哪些问题	关注报废管线处理情况
13			关注原有户线是否全部接入新建管线
14			在原有管线未废除情况下关注运行情况（施工垃圾遗撒；现况设施是否被破坏、占压、掩埋等）
15			新建管线是否办理公共排水接入手续

2. 管网设施气泵吸式四合一体检测的操作。

情景设置：（1）白天；（2）道路改扩建工程；（3）涉及随路建设雨、污水管线。

序号	知识点	考核项	考核细则
1	检查	检查步骤	选择泵吸式四合一气检,检查外观无破损
2			气检在年检期内(每年1检,因传感器使用寿命为1~3年)泵吸管无破损
3			在洁净空气下开机自检,电量充足,自检正常
4			自检完毕后观察气检数值,并读出数值
5			设置气检调"0"状态(根据实际情况)后方可使用
6	安全	安全预处理	开启检查井,应采取防爆措施(在井盖周边浇水),在上风口开启
7			开启检查井前,应对检查井井盖附近和井盖下是否有可燃气超标情况进行检查
8			双人双钩开启检查井井盖,选用非铁质工具开启等方法
9			开启完毕后进行自然通风(自然通风不少于30min)
10	检测气体	气体评估	气体检测检查井内气体分为上、中、下三层进行逐一检测
11			在气体检测前对管道水下进行搅拌让气体浓度释放
12			出入口开启后进行气体评估检测,并报告检测分析结果,开始强制通风(30min)
13			强制通风30min后,开始准入检测分析,并报告检测分析结果,同时要求持续强制通风
14			气体检测仪泵吸管与管道水平或管底部高于15cm
15			每5min记录1次井内有毒有害气体数值并做实时统计
16			准入检测完毕后,打开风机开始持续强制通风

第二章

中 级 工

第一节 安全知识

一、单选题

1. 对密度比空气大的有毒有害气体存在的有限空间使用风机进行通风换气时，通风时应选择有限空间的（　　）。
   A. 中下部　　　　B. 中上部　　　　C. 上部　　　　D. 以上均正确
   答案：A

2. 长管呼吸器不包括（　　）。
   A. 自吸式长管呼吸器　　　　　　　B. 高压送风式长管呼吸器
   C. 过滤式长管呼吸器　　　　　　　D. 送风式长管呼吸器
   答案：C

3. 北京市有限空间作业事故多发生在（　　）。
   A. 污水井、化粪池　　B. 地下室　　C. 贮罐　　D. 反应釜
   答案：A

4. 以下不属于单纯性窒息气体的是（　　）。
   A. 氯气　　　　B. 氮气　　　　C. 甲烷　　　　D. 二氧化碳
   答案：A

5. 以下不属于3级作业环境的是（　　）。
   A. 氧含量20.9%vol，可燃气体0%LET，硫化氢0mg/m³
   B. 氧含量21%vol，可燃气体0%LET，硫化氢0mg/m³
   C. 氧含量19%vol，可燃气体7%LEL，硫化氢4mg/m³
   D. 氧含量20.9%vol，可燃气体2%LEL，硫化氢2mg/m³
   答案：C

6. 下列选项中不符合有限空间分类的是（　　）。
   A. 地上　　　　B. 地下　　　　C. 温室　　　　D. 密闭设备
   答案：C

7. 有限空间作业的许多危害具有（　　），并难以探测。
   A. 隐蔽性　　　　B. 随机性　　　　C. 临时性　　　　D. 多变性
   答案：A

8. 同一检测点不同气体的检测，应按氧气、（　　）的顺序进行。
   A. 可燃气　　　B. 惰性气体　　　C. 有毒有害气体　　　D. 可燃气、有毒有害气体
   答案：D

9. 心肺复苏成功与否的关键是( )。
A. 按压深度　　　　B. 时间　　　　C. 按压频率　　　　D. 吹气频率
答案：B

10. 有限空间作业过程中使用到的相关安全防护设备、器材，要求关键环节必须采取( )，从而确保整个作业过程安全顺利进行。
A. 单一设计　　　　B. 落实到位　　　　C. 严格执行　　　　D. 冗余设计
答案：D

11. ( )是爆炸下限的简称。
A. LEL　　　　B. UEL　　　　C. PC-TWA　　　　D. PC-STEL
答案：A

12. 下列关于事故应急救援的基本任务描述不正确的是( )。
A. 立即组织营救受害人员，组织撤离或者采取其他措施保护危害区域内的其他人员
B. 迅速控制事态，并对事故造成的危害进行检测、监测，测定事故的危害区域、危害性质及危害程度
C. 消除危害后果，做好现场恢复
D. 按照四不放过原则开展事故调查
答案：D

13. 以下需要采取最高级别防护措施后，方可进入救援的情况是( )。
A. 有限空间内有害环境性质未知
B. 缺氧或无法确定是否缺氧
C. 空气污染物浓度未知、达到或超过 IDLH 浓度
D. 以上三种都是
答案：D

14. 在安全生产工作中，必须坚持"( )"的方针。
A. 安全第一，预防为主，综合治理　　　　B. 管理、装备、培训并重
C. 管生产必须管安全　　　　D. 安全第一，预防为主
答案：A

15. 依据《中华人民共和国安全生产法》的规定，生产经营单位的从业人员有权了解其作业场所和工作岗位存在的危险因素、防范措施及( )。
A. 劳动用工情况　　　　B. 安全技术措施　　　　C. 安全投入资金情况　　　　D. 事故应急措施
答案：D

16. 依据《中华人民共和国安全生产法》的规定，生产经营单位与从业人员订立的劳动合同应当载明保障从业人员劳动安全和( )的事项，以及依法为从业人员办理工伤社会保险的事项。
A. 加强劳动保护　　　　B. 防止职业危害　　　　C. 搞好职业卫生　　　　D. 减少环境污染
答案：B

17. 依据《中华人民共和国消防法》的规定，消防安全重点单位应当实行( )防火巡查，并建立巡查记录。
A. 每日　　　　B. 每周　　　　C. 每旬　　　　D. 每月
答案：A

18. 依据《中华人民共和国道路交通安全法》的规定，行人、非机动车、拖拉机、轮式专用机械车、铰接式客车、全挂拖斗车以及其他( )低于 70km 的机动车，不得进入高速公路。
A. 行驶时速　　　　B. 平均时速　　　　C. 设计最高时速　　　　D. 额定时速
答案：C

19. 防汛工作实行"( )"的方针，遵循团结协作和局部利益服从全局利益的原则。
A. 安全第一，常备不懈，以防为主，全力抢险　　　　B. 安全第一，以人为本，以防为主，全力抢险
C. 安全第一，常备不懈，预防为主，全力抢险　　　　D. 安全第一，以人为本，预防为主，全力抢险
答案：A

20. 依据《中华人民共和国安全生产法》的规定，生产经营单位对承包单位、承租单位的安全生产工作实行( )管理。
    A. 委托负责   B. 全面负责   C. 间接负责   D. 统一协调
    答案：D

21. 企业安全生产管理体制的总原则是( )。
    A. 管生产必须管安全，谁主管谁负责
    B. 由安全部门管安全，谁主管谁负责
    C. 由各级安全员管安全，谁主管谁负责
    D. 有关事故应急措施应经过当地安全监管部门审批
    答案：A

22. 伤亡事故的原因可分为直接原因与间接原因。下列关于伤亡事故的原因中，属于直接原因的是( )。
    A. 物的不安全状态   B. 安全操作规程不健全
    C. 劳动组织不合理   D. 教育培训不够
    答案：A

23. 泡沫不能用于扑救( )引起的火灾。
    A. 塑料   B. 汽油   C. 煤油   D. 金属钠
    答案：D

24. 建筑工程施工现场的消防安全由( )负责。
    A. 建筑单位   B. 施工单位   C. 设计单位   D. 消防监督机构
    答案：B

25. 火灾分类中的"A类火灾"是指( )。
    A. 液体火灾   B. 固体火灾   C. 金属火灾   D. 气体火灾
    答案：B

26. 从业人员既是安全生产的保护对象，又是实现安全生产的( )。
    A. 关键   B. 保证   C. 基本要素   D. 基础
    答案：C

27. 当单位或个人受到消防部门处罚而认为不应该或不恰当时，享有( )的权利。
    A. 申请复议   B. 申辩   C. 陈述   D. 辩论
    答案：A

28. 我国安全生产法律体系中，《中华人民共和国安全生产法》是安全生产领域的( )法律。
    A. 基本   B. 特殊   C. 根本   D. 经济
    答案：A

29. 下列手套适用于防硫酸的是( )。
    A. 棉手套   B. 橡胶手套   C. 毛手套   D. 帆布手套
    答案：B

30. 正压式呼吸器的复合碳纤维气瓶使用寿命是( )。
    A. 10年   B. 12年   C. 15年   D. 16年
    答案：C

31. 乙炔瓶的定期检验，每( )进行1次。库存或停用周期超过( )的乙炔瓶，启用前应进行检验。
    A. 3年，2年   B. 3年，3年   C. 2年，2年   D. 2年，1年
    答案：B

32. 甲烷在空气中的爆炸范围为下限( )，上限( )。
    A. 5.4%，14%   B. 5.4%，13%   C. 5.3%，14%   D. 5.3%，13%
    答案：C

33. 如果工作场所潮湿，为避免触电，使用手持电动工具的人应( )。

A. 站在铁板上操作 B. 站在绝缘胶板上操作
C. 穿防静电鞋操作 D. 戴防护面罩

答案：B

34. 在存放易燃易爆危险品的场所,不得穿(　　)。
A. 纯棉工作服　　B. 橡胶防雨服　　C. 化纤防护服　　D. 防静电工作服

答案：C

35. (　　)组合是在低压操作中使用的基本安全用具。
A. 绝缘手套、试电笔、带绝缘柄的工具　　B. 绝缘鞋、试电笔、带绝缘柄的工具
C. 试电笔、绝缘靴、绝缘垫　　D. 绝缘手套、试电笔、绝缘鞋

答案：A

36. 有触电危险的环境里使用的局部照明灯和手持照明灯,应采用不超过(　　)的安全电压。
A. 12V　　B. 24V　　C. 36V　　D. 220V

答案：C

37. 一经合闸即可送电到施工线路的线路开关操作手柄上应当悬挂的标示牌是(　　)。
A. 禁止合闸,有人工作!　　B. 禁止合闸,线路有人工作!
C. 在此工作!　　D. 止步,高压危险!

答案：B

38. 在特别潮湿场所、高温场所、有导电灰尘的场所或有导电地面的场所,对于容易触及而又无防止触电措施的固定式灯具,且其安装高度不足2.2m时,应采用(　　)安全电压。
A. 12V　　B. 24V　　C. 36V　　D. 220V

答案：A

39. 在全部停电和部分停电的电气设备上工作,必须完成的技术措施有(　　)。
A. 停电、验电、挂接地线、装设遮拦及悬挂标示牌
B. 停电、放电、挂接地线、装设遮拦及悬挂标示牌
C. 停电、验电、放电、装设遮拦及悬挂标示牌
D. 停电、验电、挂接地线

答案：A

40. 高压配电室和高压电容器室耐火等级不应低于(　　)级。
A. 一　　B. 二　　C. 三　　D. 四

答案：B

41. 临近10kV带电设备作业,无遮拦时人与带电体的距离不得小于(　　)。
A. 0.7m　　B. 0.55m　　C. 0.45m　　D. 0.35m

答案：A

42. 机动车行驶中遇雾、雨、雪、沙尘、冰雹,能见度在50m以内时,最高行驶速度不得超过(　　)。
A. 20km/h　　B. 30km/h　　C. 40km/h　　D. 50km/h

答案：A

43. 不得连续驾驶机动车超过(　　)未停车休息,或者停车休息时间少于(　　)。
A. 2h,15min　　B. 4h,20min　　C. 6h,30min　　D. 8h,30min

答案：B

44. 机动车在高速公路上行驶,车速超过每小时100km时,应当与同车道前车保持(　　)以上的距离,车速低于每小时100km时,与同车道前车距离可以适当缩短,但最小距离不得少于(　　)。
A. 120m,70m　　B. 120m,60m　　C. 110m,60m　　D. 100m,50m

答案：D

45. 驾驶机动车在道路上靠路边停车过程中应(　　)。
A. 变换使用远近光灯　　B. 不用指示灯提示
C. 开启危险报警闪光灯　　D. 提前开启右转向灯

答案：D

46. 搬运或装卸危险化学品后，应立即( )。
A. 休息　　　　　B. 补充体力　　　　　C. 用清水洗手　　　　　D. 饮水
答案：C

47. 在使用强酸过程中，若强酸不慎沾染皮肤，不能用( )冲洗。
A. 生理盐水　　　B. 冷自来水　　　　　C. 温开水　　　　　　　D. 弱碱性溶液
答案：C

48. 标明了安全使用注意事项和防护基本要求的是( )。
A. 化学品标志　　B. 化学品安全标签　　C. 危险化学品标志　　　D. 安全标志
答案：B

49. 危险化学品使用单位应根据本单位情况制订( )，并定期组织演练。
A. 应急预案　　　B. 抢险预案　　　　　C. 救援预案　　　　　　D. 控制预案
答案：A

50. 在易燃易爆危险化学品存储区域，应在醒目位置设置( )标示，防止发生火灾爆炸事故。
A. 严禁逗留　　　B. 当心火灾　　　　　C. 禁止吸烟和明火　　　D. 火警电话
答案：C

51. 甲醇操作间所有设备均为( )。
A. 防爆设备　　　B. 防水设备　　　　　C. 特种设备　　　　　　D. 压力容器
答案：A

52. 工频条件下，人的摆脱电流约为( )。
A. 1mA　　　　　B. 10mA　　　　　　C. 100mA　　　　　　　D. 10A
答案：B

53. 触电事故多的月份是( )。
A. 11—1月　　　B. 2—4月　　　　　　C. 6—9月　　　　　　　D. 10—12月
答案：C

54. 在雷雨天气，跨步电压电击危险性较小的位置是( )。
A. 大树下方　　　B. 高墙旁边　　　　　C. 电杆旁边　　　　　　D. 高大建筑物内
答案：D

55. 防止电气误操作的措施包括组织措施和( )。
A. 绝缘措施　　　B. 安全措施　　　　　C. 接地措施　　　　　　D. 技术措施
答案：D

56. 造成污水管道顶管腐蚀的主要原因是( )超标。
A. 硫化氢　　　　B. 氯化氢　　　　　　C. 一氧化碳　　　　　　D. 一氧化氮
答案：B

57. 硫化氢达到( )就可以威胁生命和健康。
A. 430mg/m³　　B. 440mg/m³　　　　C. 450mg/m³　　　　　D. 460mg/m³
答案：A

二、多选题

1. 外出作业前的安全准备工作包括( )。
A. 劳保用品佩戴齐全　　　　　　　　B. 班前5min讲话
C. 填写安全交底单　　　　　　　　　D. 填写成本核算单
答案：ABC

2. 职工的下列情形中，应当认定为工伤的有( )。
A. 在抢险救灾等维护国家利益、公共利益活动中受到伤害
B. 在上下班途中，受到机动车事故伤害

C. 休假期间醉酒导致伤亡

D. 在工作时间和工作岗位，突发疾病死亡或者在48h之内经抢救无效死亡

答案：ABD

3. 应急准备程序包括（　　）。

　A. 危险分析　　　　B. 机构与职责　　　　C. 应急资源　　　　D. 教育培训与演练

　答案：BCD

4. 事故预防包括（　　）形式。

　A. 危险分析　　　　B. 资源分析　　　　C. 支持附件　　　　D. 法律法规要求

　答案：ABD

5. 据《城镇排水管道维护安全技术规程》（CJJ 68—2009）规定，抢救人员必须在做好个人安全防护并有专人监护下进行下井抢救，必须佩戴好（　　），严禁盲目施救。

　A. 便携式空气呼吸器　　　　　　　　B. 悬挂双背带式安全带

　C. 安全绳　　　　　　　　　　　　　D. 氧气设备

　答案：ABC

6. 常见的安全标志分为（　　）。

　A. 禁止标志　　　　B. 警告标志　　　　C. 指令标志

　D. 提示标志　　　　E. 消防标志

　答案：ABCD

7. 用人单位不得安排（　　）从事接触职业病危害的作业。

　A. 未成年工　　　　　　　　　　　　B. 孕期、哺乳期的女职工

　C. 未经上岗前职业健康检查的劳动者　D. 有职业禁忌的劳动者

　答案：ABCD

8. 在易跌落、溺水等构筑物上应悬挂安全标识，配备救生圈、安全绳等救生用品，应定期（　　）。

　A. 检查　　　　B. 更换　　　　C. 清洗　　　　D. 维修

　答：AB

三、简答题

1. "三不伤害"是指什么？

答：不伤害自己、不伤害他人和不被他人伤害。

2. 查处事故的"四不放过"原则是指什么？

答：（1）事故原因未查清不放过；（2）事故责任人未受到处理不放过；（3）事故责任人和周围群众没有受到教育不放过；（4）事故制订切实可行的整改措施没有落实不放过。

3. 进入有限空间作业应采取哪些安全措施？

答：（1）准备监测和防护器材。

（2）必须要进行有毒有害气体的检测，确认安全后方可进入。

（3）如有限空间内存在电、高温或低温等有害因素，应事先进行隔离，以确保人员安全。

（4）要进行必要的强制通风。

（5）必须佩戴好安全防护用品。

（6）在操作的全过程中要配备监护人员。

（7）进行有限空间作业，必须填写有限空间作业审批表。制订有限空间作业方案。

4. 机动车在道路上行驶应具备哪些条件？

答：（1）车辆必须经过车辆管理机关检验合格，领取号牌、行车执照，方准行驶。

（2）号牌须按指定位置安装，并保持清晰。

（3）机动车必须保持车况良好，车容整洁，制动器、转向器、喇叭、刮水器、后视镜和灯光装置必须保持齐全有效。

（4）机动车应按车辆管理机关规定的期限接受检验，未按规定检验或检验不合格的，不准继续行驶。

第二节 理论知识

一、单选题

1. 开发、利用水资源，应当首先满足（ ）。
 A. 生态环境用水 B. 城乡居民生活用水 C. 农业用水 D. 工业用水
 答案：B

2. 国家对水资源实行（ ）相结合的管理体制。
 A. 统一管理与分级分部门管理 B. 分级管理与分部门管理
 C. 流域管理与行政区域管理 D. 国家管理与集体管理
 答案：C

3. 国家对水资源依法实行取水许可制度和有偿使用制度。（ ）负责全国取水许可制度和水资源有偿使用制度的组织实施。
 A. 各级人民政府水行政主管部门 B. 国务院有关部门
 C. 国务院水行政主管部门 D. 国务院
 答案：C

4. 县级以上地方人民政府水行政主管部门按照规定的权限，负责本行政区域内水资源的（ ）工作。
 A. 开发、利用 B. 治水和管水
 C. 统一管理和监督 D. 开发、利用、节约、保护和管理
 答案：C

5. 国家厉行节约用水，大力推行节约用水措施，推广节约用水新技术、新工艺，发展节水型工业、农业和服务业，建立（ ）社会。
 A. 节水型 B. 生态型 C. 可持续发展型 D. 环保型
 答案：A

6. 各级人民政府应当采取措施，加强对节约用水的管理，建立节约用水技术开发（ ），培育和发展节约用水产业。
 A. 推广体系 B. 管理制度 C. 推广模式 D. 先进技术
 答案：A

7. 下列参数与城市设计暴雨强度无关的是（ ）。
 A. 设计暴雨强度 B. 降雨历时 C. 设计重现期 D. 径流系数
 答案：D

8. 下列参数与降雨历时无关的是（ ）。
 A. 地面集水时间 B. 折减系数 C. 径流系数 D. 管渠内雨水流行时间
 答案：C

9. 防洪标准的分类不包括（ ）。
 A. 城市防洪标准 B. 工矿企业防洪标准
 C. 交通运输设施防洪标准 D. 山地防洪标准
 答案：D

10. 城市水系规划的对象不包括（ ）。
 A. 地下水 B. 各类地表水 C. 岸线 D. 滨水地带
 答案：A

11. 常见的排水管道材质为（ ）。
 A. 铸铁管 B. PVC 管 C. 钢筋混凝土管 D. 陶土管
 答案：C

12. 雨水管线的最大设计充满度为( )。
A. 20%　　　　　　　　B. 50%　　　　　　　　C. 75%　　　　　　　　D. 100%
答案：C

13. 排水设施检测按照检测任务分为( )。
A. 普查　　　　　　　B. 声呐检测　　　　　C. 目测法　　　　　　D. 潜水检测法
答案：A

14. 排水设施检测按照检测设备及方法分为( )。
A. 紧急应对检测
B. 竣工验收确认检测
C. 交接确认检测
D. 传统检测包括目测法、量泥斗检测法、潜水检测法等
答案：D

15. 以下图片中，缺陷类型为结垢的是( )。

A.　　　　　　　　　　　　　　　　　　　　B.

C.　　　　　　　　　　　　　　　　　　　　D.

答案：A

16. 以下对探地雷达检测法描述错误的是( )。
A. 可用于管道内窥检测　　　　　　　　　B. 可用于管道及周边土层坍塌检测
C. 可用于初步检测管道位置　　　　　　　D. 一般用于抢险抢修和工程施工
答案：A

17. 以下不属于闭路电视检测系统的是( )。
A. 主控制器　　　　　　　　　　　　　　B. 操纵电缆盘(架)
C. 摄像爬行器(带摄像头和照明灯的"机器人")　D. 管道潜望镜
答案：D

18. 当使用清疏设备进行清掏作业时，下列规定描述不正确的是( )。
A. 清疏设备应由专人操作，操作人员应接受专业培训，持证上岗
B. 带有水箱的清疏设备，使用前应使用车上附带的加水专用软管为水箱注满水
C. 车载清疏设备路面作业时，车辆应逆行车方向停泊，打开警示灯、双跳灯，并做好路面围护警示工作
D. 车载清疏设备在移动前，工况必须复原，再至第二处地点进行使用
答案：C

19. 排水沟道中各种污水水流含有各种固体悬浮物，下列与其沉降速度与沉降量无关的因素为( )。
A. 固体颗粒的相对密度　　　　　　　　　B. 固体颗粒的粒径
C. 水流流速与流量　　　　　　　　　　　D. 固体颗粒的黏稠度
答案：D

20. 管道疏通——水力冲洗方法不包括( )。
A. 污水自冲　　　　　B. 雨水自冲　　　　　C. 机械冲洗　　　　　D. 冲洗井冲洗
答案：B

21. 冲洗的原理是提高管道内的水位差、增加水流压力、加大流速和流量来清洗管道的沉积物。一般在( )管道具有最佳的冲洗效果。

A. 100～300mm　　　B. 200～600mm　　　C. 600～1000mm　　　D. 1000mm 以上
答案：B

22. 闭路电视检测系统的最大爬坡角度为（　　）。
A. 50°　　　　　　B. 40°　　　　　　C. 30°　　　　　　D. 20°
答案：A

23. 声呐检测设备的承载工具宜采用在声呐探头位置（　　）的漂浮器。
A. 镂空　　　　　　B. 封闭　　　　　　C. 坚固　　　　　　D. 圆形
答案：A

24. 声呐检测设备的脉冲宽度是扫描感应头发射的信号宽度，可在 10^{-6} s 内完成测量，它从 4μs 到 20μs 范围内被分为（　　）个等级。
A. 5　　　　　　　B. 6　　　　　　　C. 7　　　　　　　D. 8
答案：A

25. 声呐检测时，在距管段起始、终止检查井处应进行 2~3m 长度的重复检测，其目的是（　　）。
A. 消除扫描盲区　　B. 成像清晰　　　　C. 检测精确　　　　D. 缺陷种类全面
答案：A

26. 检测前应从被检管道中取水样通过（　　）对系统进行校准。
A. 实测声波速度　　B. 调为340m/s　　　C. 实测声波强度　　D. 纯净水的声波传送速度
答案：A

27. 将管道节点与城市地形图（　　）可以达到各个管道节点的地面高程。
A. 迭代分析　　　　B. 叠加分析　　　　C. 缓冲区分析　　　D. 线性分析
答案：B

28. 污水检查井出现溢流冒水时，可利用（　　）进行模拟，判断影响的大致范围。
A. 叠加分析　　　　B. 缓冲区分析　　　C. 邻近分析　　　　D. 线性分析
答案：D

29. 流域范围面数据所覆盖的空间范围内，必须存在相应的检查井和（　　）。
A. 排水管道　　　　B. 人口数据　　　　C. 经济数据　　　　D. 高程数据
答案：A

30. 从系统组成和功能上，一个地理信息系统拥有机助制图系统的所有组成和功能，并且地理信息系统还有（　　）的功能。
A. 导入数据　　　　B. 数据处理　　　　C. 导出数据　　　　D. 图形处理
答案：B

31. 信息化系统提高了管理人员对管网系统（　　）掌握效率和程度，管理人员能及时准确地获取信息，并对系统运行中的突发事件具有更长的反应时间，可选择更多的处理方案。
A. 数据　　　　　　B. 成果　　　　　　C. 运行状况　　　　D. 图形
答案：C

32. 在网络中为边引入（　　）的属性，模拟管网中的量、电子元件之间的电阻等，使系统向专业分析工具又迈进了一步。
A. 长度　　　　　　B. 权重　　　　　　C. 高程　　　　　　D. 年代
答案：B

33. 水中的泥沙及其他异物沉淀在排水管道底部形成的堆积物叫做（　　）。
A. 积泥　　　　　　B. 泥沙　　　　　　C. 结垢　　　　　　D. 板结
答案：A

34. （　　）是指因地基不均匀沉降等因素在排水管道内形成的水洼。
A. WS　　　　　　 B. JN　　　　　　　C. PL　　　　　　　D. SG
答案：A

35. 排水设施普查周期的确定中，倒虹吸管的管线普查周期应为（　　）。

A. ≤1 年　　　　　　B. ≤2 年　　　　　　C. ≤1.5 年　　　　　D. ≤2.5 年
答案：A

36. 排水管道功能性检测的主要目的为( )。
A. 探明其是否存在积泥、杂物等影响排水管道设施正常运行的病害
B. 探明其是否存在腐蚀、杂物等影响排水管道设施正常运行的病害
C. 探明其是否存在结垢、破裂等影响排水管道设施正常运行的病害
D. 探明其是否存在残堵、错口等影响排水管道设施正常运行的病害
答案：A

37. 养护指数是指根据排水管道功能缺陷的类型、程度和数量，结合排水管道的社会和功能属性，按一定公式计算得到的数据。其区间为( )，数值越大表明养护紧迫性越大。
A. 0~10　　　　　　B. 0~50　　　　　　C. 0~100　　　　　　D. 0~200
答案：C

38. 中度积泥是指积泥深度小于管道断面尺寸的( )。
A. 10%~25%　　　　B. 15%~25%　　　　C. 15%~30%　　　　D. 20%~35%
答案：C

39. 排水管道的断面形状偏离原样，是指( )结构缺陷。
A. 错口　　　　　　B. 变形　　　　　　C. 破裂　　　　　　D. 腐蚀
答案：B

40. RI 在结构等级评估计算公式中代表的数值是( )。
A. 评定段的结构性缺陷参数　　　　　　B. 评定段的管道重要性参数
C. 评定段的地区重要性参数　　　　　　D. 修复指数
答案：D

41. 管道结构等级为二级的修复指数正确的是( )。
A. $25 \leq RI < 45$　　B. $25 \leq RI < 50$　　C. $50 \leq RI < 75$　　D. $65 \leq RI < 50$
答案：B

42. 排水管道的结构等级根据结构缺陷的检测结果进行评定，以( )为最小的检测和评定单位。
A. 全长　　　　　　B. 部分管段　　　　C. 井段　　　　　　D. 连续检测的管段
答案：C

43. 土质重要性参数取值最高的是( )土质。
A. 膨胀土、淤泥质土　B. 粉砂土、湿陷性土　C. 杂填土、粉质黏土　D. 其他
答案：B

44. 管道结构等级评定为四级时管道修复方案为( )。
A. 紧急修复或翻新　　B. 列计划尽快修复　　C. 加强监测　　　　D. 无须修复
答案：A

45. 排水巡查工接到热线指令后应( )。
A. 立即赶往现场核实　　　　　　　　　B. 继续巡查
C. 与反映人核实信息，不用到现场　　　D. 不予理睬
答案：A

46. 排水巡查工处理完成热线后应( )。
A. 不用记入巡查日志　B. 以后记入巡查日志　C. 当时记入巡查日志　D. 不记入工作日志
答案：C

47. 热线事件类型有( )种分类形式。
A. 2　　　　　　　　B. 3　　　　　　　　C. 4　　　　　　　　D. 5
答案：A

48. 排水巡查工接到热线时应( )。
A. 先处置距离近的　　B. 先处置时效短的　　C. 先处理特急事件　　D. 先处置时效长的

49. 特殊类热线来源为( )。
   A. 自发现
   B. 排水热线平台
   C. 其他政府部门热线平台
   D. 广告
   答案：C

50. 违反《城镇排水与污水处理条例》第四十八条规定：在雨水、污水分流地区，建设单位、施工单位将雨水管网、污水管网相互混接的处罚为：由城镇排水主管部门责令改正，处( )罚款；造成损失的，依法承担赔偿责任。
   A. 3万元以上5万元以下
   B. 5万元以上10万元以下
   C. 10万元以上20万元以下
   D. 20万元以上40万元以下
   答案：B

51. 《北京市排水和再生水管理办法》第十六条规定：专用排水管线按照规划接入公共排水管网的，专用排水管线建设单位或者个人在取得排水许可后，应当到( )办理接入手续。
   A. 公共排水管网运营单位
   B. 专用排水管网运营单位
   C. 排水行政主管部门
   D. 街道办事处
   答案：A

52. 《城镇排水与污水处理条例》规定：城镇排水与污水处理设施覆盖范围内的排水单位和个人，未按照国家有关规定将污水排入城镇排水设施，或者在雨水、污水分流地区将污水排入雨水管网将予以处罚。由城镇排水主管部门责令改正，给予警告；逾期不改正或者造成严重后果的，对单位处10万元以上20万元以下罚款，对个人处( )罚款；造成损失的，依法承担赔偿责任。
   A. 5万元以上10万元以下
   B. 2万元以上5万元以下
   C. 5万元以上20万元以下
   D. 2万元以上10万元以下
   答案：D

53. 《城镇排水与污水处理条例》规定：排水户不按照污水排入排水管网许可证的要求排放污水的，由城镇排水主管部门责令停止违法行为，限期改正，可以处5万元以下罚款。造成严重后果的，吊销污水排入排水管网许可证，并处( )罚款，可以向社会予以通报。
   A. 2万元以上10万元以下
   B. 2万元以上20万元以下
   C. 2万元以上20万元以下
   D. 5万元以上50万元以下
   答案：D

54. 国家标准《室外排水设计规范》规定：当管道跌水水头为大于等于( )时，宜设跌水井。
   A. 1m   B. 2m   C. 3m   D. 4m
   答案：D

55. 2018年3月1日，由国家发改委、水利部和质检总局联合组织制订的( )开始实施。
   A.《水效标识管理办法》
   B.《水污染防治条例》
   C.《城镇污水处理厂水污染物排放标准》
   D.《饮用水国家标准》
   答案：A

56. 2018年3月23日，北京市发改委发布《北京市耕地河湖休养生息规划》，该规划执行期为( )。
   A. 2018—2038年   B. 2018—2035年   C. 2019—2035年   D. 2019—2038年
   答案：B

57. 2018年北京市政府工作报告中提到：升入实施河长制，落实污水治理和再生水利用第二个三年行动方案，完成非建成区( )条段黑臭水体治理任务，全市污水处理率提高到( )，再生水年利用量达到( )。
   A. 48，95%，11亿 m^3
   B. 84，93%，10.7亿 m^3
   C. 48，93%，11亿 m^3
   D. 84，90%，10.7亿 m^3
   答案：B

58. 降雨重现期不宜低于( )一遇。

A. 15 年　　　　　　B. 20 年　　　　　　C. 25 年　　　　　　D. 30 年
答案：B

59. 降雨周期宜按(　　)计算。
A. 10h　　　　　　B. 15h　　　　　　C. 20h　　　　　　D. 24h
答案：D

60. 城市用地应遵循(　　)原则。
A. 空旷、平整　　　B. 平原、人稀　　　C. 地广、人稀　　　D. 高地高用、低地低用
答案：D

61. 城市水系规划应坚持(　　)的原则，尊重水系自然条件，切实保护和修复城市水系及其空间环境。
A. 保护为主、合理利用　　　　　　　　B. 保护为主、节约资源
C. 合理利用、预防为主　　　　　　　　D. 合理利用、节约资源
答案：A

62. 城市水系规划除应符合本规范外，尚应符合国家和行业现行的有关标准规范的规定以及有关的(　　)和(　　)。
A. 标准，规范　　　　　　　　　　　　B. 行标，企标
C. 流域管理，区域管理　　　　　　　　D. 流域规划，区域规划
答案：D

63. 以下适用于明渠排水，能适应水量大，水量集中的地面雨水排除的是(　　)。
A. 圆形断面　　　C. 矩形断面　　　B. 拱形断面　　　D. 梯形断面
答案：D

64. 一般用于管径 $D \leqslant 600mm$ 管道的检查井类型为(　　)。
A. 圆形　　　　　　B. 矩形　　　　　　C. 扇形　　　　　　D. 梯形
答案：A

65. (　　)一般用于合流管道，当上中游管道的水量达到一定流量时，由此井进行分流，将过多的水量溢流出去。
A. 检查井　　　　　B. 溢流井　　　　　C. 冲洗井　　　　　D. 截流井
答案：B

66. 污水管道污水中的有机物，在一定温度与缺氧条件下，厌气发酵分解产生甲烷、硫化氢、二氧化碳、氰酸等有毒有害气体，对有此危害的管道在检查井上应设置(　　)。
A. 通气井　　　　　B. 溢流井　　　　　C. 冲洗井　　　　　D. 截流井
答案：A

67. 《城镇污排水与污水处理条例》规定：排水管网检查井盖应当具备(　　)和防盗窃功能，满足结构强度要求。
A. 防爆炸　　　　　B. 防坠落　　　　　C. 防异味　　　　　D. 防滑
答案：B

68. 针对水量管理，一般需要将当地实际发生的最大流量降雨量和降雨历时换算为(　　)来进行评估。
A. 平均降雨强度　　B. 实际降雨强度　　C. 年度降雨强度　　D. 季度降雨强度
答案：B

69. 雨水管道在街道下最小管径为(　　)。
A. 300mm　　　　　B. 400mm　　　　　C. 500mm　　　　　D. 600mm
答案：A

70. 下列不是污水管道系统收集对象的是(　　)。
A. 综合生活污水　　B. 工业废水　　　　C. 道路冲洗水　　　D. 入渗地下水
答案：C

71. 以下不属于城镇生活污水排水系统主要组成部分的是(　　)。
A. 室外污水管道系统　　　　　　　　　B. 污水泵站及压力管道

C. 污水处理厂 D. 排洪沟
答案：D

72. 污水管道管径小于400mm，设置直线检查井时，其最大间距一般为( )。
A. 40m B. 50m C. 60m D. 70m

73. 对城市防汛排水影响最大的自然因素是( )。
A. 台风 B. 高潮 C. 降雨 D. 地势低
答案：C

74. ( )是指：可进行图形的增加、删除、移动、复制，线条的拉长和缩短，以及多边形边界修改操作。系统能自动维护相应空间数据与其保持一致。
A. 查询分析 B. 图形编辑 C. 数据录入和编辑 D. 内容分析
答案：B

75. GIS图中，( )为线数据，其基本属性中必须包含管道上游井号、下游井号，该井号为相关联的检查井代码。
A. 检查井 B. 雨水口 C. 排水管道 D. 道路
答案：B

76. 设施报废或拆除后，原有编码( )，不重新进行分配。
A. 保留 B. 删除 C. 存档 D. 加注标识
答案：A

77. 设施改建位置后，新增的检查井、管道重新进行编码分配，相连接的未变化管道更新上下游( )。
A. 坐标 B. 位置 C. 井代码 D. 管线名称
答案：C

78. 城市排水系统是保证城市正常运行和维护城市环境的生命线，他的基本功能是及时排除城市内( )产生的污水，使城市保持清洁。
A. 生活 B. 生产 C. 洗车 D. 生活和生产
答案：D

79. 功能缺陷是指排水管道在建设或使用过程中，进入或残留在管道内的杂物以及水中泥沙沉淀、油脂附着等，使过水断面减小，影响其正常排水能力的缺陷状态。功能缺陷包括( )等。
A. 积泥、洼水、结垢、树根、杂物、封堵 B. 断裂、积泥、结垢、杂物、腐蚀、封堵
C. 错口、结垢、洼水、结垢、树根、杂物 D. 漏筋、断裂、积泥、结垢、杂物、树根
答案：A

80. 病害代码FD是指残留在排水管道内的( )。
A. 封堵材料 B. 杂物 C. 积泥 D. 止水麻袋
答案：A

81. 排水管道内的碎砖石、树枝、遗弃工具、破损管道碎片等坚硬杂物统称( )。
A. 杂物 B. 封堵 C. 积泥 D. 侵入
答案：A

82. 管道内中度脱节，按照排水管道结构评定标准结构缺陷权重应为( )。
A. 0.05 B. 0.25 C. 0.45 D. 0.75
答案：D

83. 管道内中度破裂，按照排水管道结构评定标准取值为( )。
A. 9 B. 3 C. 1 D. 0.75
答案：C

84. 管道内有轻度侵入，按照排水管道结构评定标准取值为( )。
A. 9 B. 3 C. 1 D. 0.75
答案：D

85. 排水热线每天为市民提供( )服务。

A. 8h B. 10h C. 24h D. 48h

答案：C

86. 按照《生产安全事故报告和调查处理条例》的规定，事故发生单位对事故发生负有责任，发生特别重大事故的，处（ ）。

A. 10万元以上20万元以下 B. 20万元以上50万元以下
C. 50万元以上200万元以下 D. 200万元以上500万元以下

答案：D

87. 以下属于用人单位不得与劳动者解除劳动合同的情况是（ ）。

A. 劳动者不能胜任工作的 B. 职工患职业病
C. 用人单位经营困难期间 D. 劳动者自行辞职的

答案：B

88. 事故应急救援的特点不包括（ ）。

A. 不确定性和突发性 B. 应急活动的复杂性
C. 后果易猝变、激化和放大 D. 应急活动时间长

答案：D

89. 按照国家工程建筑消防技术标准，施工的项目竣工时，（ ）经公安消防机构进行消防验收。

A. 必须 B. 可以 C. 应该 D. 不必

答案：A

90. 公共性建筑和通廊式居住点建筑安全出口的数目不应少于（ ）。

A. 1个 B. 2个 C. 3个 D. 4个

答案：B

91. （ ）为全员生产维修，全员生产保全等，是以设备综合效率为目标，以全系统的预防维修为过程，全体人员参与为基础的设备保养和维修体制，是日本1971年创造的设备管理模式。

A. WPS B. BM C. TPM D. PPM

答案：C

92. 往复式压缩机密封可实现无油润滑，但（ ）不能作为密封填料。

A. 轴承合金 B. 尼龙 C. 填充聚四氟乙烯 D. 金属塑料

答案：A

93. 水泵的润滑油一般工作（ ）更换1次。

A. 300h B. 400h C. 500h D. 600h

答案：C

94. 泄漏故障的检查方法有超声波检查、涂肥皂水、涂煤油和（ ）等多种方法。

A. 升温检查 B. 加压试验 C. 性能试验 D. 超速试验

答案：B

95. 机械格栅维护中的检修周期（凡连续运转时）是（ ）。

A. 6个月 B. 12个月 C. 24个月 D. 24~36个月

答案：B

96. 下列对正压式空气呼吸器描述错误的是（ ）。

A. 属于过滤式呼吸器 B. 属于隔绝式呼吸器
C. 属于携气式呼吸器 D. 属于自给式呼吸器

答案：A

二、多选题

1. 以下可以加强对初期雨水的排放调控和污染防治的方式有（ ）。

A. 合理确定截流倍数 B. 设置初期雨水贮存池
C. 建设截流干管 D. 雨污分流

答案：ABC

2. 城镇排水主管部门委托的专门机构，可以开展(　　)等工作，并协助城镇排水主管部门对排水许可实施监督管理。
   A. 排水许可审查　　　　　　　　　　B. 档案管理
   C. 监督指导排水户排水行为　　　　　D. 对排水户违规行为进行处罚
   答案：ABC

3. 编辑城市水系规划时，根据分类应按照(　　)进行评价。
   A. 城市水系功能定位评价　　　　　　B. 水体现状评价
   C. 岸线利用现状评价　　　　　　　　D. 滨水区现状评价
   答案：ABCD

4. 地铁施工损害排水设施的常见形式有(　　)。
   A. 私接　　　　B. 超标排放　　　　C. 填埋占压　　　　D. 圈占拆除
   答案：ABCD

5. 排水设施检测时现场踏勘时应踏勘(　　)。
   A. 查看测区的地物、地貌、交通和管道分布情况
   B. 开井目视检查管道的水位、积泥等情况
   C. 核对所有搜集资料中的管位、管径、材质等
   D. 查阅管道的竣工图或施工图等技术资料
   答案：ABC

6. 排水设施检测时需要收集的资料有(　　)。
   A. 已有排水管线图　　　　　　　　　B. 管道的竣工图或施工图等技术资料
   C. 评估所需的资料　　　　　　　　　D. 其他与检测相关的资料
   答案：ABCD

7. 导致排水沟道及其构筑物不断损坏的因素有(　　)。
   A. 污水中的污泥沉积淤塞排水沟道　　B. 水流冲刷破坏排水构筑物
   C. 污水与气体腐蚀沟道及其构筑物　　D. 外荷载损坏结构强度
   答案：ABCD

8. 检查井内部巡查需要巡查的内容包括(　　)。
   A. 链条或锁具，爬梯松动、锈蚀或缺损　　B. 管道流量和水位高差观测
   C. 防坠设施破损和承载力测试　　　　　　D. 盖框突出或凹陷
   答案：ABC

9. 声呐检测时，截取的轮廓图应标明(　　)等信息。
   A. 管道轮廓线　　　B. 管径　　　　C. 管道积泥深度线　　　D. 管道长度
   答案：ABC

10. 以下关于声呐检测设备说法正确的是(　　)。
    A. 检测设备应与管径相适应，探头的承载设备负重后不易滚动或倾斜
    B. 为了保证声呐设备的检测效果，检测时设备应保持正确的方位。"不易滚动或倾斜"是指探头的承载设备应具有足够的稳定性
    C. 声呐系统的主要技术参数应符合下列规定：扫描范围应大于所需检测的管道规格；125mm 范围的分辨率应小于0.5mm
    D. 设备结构应坚固、密封良好，应能在 0~40℃的温度条件下正常工作
    答案：ABCD

11. 计算机制图技术、数字图像处理、数据库管理系统等的发展，已逐渐渗透到测绘、(　　)和商业领域。
    A. 资源环境　　　B. 土地管理　　　C. 设施管理
    D. 军事　　　　　E. 企业管控
    答案：ABCD

12. 未来地理信息技术的发展将使其在排水管网管理中应用能够更加广泛，主要包括(　　)。
   A. 将 GIS 扩展至多维分析，以三维可视化等方式提高管理水平
   B. GIS 与 RS、GPS 相结合，将后者作为高效的数据获取手段
   C. 越来越多的利用声音、图像、图形等多媒体数据
   D. 进一步与互联网络结合，使排水管网的地理信息数据可以突破空间的局限，在更大范围内获取和查询
   答案：ABCD

13. 排水管道的功能等级以井段为最小评定单位，以排水管线为最大评定单位。评定排水管线的功能等级至少应检测(　　)。
   A. 排水管线的首尾井段　　　　　　　　B. 水力坡降异常的井段
   C. 截流井或溢流井的上游井段　　　　　D. 有管线接入的检查井的下游井段
   答案：ABCD

14. 计算排水管道的养护指数 MI 值时，要用到参数 F（评定段的负荷状况系数），下列关于参数 F 值的选取依据描述正确的是(　　)。
   A. 污水管道参数 F 值的选取依据是管道高峰充满度
   B. 雨水管道参数 F 值的选取依据是保证降雨重现期（年）
   C. 合流管道参数 F 值的选取依据是管道高峰充满度
   D. 合流管道参数 F 值的选取依据是保证降雨重现期（年）
   答案：ABD

15. 排水管道的结构等级以排水管线为最大的评定单位。评定排水管线的结构等级应检测的井段有(　　)。
   A. 排水管线的首尾井段　　　　　　　　B. 水力坡降异常的井段
   C. 横跨交通干道的井段　　　　　　　　D. 有结构缺陷尚未修复完成的井段
   答案：ABCD

16. 地区重要性参数分为(　　)。
   A. 中心政治、商业及旅游区　　　　　　B. 交通干道和其他商业区
   C. 其他机动车道路　　　　　　　　　　D. 其他区域
   答案：ABCD

17. 热线接报应重点了解清楚并做好记录的信息要素有(　　)。
   A. 反映时间　　B. 反映人联系方式　　C. 事件内容　　D. 完成时效
   答案：ABC

18. 热线信息接报、处置原则是(　　)。
   A. 早发现　　　B. 早处置　　　　　　C. 早解决　　　D. 早控制
   答案：ABC

19. 排水验收的标准及要求包括(　　)。
   A.《给水排水管道工程施工及验收规范》　　B.《给水排水构筑物工程施工及验收规范》
   C.《地下工程建设中排水设施保护技术规程》　D.《建筑工程施工技术管理规程》
   答案：ABCD

20. 公共排水设施报装资料包括(　　)。
   A. 项目立项批准文件　　　　　　　　　B. 施工许可证
   C. 建设工程规划许可证　　　　　　　　D. 市政管线设计综合方案
   答案：ACD

21. 执法案件取证时的注意事项有(　　)。
   A. 两人以上共同参与检查　　　　　　　B. 开展检查要着装整齐，最好是穿制服
   C. 出示证件亮明身份　　　　　　　　　D. 有条件一定要摄像、照相
   E. 要熟知相关法律法规，心中对什么行为是违法的要有概念
   答案：ABCDE

22. 排水户是指：从事工业、建筑、医疗等活动向城镇下水道排放污水的(　　)。

A. 企业单位　　　　B. 事业单位　　　　C. 个体工商户　　　D. 居民
答案：ABC

23. 防汛突发事件包含山区山洪泥石流等灾害，下列属于山区山洪泥石流灾害的有(　　)。
A. 山洪　　　　　　B. 泥石流　　　　　C. 山体滑坡　　　　D. 大面积塌陷等
答案：ABCD

24. 城市排水管网可能出现的应急抢险事件有(　　)。
A. 市政道路雨、污水管(渠)检查井井盖受破坏或被盗
B. 排水管网内产生硫化氢气体等有毒有害物质
C. 城市主要雨污水输送干管(渠)遭受破坏或非正常运行。道路雨水口堵塞，引起路面积水
D. 运营单位违规下井作业或安全措施不到位
答案：ABCD

25. 电视检查摄像镜头应具有(　　)功能。
A. 平扫与旋转　　　B. 仰俯与旋转　　　C. 变焦功能　　　　D. 镜头高度自由调整
答案：ABCD

26. 爬行器应具有(　　)功能。
A. 前进、后退
B. 轮径大小、轮间距可以根据被检测管道的大小进行更换或调整
C. 空挡、变速
D. 防侧翻
答案：ABCD

27. 城市排水管网地理信息系统利用GIS对排水管网及其外部环境中的影响因素进行(　　)，帮助管理者掌握管网空间分布的信息。
A. 描述　　　　　　B. 模拟　　　　　　C. 计算　　　　　　D. 展示
答案：AB

28. 城市排水管网地理信息系统首先应具备地理信息系统的基本功能是(　　)。
A. 具有数据录入和编辑的多种方式　　　B. 图形编辑
C. 数据格式转换　　　　　　　　　　　D. 查询分析
答案：ABCD

29. 基本空间分析包括(　　)等。
A. 几何分析　　　　B. 网络分析　　　　C. 空间统计分析　　D. 结构分析
答案：ABC

30. 在基本功能的基础上，城市排水管网地理信息系统还应针对专业管理需要，具备(　　)特殊功能。
A. 管理施工图纸资料，它是管理人员掌握管网现状的依据，也是城市规划建设的重要基础资料
B. 利用数据库中的数据，自动生成管道断面图、管段剖面图、工作报表，以及反映管网数量、空间分布等变化的各种统计图表，作为管理工作的主要依据
C. 针对排水管网日常管理中，管网空间定位、空间分布特征分析等需要，在空间分析基本功能基础上，软件应具备距离测量和面积量算等几何量算能力，满足排水管网管理工作中的特殊要求
D. 针对排水管网中特殊的管理对象及其变化特征，实现对管网运行和变化的模拟、预测、辅助决策
答案：ABCD

31. 功能等级公式与(　　)有关。
A. 评定段的功能性缺陷参数　　　　　　B. 评定段的管道重要性参数
C. 评定段的土质重要性参数　　　　　　D. 评定段的地区重要性参数
E. 评定段的结构性缺陷参数
答案：ABD

32. 排水管线是具有相同的(　　)，且通常是同时建设的连续井段。根据在排水流域中的地位和服务功能，分为干线和支线两类。

A. 管道材质　　　　B. 断面尺寸　　　　C. 接口形式　　　　D. 相同流量　　　E. 相同流速

答案：ABC

33. 土质重要性参数分为(　　)。

A. 粉砂土、湿陷性土　　B. 膨胀土、淤泥质土　　C. 杂填土、粉质黏土　　D. 其他

答案：ABCD

34. 下列属于常见的排水管道横断面的是(　　)。

A. 圆形　　　　　　B. 矩形　　　　　　C. 卵形

D. 菱形　　　　　　E. 马蹄形

答案：ABCE

35. 设施诉求中再生水服务事件分类有(　　)、停水、其他。

A. 水表　　　　　　B. 水卡　　　　　　C. 水质　　　　　　D. 水压

答案：ABCD

36. 下列属于服务质量投诉内容的为(　　)。

A. 西城区西四北四条东口排水集团在此处进行施工，车辆噪声影响居民休息

B. 南三环方庄桥辅路公交站旁边一辆特斯拉轿车掉进排水集团污水井中

C. 朝阳区静安西街家乐福门口进行排水管线施工，但是施工挡板占用了机动车道，造成交通堵塞

D. 排水集团在丰台区永丰路进行管道施工，施工过程中与来往市民发生言语冲突

答案：AC

三、简答题

1. 申请领取排水许可证，应当如实提交哪些材料？

答：(1)排水许可申请表。

(2)排水户内部排水管网、专用检测井、污水排放口位置和口径的图纸及说明等材料。

(3)按规定建设污水预处理设施的有关材料。

(4)排水隐蔽工程竣工报告。

(5)排水许可申请受理之日前一个月内由具有计量认证资质的水质检测机构出具的排水水质、水量检测报告；拟排放污水的排水户提交水质、水量预测报告。

(6)列入重点排污单位名录的排水户应当提供已安装的主要水污染物排放自动监测设备有关材料。

(7)法律、法规规定的其他材料。

2. 爬行器在使用过程中经常因各种原因出现故障，现场实际检测时爬行器在爬行过程中如发生哪些情况应立即停止检测(至少应答出4条)？

答：(1)爬行器在管道内无法行走或推杆在管道内无法推进时。

(2)镜头沾有污物时。

(3)镜头侵入水中时。

(4)管道内充满雾气，影响图像质量，影响图像质量时。

(5)其他原因导致无法检测时。

3. 应急预案的编制依据有哪些？

答：《中华人民共和国突发事件应对法》及国家法律法规；行业标准CJJ6—85《排水管道维护安全技术规程》；《北京市排水与再生水管理办法》等。

4. 专用排水管线接入公共排水管网，须办理接入手续的工作依据的法规有哪些？

答：《城镇排水与污水处理条例》《北京市排水和再生水管理办法》《城市排水许可管理办法》。

5. 《城镇排水与污水处理条例》规定，在雨水、污水分流地区，建设单位、施工单位将雨水管网、污水管网相互混接的，应由哪个部门责令改正，处罚罚款的范围是多少？

答：由城镇排水主管部门责令改正，处5万元以上10万元以下的罚款。

6. 路面坍塌的原因有哪些？

答：排水管道因破损、脱节、错位等，造成管道周围砂土进入管道内部，再经水流作用流入下游管道，砂

土再进入管道，周而复始，导致管道周围形成空洞，道路基础被掏空，路面容易塌陷。

7. 截流井的作用是什么？一般设于什么部位？

答：一般设在合流管下游地段与污水截流管相交处，主要作用是平日合流管道中日常污水与一定量的雨水截流进入污水截流管道，送入污水处理厂，其余的水放入水体。

8. 使用CCTV检测的时候，何为直向摄影？何为侧向摄影？

答：直向摄影：电视摄像机取景方向与管道轴向一致，在摄像头随爬行器行进过程中通过控制器显示和记录管道内影像的拍摄方式。

侧向摄影：电视摄像机取景方向偏离管道轴向，通过电视摄像机镜头和灯光的旋转/仰俯以及变焦，重点显示和记录管道一侧内壁状况的拍摄方式。

9. 工业机器人是面向工业领域的多关节机械手或多自由度的机器装置，它能自动执行工作，是靠自身动力和控制能力来实现各种功能的一种机器。它可以接受人类指挥，也可以按照预先编排的程序运行。管道爬行器俗称"小机器人"，它有哪些基本性能？

答：（1）摄像镜头应具有平扫与旋转、仰俯与旋转以及变焦功能，摄像镜头高度应可以自由调整。

（2）爬行器应具有前进、后退、空挡、变速、防侧翻等功能，轮径大小、轮间距应可以根据被检测管道的大小进行更换或调整。

（3）主控制器应具有在监视器上同步显示日期、时间、管径、在管道内行进距离等信息的功能，并应可以进行数据处理。

（4）灯光强度应能调节。

10. 什么是养护指数？

答：根据排水管道功能缺陷的类型、程度和数量，结合排水管道的社会和功能属性，按一定公式计算得到的数值。其区间为 0~100，数值越大表明养护紧迫性越大。

11. 什么是管道变形？

答：排水管道的断面形状偏离原样。变形一般指柔性管。

12. 什么是管道渗漏？

答：外部土层中的水从排水管道壁（顶）、接口或检查井壁流入。

13. 什么是管道侵入？

答：管道等物体非正常进入或穿过排水管道。

四、计算题

1. 根据功能等级评定标准，已知某管线功能性缺陷参数 $G=0.6$，管线位于"长安街"，管线管径为 900mm，请根据如上参数，评定该管线的养护指数 MI 值，并判断该管线功能等级。

解：由管线位于"交通干道和其他商业区"，故管线地区重要性参数 $K=0.6$；管径为 900mm，可判断管道重要性参数 $E=0.3$，则

养护指数 $MI = 85G + 5E + 10K = 85 \times 0.6 + 5 \times 0.3 + 10 \times 0.6 = 58.5$，该管线的功能等级为3级。

2. 已知某管段长度为 50m，且存在3级腐蚀缺陷 10m，2级渗漏 1m，3级异物侵入缺陷 1m，3级渗漏 1m，求该管段的结构性缺陷密度指数，并判断其管段结构性缺陷的类型。

解：须确定结构性缺陷是局部缺陷或者整体缺陷，按下列公式进行计算

$$S_M = \frac{1}{SL}\sum_{i=1}^{n} P_i L_i$$

式中：S_M——管段结构性缺陷密度指数；

S——管段损坏状况参数；

L——管段长度，m；

P_i——第 i 处结构性缺陷分值；

L_i——第 i 处结构性缺陷的长度，当缺陷的计量单位为"个"时，长度设为1m。

已知 $L=50m$，该管段有腐蚀、渗漏、异物侵入3类病害，且3级腐蚀缺陷的分值为6，2级渗漏缺陷的分值为3，3级异物侵入缺陷的分值为6，3级渗漏缺陷的分值为6，根据

$S = \frac{1}{n}\sum_{i=1}^{n} P_i$，得 $S = (3+6+6+6)/4 = 5.25$，则 $S_M = (6\times10 + 3\times1 + 6\times1 + 6\times1)/(5.25\times50) \approx 0.28$

管段结构性缺陷类型为部分或整体缺陷。

3. 已知某管段长度为50m，且存在3级腐蚀缺陷10m，2级渗漏1m，3级异物侵入缺陷1m，3级渗漏1m，4级破裂缺陷1m，求该管段的管段损坏状况系数以及管段损坏状况最大系数。

解：管段损坏状况系数 $S = \frac{1}{n}\sum_{i=1}^{n} P_i = (6+3+6+6+10)/5 = 6.2$

由管段损坏状况最大系数 $S_{max} = \max\{P_j\}$，得 $S_{max} = 10$

4. 已知某管段长度为50m，已知管道一处管壁材料发生脱落，且环向范围大于弧长60°，管道一处发生变形，变形大于管道直径的25%，求该管段的管段损坏状况系数以及管段损坏状况最大系数。

解：已知该管段有一处4级破裂病害，一处4级变形病害，则

管段损坏状况系数 $S = \frac{1}{n}\sum_{i=1}^{n} P_i = (10+10)/2 = 10$

由管段损坏状况最大系数 $S_{max} = \max\{P_j\}$，得 $S_{max} = 10$

5. 已知某管段长度为50m，已知管道有中度腐蚀20m，表面剥落显露粗骨料或钢筋，管道一处发生严重脱节，脱节距离为管壁厚度2倍以上，管道一处发生接口材料脱落，接口材料可在管道内水平方向中心线下部可见。求该管段的管段损坏状况系数以及管段损坏状况最大系数。

解：已知该管段有一处2级腐蚀病害，一处4级脱节病害，一处2级接口材料脱落病害，则

管段损坏状况系数 $S = \frac{1}{n}\sum_{i=1}^{n} P_i = (3+10+3)/3 \approx 5.3$

由管段损坏状况最大系数 $S_{max} = \max\{P_j\}$，得 $S_{max} = 10$

6. 已知某条管段地区重要性参数为10，管道重要性参数为6，土质影响参数为6，管段损坏状况最大系数为4，管段损坏状况系数为2.5，结构性缺陷影响系数取1.2。求管道修复指数 RI，并判断该管段的修复等级。

解：结构性缺陷参数计算公式为：当 $S_{max} > \alpha S$ 时，$F = S_{max}$；当 $S_{max} < \alpha S$ 时，$F = \alpha S$。

已知 $S_{max} = 4$，$S = 2.5$，$\alpha = 1.2$，则 $\alpha S = 3$，故该管段的结构性缺陷参数 $F = S_{max} = 4$，该管段的结构缺陷等级为3级。

修复指数 $RI = 0.7F + 0.1K + 0.05E + 0.15T$，得 $RI = 0.7\times4 + 0.1\times10 + 0.05\times6 + 0.15\times6 = 5$

该管段的修复等级为3级。

7. 已知某条管段位于中心商业区，管径为600mm，土质弱性膨胀土，已知管段损坏状况最大系数为3，管段损坏状况系数为3，结构性缺陷影响系数取1.2。求管道修复指数 RI，并判断该管段的修复等级。

解：已知 $S_{max} = 3$，$S = 3$，$\alpha = 1.2$，则 $\alpha S = 3.6$，故该管段的结构性缺陷参数 $F = \alpha S = 3.6$。

由题可知，地区重要性参数为10，管道重要性参数为3，土质影响参数为6，

修复指数 $RI = 0.7F + 0.1K + 0.05E + 0.15T$，得 $RI = 0.7\times3.6 + 0.1\times10 + 0.05\times3 + 0.15\times6 = 4.57$

该管段的修复等级为2级。

8. 已知某条管段位于交通干道，管径为400mm，土质弱性膨胀土，已知管段损坏状况最大系数为3，管段损坏状况系数为3，结构性缺陷影响系数取1.2。求管道修复指数 RI，并判断该管段的修复等级。

解：已知 $S_{max} = 3$，$S = 3$，$\alpha = 1.2$，则 $\alpha S = 3.6$，故该管段的结构性缺陷参数 $F = \alpha S = 3.6$。

由题可知，地区重要性参数为6，管道重要性参数为0，土质影响参数为6，

修复指数 $RI = 0.7F + 0.1K + 0.05E + 0.15T$，得 $RI = 0.7\times3.6 + 0.1\times6 + 0.05\times0 + 0.15\times6 = 4.02$

该管段的修复等级为2级。

9. 已知某条管段附近具有三、四级民用建筑工程，管径为1000mm，土质为淤泥软质土，已知管段损坏状况最大系数为3，管段损坏状况系数为3，结构性缺陷影响系数取1.2。求管道修复指数 RI，并判断该管段的修复等级。

解：已知 $S_{max} = 3$，$S = 3$，$\alpha = 1.2$，则 $\alpha S = 3.6$，则 $F = \alpha S = 3.6$，故该管段的结构性缺陷参数是3.6。

由题可知，地区重要性参数为3，管道重要性参数为6，土质影响参数为10，

修复指数 $RI = 0.7F + 0.1K + 0.05E + 0.15T$，得 $RI = 0.7\times3.6 + 0.1\times3 + 0.05\times6 + 0.15\times10 = 4.62$，

该管段的修复等级为2级。

10. 已知某条管段附近具有一、二级民用建筑工程，管径为 1500mm，土质为弱膨胀土，已知管段损坏状况最大系数为 6，管段损坏状况系数为 3，结构性缺陷影响系数取 1.2。求管道修复指数 RI，判断该管段的修复等级，并请给出修复建议。

解：已知 $S_{max}=6$，$S=3$，$\alpha=1.2$，则 $\alpha S = 3.6$，故该管段的结构性缺陷参数 $F=S_{max}=6$。

由题可知，地区重要性参数为 6，管道重要性参数为 6，土质影响参数为 6，

修复指数 $RI = 0.7F + 0.1K + 0.05E + 0.15T$，得 $RI = 0.7 \times 6 + 0.1 \times 6 + 0.05 \times 6 + 0.15 \times 6 = 6$

该管段的修复等级为 3 级，结构在短期内可能发生破坏，应尽快修复。

11. 已知某条管段附近具有一、二级民用建筑工程，管径为 1500mm，土质为弱膨胀土，已知该管段长度为 50m，且存在 3 级腐蚀缺陷 10m，2 级渗漏 1m，3 级异物侵入缺陷 1m，3 级渗漏 1m，4 级破裂缺陷 1m，求该管段修复等级，并给出修复建议。

解：管段损坏状况系数 $S = \frac{1}{n}\sum_{i=1}^{n} P_i = (6+3+6+6+10)/5 = 6.2$

管段损坏状况最大系数 $S_{max} = \max\{P_j\}$，得 $S_{max} = 10$

已知 $S_{max}=10$，$S=6.2$，$\alpha=1$，则 $\alpha S = 6.2$，故该管段的结构性缺陷参数 $F=S_{max}=10$

由题可知，地区重要性参数为 6，管道重要性参数为 6，土质影响参数为 6，

修复指数 $RI = 0.7F + 0.1K + 0.05E + 0.15T$，得 $RI = 0.7 \times 10 + 0.1 \times 6 + 0.05 \times 6 + 0.15 \times 6 = 8.8$

该管段的修复等级为 4 级，结构已经发生或马上发生破坏，应立即修复。

12. 根据功能等级评定标准，已知某管线结构性缺陷参数 $J=0.6$，管线位于"交通干道和其他商业区"，管线管径为 $600 \sim 1000mm$，管道土层类型为杂填土、粉质黏土；请根据如上参数，评定该管线的管道修复指数 RI 值，并判断该管线功能等级。

解：已知管线位于"交通干道和其他商业区"，故管线地区重要性参数 $K=0.6$；管径为 $600 \sim 1000mm$，可判断管道重要性参数 $E=0.3$；管道土层类型为杂填土、粉质黏土，故土质重要性参数 $T=0.3$。

根据结构性缺陷参数 $J=0.6$，得管道修复指数 $RI = 70J + 5E + 10K + 15T = 70 \times 0.6 + 5 \times 0.3 + 10 \times 0.6 + 15 \times 0.3 = 54$，该管线功能等级属于 3 级。

第三节　操作知识

一、单选题

1. 雨、污水检查井井盖丢失处置措施是（　　）。
A. 排水巡查工赶到现场后，现场码放安全标志，上传热线平台要求的所需信息（位置、规格、类型、照片）
B. 排水巡查工赶到现场后，先拍照片留存，在记录日志
C. 排水巡查工赶到现场后，现场码放安全标志，上报主管领导
D. 排水巡查工赶到现场后，拍照，上报主管领导

答案：A

2. 雨、污水冒溢的处置措施是（　　）。
A. 排查雨、污水水检查井及管线上、下运行状况
B. 不用排查雨、污水水检查井及管线，等待支援
C. 排水巡查工赶到现场后，现场码放安全标志，排查雨、污水水检查井及管线上、下运行状况
D. 不用排查管线上、下运行状况，等待支援

答案：C

3. 以下对通风描述正确的是（　　）。
A. 使用纯氧迅速提高有限空间内氧含量
B. 风机与发电设备放置在同一处
C. 通风时间与有限空间内空间大小、气体浓度等因素无关

D. 作业时，风管应送至作业面进行有效通风

答案：D

4. 进入 2m 以上深度的井内作业，以下不适合作业人员穿戴的防坠落用品是（　　）。

A. 全身式安全带　　　B. 安全绳　　　C. 半身式安全带　　　D. 速差自控器

答案：C

5. （　　）应遵守有限空间作业安全操作规程，正确使用有限空间作业安全防护设备与个人防护用品，服从现场负责人安全管理，接受现场安全监督。

A. 气体检测人员　　　B. 作业负责人　　　C. 监护者　　　D. 作业者

答案：B

6. 污水管线作业采用机械通风时，应按管道内平均风速不小于（　　）选择通风设备。

A. 0.5m/s　　　B. 0.6m/s　　　C. 0.7m/s　　　D. 0.8m/s

答案：D

7. 浓差电池型气体传感器，具有电化学活性的气体在电化学电池的两侧，会自发形成浓差电动势，电动势的大小与（　　）直接相关。

A. 所测气体的浓度　　　B. 气体湿度　　　C. 传感器尺寸大小　　　D. 使用年限

答案：A

8. 正压式氧气呼吸器使用时间较长，一般为（　　）；采用正压结构，面罩内压力始终大于外界压力，使外界有害气体无法侵入佩戴者的呼吸器官，提高使用安全系数。

A. 4h 左右　　　B. 1h 左右　　　C. 2d 左右　　　D. 1d 左右

答案：A

9. 过滤式自救呼吸器工作原理是（　　）。

A. 利用处理过的活性炭、催化剂等药剂，吸附、催化有毒、有害气体，使之变为无毒、无害气体，供佩戴者呼吸使用

B. 佩戴者呼出的气体，经全面罩、呼气软管和呼气阀进入清净罐，清净罐中的吸收剂[$Ca(OH)_2$]将气体中的二氧化碳吸收，其余气体进入气囊

C. 气瓶中贮存的压缩干净空气经减压器一级减压，再经供气阀二级减压进入全面罩，供佩戴者呼吸使用

D. 佩戴者呼出气体中的水汽和二氧化碳与生氧剂（KO_2）发生化学反应，生成富氧气体供佩戴者往复呼吸使用

答案：A

10. 过滤式自救呼吸器与化学氧自救呼吸器相较而言，不同之处不包括（　　）。

A. 化学氧自救呼吸器采用闭式循环，过滤式自救呼吸器采用开放式结构

B. 当环境中氧气浓度低于 17% 时，过滤式自救呼吸器不能使用，化学氧自救呼吸器可以使用

C. 化学氧自救呼吸器使用时化学反应过程产生大量热量，过滤式自救呼吸器不发生化学反应而大量热量

D. 两者的气体检测使用工作环境完全不一致

答案：D

11. 巡查仪器设备的操作人员不应（　　）。

A. 经过考试合格，才能操作设备

B. 认真做好设备保养工作，认真填写运行记录

C. 必须用严肃的态度和科学的方法正确使用和维护好设备

D. 发现设备不正常应立即拆开设备进行维修

答案：D

12. 车辆日常维护保养应注意（　　）。

A. 刹车油最好 1 年更换 1 次

B. 一般每 10 万 km 左右做 1 次四轮定位

C. 变速箱油最好在买了新车 1 年换第 1 次，以后每 6 年更换 1 次

D. 一般 5 万 km 换 1 次机油（根据近期的出车频繁度）

答案：A

13. 工程所用的管材、管道构件、主要原材料等产品进入施工现场时必须进行( )并妥善保管。
   A. 现场观察　　　B. 进场验收　　　C. 开箱检查　　　D. 产品登记
   答案：B

14. 隐蔽工程在隐蔽前应由施工单位通知监理等单位进行验收，并形成( )。
   A. 影像资料　　　B. 竣工材料　　　C. 验收文件　　　D. 验收报告
   答案：C

15. 井室周围的回填，应与管道沟槽回填( )进行。
   A. 分开　　　　　B. 依次　　　　　C. 同时　　　　　D. 先后
   答案：C

16. 采用土回填时，槽底至管顶以上( )范围内，土中不得含有机物、冻土以及大于50mm的砖、石等硬块。
   A. 150mm　　　　B. 250mm　　　　C. 300mm　　　　D. 500mm
   答案：D

17. 倒虹管沉砂井应( )清理。
   A. 每月1次　　　B. 每季度1次　　C. 每半年1次　　D. 定期
   答案：D

18. 井下作业必须采用防爆型照明设备，其供电电压不得大于( )。
   A. 6V　　　　　　B. 8V　　　　　　C. 10V　　　　　 D. 12V
   答案：D

19. 下列解决城市内涝的措施不正确的是( )。
   A. 多建立气象观测点，增大数据收集量　　　B. 强调绿色城市化和屋顶绿化
   C. 保持城市道路的畅通　　　　　　　　　　D. 加强城市排水工程建设
   答案：C

20. 以下不属于应急机制的是( )。
   A. 调查与协调机制　B. 预警与监测机制　C. 救援与处置机制　D. 善后与恢复机制
   答案：A

21. 各地区、各部门要针对各种可能发生的突发事件，完善( )机制，开展风险分析，做到早发现、早报告、早处置。
   A. 信息报告　　　B. 预测预警　　　C. 信息发布　　　D. 评估
   答案：B

22. 应急响应是在事故发生后立即采取的应急与救援行动，其中包括( )。
   A. 信息收集与应急决策　　　　　　　B. 应急队伍的建设
   C. 事故损失评估　　　　　　　　　　D. 应急预案的演练
   答案：A

23. 突发事件应对法的立法宗旨是( )和减少突发事件的发生。
   A. 预防　　　　　B. 遏制　　　　　C. 消除　　　　　D. 控制
   答案：A

24. 及时做好应急准备，有效处置突发事件，减少人员伤亡和财产损失的前提是( )。
   A. 制度的落实　　　　　　　　　　　B. 施工组织的实施
   C. 早发现、早报告、早预警　　　　　D. 方案的制订
   答案：C

25. 在( )，公安、交通等有关部门应当保障防汛指挥抢险车辆优先通行，并按照特种车辆对待。
   A. 主汛期　　　　B. 汛期　　　　　C. 非汛期　　　　D. 汛后
   答案：B

26. 事故应急预案分为综合预案、现场预案和专项预案三个层次，应急行动指导书属于( )。

A. 综合预案　　　　　B. 现场预案　　　　　C. 专项预案　　　　　D. 以上都不是

答案：B

27. SC2型手持式CCTV摄像头有(　　)个远光灯。
A. 4　　　　　　　　B. 6　　　　　　　　C. 8　　　　　　　　D. 10

答案：D

28. 手持CCTV是一种管道病害检测常用仪器，其配备的电子元件通常比较精密，SC1与SC2型手持式CCTV中，摄像头与控制器的连接线缆用于提供电源、视频信号和控制信号，其插头有(　　)根针。
A. 7　　　　　　　　B. 8　　　　　　　　C. 9　　　　　　　　D. 10

答案：C

29. SC1与SC2型手持式CCTV的数据存储是采用(　　)。
A. SD卡　　　　　　B. TF卡　　　　　　C. 固态硬盘　　　　D. 标准硬盘

答案：C

30. SC1型手持式CCTV的数据存储容量是(　　)。
A. 64GB　　　　　　B. 80GB　　　　　　C. 100GB　　　　　D. 120GB

答案：A

31. SC2型手持式CCTV的数据存储容量是(　　)。
A. 64GB　　　　　　B. 80GB　　　　　　C. 100GB　　　　　D. 120GB

答案：D

32. 电视检测设备的视角技术指标应符合(　　)。
A. ≥30°　　　　　　B. ≥45°　　　　　　C. ≥60°　　　　　　D. ≥75°

答案：B

33. 电视检测设备的分辨率(dpi)技术指标应符合(　　)。
A. ≥640×480　　　　B. ≥800×480　　　　C. ≥800×600　　　　D. ≥1280×800

答案：A

34. 电视检测设备的照度技术指标应符合(　　)。
A. ≥6XLED　　　　　B. ≥8XLED　　　　　C. ≥10XLED　　　　D. ≥12XLED

答案：C

35. 电视检测设备的图像变形技术指标应符合(　　)。
A. ≤±1%　　　　　　B. ≤±2%　　　　　　C. ≤3%　　　　　　　D. ≤±5%

答案：D

36. 电视检测设备的爬行器技术指标应符合(　　)
A. 电缆长度为120m时，爬坡能力应大于5°　　　　B. 电缆长度为120m时，爬坡能力应大于15°
C. 电缆长度为200m时，爬坡能力应大于5°　　　　D. 电缆长度为200m时，爬坡能力应大于15°

答案：A

37. 目前，SC1与SC2型手持式CCTV采用的操作系统是(　　)。
A. windows xp　　　　B. windows vista　　　C. windows 7　　　　D. windows 8

答案：C

38. 某型CCTV的摄像头光学变焦是32倍，数字变焦是8倍，那么它的总变焦是(　　)。
A. 32倍　　　　　　　B. 40倍　　　　　　　C. 128倍　　　　　　D. 256倍

答案：D

39. SC2型手持式CCTV视频采集软件中，(　　)键是帮助键。
A. F8　　　　　　　　B. F9　　　　　　　　C. F10　　　　　　　D. F11

答案：B

40. 当SC1型手持式CCTV控制器上的电源指示灯为红色时，表示输入电压低于(　　)。
A. 15V　　　　　　　B. 20V　　　　　　　C. 25V　　　　　　　D. 30V

答案：B

41. 当手持 CCTV 的电池长时间不使用时，应每隔( )将电池充满。
A. 两周　　　　　　B. 1 个月　　　　　　C. 2 个月　　　　　　D. 3 个月
答案：D

42. 线路继电保护装置在该线路发生故障时，能迅速将故障部分切除并( )。
A. 自动重合闸 1 次　　　　　　　　　　B. 发出信号
C. 将完好部分继续运行　　　　　　　　D. 以上均正确
答案：B

43. 手持电动工具长期搁置未使用，在使用前应遥测工具的绝缘电阻值，不小于( )。
A. 0.5MΩ　　　　　B. 1MΩ　　　　　　C. 2MΩ　　　　　　D. 3MΩ
答案：C

44. 日常巡视记录中管线沉陷、地面坍塌记录对于中级工来说，其承担程度应当为( )。
A. 负责　　　　　　B. 熟练　　　　　　C. 熟悉　　　　　　D. 参与
答案：A

45. 使用闭路电视检测系统检测排水管道时，将载有摄像镜头的爬行器安放在检测起始位置后，在开始检测前，应将计数器( )。
A. 归零　　　　　　B. 调整　　　　　　C. 调为 1　　　　　　D. 调为 2
答案：A

46. "您好！排水热线！××(事件)反映人来电催件，距规定时限还有( )，请尽快处理。"
A. 0.5h　　　　　　B. 2h　　　　　　　C. 1h　　　　　　　D. 3h
答案：C

47. 接到汛期重大积滞水案件，将事件派发至处置单位时限为( )。
A. 72h　　　　　　B. 24h　　　　　　C. 8h　　　　　　　D. 1h
答案：D

48. 排水热线现场处置中受交通、天气等因素影响无法立即处置的事件，可申请延时，但延长时限最大不超过( )。
A. 24h　　　　　　B. 36h　　　　　　C. 48h　　　　　　D. 72h
答案：D

49. 北京市民描述：东城区王府井社区煤渣胡同 9 号楼西侧，成都小吃门口没有雨水算子，该件应该分类为( )。
A. 算子丢损　　　　B. 算子丢失　　　　C. 算子损坏　　　　D. 周边破损
答案：A

50. 北京市民描述：朝阳区高碑店乡民俗文化街 1701 号污水处理厂，异味扰民，事件分类应选择( )。
A. 污泥处置　　　　B. 污水处理　　　　C. 其他类型　　　　D. 私接私排
答案：B

51. 日常巡查发现设施丢损类事件的处置时限为( )。
A. 3h　　　　　　　B. 4h　　　　　　　C. 12h　　　　　　D. 24h
答案：A

52. 人员进入管内检查的管道的直径不得少于( )，流速不得大于 0.5m/s，水深不大于 0.5m。
A. 800mm　　　　　B. 1000mm　　　　　C. 1200mm　　　　　D. 1500mm
答案：A

二、多选题

1. 巡查人员汛期佩戴劳保防护用品有( )。
A. 工作服、雨衣　　　　　　　　　　　B. 安全帽、反光背心
C. 雨衣、安全帽、指挥棒　　　　　　　D. 安全带、劳保鞋
答案：ABD

2. 下列描述错误的是( )。
   A. 安全帽无有效期
   B. 巡查人员上岗必须劳保齐全
   C. 发现有井盖丢失立即上报领导
   D. 安全与生产发生矛盾,安全第一位
   答案:ABCD

3. 对讲机保养要求应做到( )。
   A. 一个良好的电池,在使用6~8h后电量耗尽,即须充电,方可再使用(一件电池不能连续不断充电超过8h)
   B. 电池通电/充电的接触点,切勿接触到其他金属物品
   C. 对讲机长期使用后,按键、控制旋钮和机壳很容易变脏,请从对讲机上取下控制旋钮,并用中性洗剂(不要使用强腐蚀性化学药剂)和湿布清洁机壳。使用诸如除污剂、酒精、喷雾剂或石油制剂等化学药品都可能造成对讲机表面和外壳的损坏
   D. 当发觉对讲机失灵或机身破裂或其他附件损坏时,须及时报修
   答案:ABCD

4. 强光探照灯的使用和保养应做到( )。
   A. 方便灵活强光、工作光任意调节
   B. 长期不使用情况下,隔3个月充1次电
   C. 保持内部有电流运转(锂电强光探照灯无须)
   D. 充电不要等到电用完之后再充
   答案:ABCD

5. 在管道及其附建物管理中,接修户线主要的要求有( )。
   A. 排水管道不得直接接入有粪便污水的户线
   B. 户线不得接入雨水口
   C. 污水户线不得接入雨水管道
   D. 雨水户线不得接入污水管道
   答案:ABCD

6. 甲烷泄漏的清除措施包括( )。
   A. 使用排气或换气装置,对环境通风
   B. 用非活性气体(通常为氮气),对密闭空间进行吹扫
   C. 开窗通风
   D. 堵住泄漏的缺口
   答案:ABC

7. 顶管施工时,如果施工最大顶力有可能超过允许顶力时,应采取( )等施工技术措施。
   A. 增加顶力   B. 减少顶进阻力   C. 增设中继间
   D. 暂停施工   E. 加固后背
   答案:BCE

8. 巡查人员应发现的排水设施病害有( )等。
   A. 污水冒溢   B. 晴天雨水口积水   C. 井盖和雨水口算子缺损
   D. 管道坍塌   E. 施工破坏
   答案:ABCDE

9. 严寒和寒冷地区冬季排水管道养护应符合的规定有( )。
   A. 冰冻前,可对雨水口采用编织袋、麻袋或木屑等保温材料覆盖的防冻措施
   B. 发现管道冰冻堵塞应及时采用蒸汽化冻
   C. 融冻后,应及时清除用于覆盖雨水口的保温材料,并应清除随融雪流入管道的杂物
   D. 不得将道路积雪倒入排水管渠中
   答案:ABCD

10. 排水管渠水力疏通法的优点是( )。
    A. 操作简便
    B. 安全可靠
    C. 工作效率高,清通彻底
    D. 工人工作条件较好
    答案:ABCD

11. 采用烟雾检查确定管渠连接关系时应符合( )和专用鼓风机。
    A. 充满度应小于0.65
    B. 无须检查方向的管渠应予封堵
    C. 应使用无毒无害彩色烟雾发生剂
    D. 使用后应及时进行充分通风

答案：ABC

12. 居民区排水管网布置形式一般有（　　）。
A. 地变式　　　　　　B. 扇形式　　　　　　C. 环绕式　　　　　　D. 贯穿式
答案：ACD

13. 为了保证城市安全度汛，汛前排水管理部门应做好的准备工作有（　　）。
A. 清理雨水口和疏通雨水管道　　　　　　B. 检查排河口和保养闸门
C. 制订防汛预案　　　　　　D. 配备抢险单元
答案：ABCD

14. 如果泵站内突发火情，值班人员应采取（　　）应急处置措施。
A. 首先确定着火位置，切断相应电源
B. 值班人员立即将火情上报班长或越级报告
C. 值班人员根据火情及时拨打119
D. 值班人员在确保自身安全的情况下，根据火情的性质，正确地使用泵站内的消防设施和设备，进行自救。等待119消防人员的到来
答案：ABCD

15. 当有（　　）情形时应中止检测。
A. 爬行器在管道内无法行走或推杆在管道内无法推进时
B. 镜头沾有污物时　　　　　　C. 镜头浸入水中时
D. 管道内充满雾气，影响图像质量时　　　　　　E. 其他原因无法正常检测时
答案：ABCDE

16. 反映人来电办理排水许可业务，下列可以直接发送短信告知的情况是（　　）。
A. 初次、延期办理材料　　　　　　B. 办理营业执照或其他证照使用
C. 办理法人变更材料　　　　　　D. 水质标准参考
答案：ABCD

17. 巡查工作中发现某施工现场正在向排水设施中临时排水，排水水质明显超标的处置方法是（　　）。
A. 向施工现场负责人询问是否办理临时排水手续
B. 向对方介绍身份并出示相关证件
C. 如对方肯定未办理临时排水手续，请尽快到指定窗口办理
D. 巡查员把事件可能造成的影响告知对方，此事件向主管领导汇报
答案：ABCD

18. 接到信息反映，某排河口向外排放污水的处置方法是（　　）。
A. 先联系街道办事处
B. 对排河口进行调查，找到违规排放单位
C. 对违规排放单位进行说服、教育，要求立即整改
D. 如违规单位拒不理睬，将此事件报上级部门处理
答案：ABCD

19. 起重作业中，以下行为属于作业过程中的违章行为有（　　）。
A. 未佩戴安全帽　　　　　　B. 检查吊索具
C. 人员站在起重臂下指挥　　　　　　D. 设置警戒区
E. 两名专人指挥作业　　　　　　F. 人员站在吊物下方作业
答案：ACEF

20. 泵站在雷雨过后应该检查配电室（　　）。
A. 配电室内屋顶有没有漏雨　　　　　　B. 电缆沟内有没有进水
C. 瓷瓶绝缘有没有闪络放电现象　　　　　　D. 检查设备有没有清扫干净
答案：ABC

三、简答题

1. 简述 GPS 导航电动自行车的日常保养要求。

答：(1)电动车在使用前应注意检查车况是否良好，轮胎气压是否充足，前后刹车是否灵敏，整车有无异响，螺丝是否松动，电池是否充足电。

(2)在保证安全的前提下，行驶中应尽量减少频繁刹车、启动，以节省电能。

(3)充电时应注意，不要使用其他品牌的充电器，不要擅自拆卸充电器。

(4)不要使电动自行车受到意外损害，定期检查电池是否变形、破损、渗漏、污染等。

(5)勤充电，避免"深放电"，充电时应关闭电门锁，不要将电池倒置充电，充电时尽量一次充满。

(6)长期不用时，要每隔1个月充1次电，要将电池里的电充满后存放，切忌不能在亏电的状态下存放。

2. 简述 PDA 手机的日常保养要求。

答：(1)避免在潮湿的环境使用手机，以免大量水汽浸入电路板形成水渍，造成短路或使金属接口氧化。

(2)经常清理灰尘，灰尘的累积也会造成电路板接点间的电流传导，造成损害。

(3)手机应避免受热曝晒，或温差变化大，尤其是夏天汽车内的高温容易让电路板或电池因高温产生变化，屏幕扭曲变形。

(4)手机应避免挤压、碰撞。手机受力能力有限，容易受损。

3. 电视检查车在进行作业过程中有哪些安全注意事项(至少答出 5 条)？

答：(1)只有发电机开启 5min、其输出电压稳定在 220V 之后，再给其他用电设备供电。

(2)下井时关闭镜头内/外置照明灯、镜头角度调节到对应井口处，以免在下井过程中镜头磕碰到踏步，使用检查井照明装置。

(3)不要任意拆开设备和发电机的护罩，内部的检修必须由专业工程师来做。

(4)在井口加装导轮，避免电缆与井口摩擦，在爬行器尾部电缆处加装"老虎尾"避免电缆与管口摩擦。

(5)行驶过程中，起升架禁止升起。

(6)当检查完之后，必须要在关闭发电机之前，设备复位后关闭一切设备电源，这样可以避免设备在发电机下一次启动时受电流冲击而损坏。

(7)人员下井前，打开检查井井盖通风，用气体检测仪器测定气体情况，必须按照下井作业流程进行作业。

(8)在摄像头放入管道之前，应检测电视检查系统，这样可以防止摄像机组在井下工作的一系列问题，如电线松动，照明灯泡损坏等情况发生。

4. 使用电视检查设备检测前要做哪些检查？

答：(1)检查车辆底盘系统是否正常，包括：油箱、刹车气压、冷却水、机油、全车灯光、喇叭、电瓶电压、轮胎气压，检查停车处地面是否有漏油、漏水的痕迹。

(2)仔细察看要检查的管线图纸，明确管线的水流、管径、材质、埋深、井距等相关资料。

(3)掌握要检查的管线区域的建筑施工情况和其他影响检视的因素。

(4)检查外出工作所需的装备，包括：安全装置、光盘和施工工具等物品。

(5)根据作业需求携带镜头、激光和声呐系统。

四、实操题

1. D600 污水管道高压射水车疏通与养护质量检查(绞车法)的操作。

情景设置：(1)非机动车道；(2)管道存泥大于 20%；(3)白天。

序号	知识点	考核项	考核细则
1	劳动保护、安全防护用品使用	个体防护	统一着装，反光服、安全帽、防护鞋、防护手套等佩戴齐全，缺项不得分

续表

序号	知识点	考核项	考核细则
2	占道作业交通安全设置技术要求	交通维护导行	占道区域设置锥桶应使用警戒带隔离,设置施工告知牌
3			占道作业保证非机动车和行人安全通行
4			设置上游过渡区和缓冲区,且上游过渡区不小于5m,缓冲区不小于2m
5	排水管道养护技术	高压射流车养护	将高压射流车行驶至冲洗检查井位置,卷管器(胶管轮盘)延管道中心线垂直于检查井上方;(根据实际情况,设置适合位置)
6			固定车辆,开启PTO/取力装置(取力装置挂挡必须在停车时进行)
7			根据管径大小选择适用型号的喷头
8			安装井口导轮支架,使胶管放置在导轮上固定于井口圆心位置
9			开启节水阀使胶管处于供水状态,调整油压杆/按钮缓慢增加油压压力不大于13.8MPa,(小型冲洗车压力为13.8~15MPa)缓慢加大射水压力
10			当胶管喷头行进至另一检查井时关闭油压杆/按钮停止油压操作
11			在回收胶管时使胶管有序缠绕在卷管器上,并将胶管擦拭干净
12			胶管提升到地面时注意喷溅
13			利用工具隔挡在检查井下游管口,防止淤泥进入下游管道内,并及时将淤泥进行清掏
14		绞车养护(质量检查)	设置绞车位置:主绞车位于下游检查井,辅助绞车位于上游检查井
15			设置定位架:使其顶紧检查井井圈内侧,并固定绞车主体
16			设置斜撑杆:将斜撑杆与定位架连接,并插好保险销
17			设置穿管器:利用穿针引线方式将穿管器从上游管口穿至下游管口,连接主绞车钢丝绳后,原位抽出穿管器,将主绞车钢丝绳带出上游管口
18			安装疏通工具:将疏通器具(铁牛)前端连接主绞车钢丝绳,尾端连接辅助绞车钢丝绳后,放入上游检查井的下游管口内
19			设置导向支架:防止钢丝绳摩擦管壁,摇动绞车,一次性拉出铁牛(第一遍)
20			观察铁牛内泥厚不应超过铁牛直径的1/2,管道长度按40m计,超过或不足40m允许积泥按比例增减,(每米铁牛泥厚不超过铁牛直径的1.25%)。视为高压射流车养护合格
21			利用工具隔挡在检查井下游管口,防止淤泥进入下游管道内,并及时将淤泥进行清掏
22		污泥运输	在清理管道完毕后不得将淤泥放置或撒落路面,应从井底直接封存或半封存状态直接装车,维持原有环境
23			运输车辆驶出装载现场前,应将车辆槽帮和车轮冲洗干净
24			管渠污泥运输过程宜保持密闭状态

2. 液压动力站抽水机设备保养的操作。

情景设置：(1)液压动力站抽水机设备养护；(2)白天。

序号	知识点	考核项	考核细则
1	劳动保护、安全防护用品使用	个体防护	统一着装，反光服、安全帽、防护鞋、防护手套等佩戴齐全，缺项不得分
2	占道作业交通安全设置设置技术要求	交通维护导行	占道区域设置锥桶应使用警戒带隔离，设置施工告知牌
3			占道作业保证非机动车和行人安全通行
4			设置上游过渡区和缓冲区，且上游过渡区不小于5m，缓冲区不小于2m
5	液压动力站操作及保养	液压动力站操作	检查动力站燃油、液压油、机油是否在合理油位
6			连接水泵与水带，扣好卡扣
7			用液压软管连接动力站与水泵(连接前清洁快速插头表面杂质，确保插头表面洁净)，连接后，将快接插头外环拧半圈，错开位置对接指示点
8			将水泵放置到抽水井中，然后启动液压动力站(若两次启动不着机，拉开风门，再次启动，启动后再合上风门)
9			着机后，先怠速30s，同时观察设备状体是否有异常，然后启动约30L挡位，开始作业
10			作业完成后，关闭动力站前，先关闭挡位，30s后再熄火(防止液压软管内的液压油产生负压，造成液压软管不易拔出)
11			将水泵提出(须用大绳提出，严禁使用液压软管拉拽水泵)，将快速插头外环拧至位置对接指示点，拔出连接水泵与动力站的液压软管，拔出后清洁快速接头表面的杂质
12		液压动力站保养	更换机油及机油滤芯。热机后将液压动力站内机油放净，加注适量新机油，同时更换机油滤芯
13			更换空气滤芯。先清除空滤总成内灰尘，然后进行更换，要求空滤及空滤总成内无灰尘、无破损
14			更换液压油及滤芯。将设备内液压油排放干净后加注抗磨液压油，同时安装新滤芯

第三章

高级工

第一节 安全知识

一、单选题

1. 使用可燃气体检测报警仪进行测报分析时,被测气体或蒸气浓度应小于被测气体爆炸下限(LEL)的( )为合格。
   A. 10%　　　　　　B. 20%　　　　　　C. 30%　　　　　　D. 40%
   答案：A

2. 以下属于3级作业环境的是( )。
   A. 氧含量19%vol,一氧化碳$5mg/m^3$　　　B. 氧含量19.5%vol,一氧化碳$20mg/m^3$
   C. 氧含量20.9%vol,一氧化碳$15mg/m^3$　　D. 氧含量20.9%vol,一氧化碳$4mg/m^3$
   答案：D

3. 空间作业场所的生产经营单位或管理单位、施工作业单位必须明确( )等相关人员以及各职能部门的岗位安全生产责任制,将安全生产责任层层分解落实到各有限空间作业场所、环节、人员,做到横向到边、纵向到底。
   A. 单位负责人、管理人员
   B. 单位负责人、管理人员、作业现场负责人、监护者、作业者
   C. 管理人员、作业现场负责人
   D. 作业现场负责人、监护者、作业者
   答案：B

4. 应用口对口人工呼吸法抢救病人时,吹气与换气交替进行,大约每( )重复1次。
   A. 1s　　　　　　　B. 5s　　　　　　　C. 10s　　　　　　D. 20s
   答案：B

5. 在作业点( )范围内应配置应急救援设备设施。
   A. 100m　　　　　　B. 200m　　　　　　C. 300m　　　　　　D. 400m
   答案：D

6. 有限空间作业单位安全职责包括( )。
   A. 实施有限空间作业前,须评估有限空间可能存在的职业危害及危害程度,结合自身的防护能力,以确定该有限空间是否许可作业
   B. 给予有限空间作业管理人员、现场负责人、监护人员、作业人员有关的职业安全培训
   C. 配备与所实施的作业安全防护需求相匹配的安全防护设备、个体防护装备、应急救援装备等,并确保功能正常
   D. 以上均包括

答案：D

7. 当通过人体的电流超过（　　）时，就会使人的呼吸和心脏停止而死亡。
   A. 30mA   B. 50mA   C. 80mA   D. 100mA
   答案：B

8. 企业经理、厂长对企业的安全生产（　　）。
   A. 负全面责任   B. 负主要责任   C. 不负责任   D. 责任不明确
   答案：A

9. 从业人员经过安全教育培训，了解岗位操作规程，但未遵守而造成事故的，行为人应负（　　）责任。
   A. 领导   B. 管理   C. 直接   D. 法律
   答案：C

10. 根据危险有害程度由高至低，将有限空间作业环境分为3级，其中环境为1级时，禁止实施作业。下列条件不符合1级环境的是（　　）。
    A. 氧气含量小于19.5%或大于23.5%
    B. 可燃性气体、蒸汽浓度大于爆炸下限（LEL）的10%
    C. 有毒有害气体、蒸汽浓度大于GBZ 2.1规定的限值
    D. 作业过程中有毒有害或可燃性气体、蒸气浓度可能突然升高
    答案：D

11. 作业者进入2级环境，应佩戴（　　），并应符合GB 6220—2009、GB/T 16556—2007等标准的规定。
    A. 隔绝式逃生呼吸器   B. 负压隔绝式逃生呼吸器
    C. 正压隔绝式呼吸防护用品   D. 过滤式呼吸防护用品
    答案：C

12. 伤员较大动脉出血时，可采用指压止血法，用拇指压住伤口的（　　）动脉，阻断动脉运动，达到快速止血的目的。
    A. 血管下方   B. 近心端   C. 远心端   D. 血管中部
    答案：B

13. 某污水处理厂生产调度例会上，调度长根据总工程师的指示，安排某车间主任负责对污泥泵进行检修。检修过程中，工人甲误开切换阀门，导致1人受伤，造成生产安全事故。对本次事故负有直接责任的是（　　）。
    A. 调度长   B. 工人甲   C. 车间主任   D. 总工程师
    答案：B

14. 浓硫酸属于（　　）类危险化学品。
    A. 易燃性液体   B. 易爆性液体   C. 腐蚀性液体   D. 挥发性液体
    答案：C

15. 如发现猝死病人时，立即就地将病人平放在硬板或地上，进行心肺复苏法抢救，同时拨打（　　）急救电话。
    A. 110   B. 120   C. 119   D. 122
    答案：B

16. 应对应急事件，科学处置、控制事态发展、减少损失，是做好突发事件应对处置工作的核心，下列描述错误的是（　　）。
    A. 根据突发事件的性质迅速出动具备相应处置能力的应急队伍，在第一时间赶到事发现场
    B. 结合应急预案和现场事态情况，果断科学决策，采取得力有效措施迅速控制局面
    C. 坚持"优先救重要物资，然后救人"的原则，最大限度减少财产损失和人员伤亡
    D. 超出处置能力的，迅速请求上级应急管理部门支援
    答案：C

17. 应急事件等级的划分，由高到低排列依次是（　　）。
    A. 较大、一般、特大、重大   B. 一般、较大、重大、特大

C. 特大、重大、较大、一般　　　　　　D. 重大、特大、较大、一般
答案：C

18. 应急管理关系到公众的(　　)，涉及政府的应急职能部门，必要时需要多部门联动并协调合作。
    A. 人身安全　　　B. 财产安全　　　C. 他人生命　　　D. 生命和财产安全
    答案：D

19. 空气中氧的体积百分比低于(　　)就是缺氧环境。
    A. 12%　　　B. 15%　　　C. 19.5%　　　D. 20%
    答案：C

20. 根据新修订的《北京市安全生产条例》，事故调查处理应当按照实事求是、尊重科学的原则，(　　)地查清事故原因，查明事故性质和责任，总结事故教训、提出整改措施，并对事故责任者提出处理意见。
    A. 及时、准确　　　B. 快速、高效　　　C. 准确、高效　　　D. 及时、高效
    答案：A

21. 以下标识表示禁止入内含义的是(　　)。
    A.　　　B.　　　C.　　　D.
    答案：D

22. 依据《中华人民共和国安全生产法》的规定，对事故隐患或者安全生产违法行为，任何单位或者个人(　　)。
    A. 必须向各级人民政府报告举报
    B. 应当向负有安全生产监督管理职责的部门报告或者举报
    C. 必须向生产经营单位安全管理部门报告或者举报
    D. 有权向负有安全生产监督管理职责的部门报告或者举报
    答案：D

23. 从事有限空间作业时，现场人员必须严格执行(　　)的原则，对有限空间有毒有害气体含量进行检测并全程监测，做好实时检测记录。
    A. 边检测、边作业　　　　　　B. 先作业、后检测
    C. 先检测、后作业　　　　　　D. 先搅动、后检测
    答案：C

24. 依据《中华人民共和国道路交通安全法》的规定，对有证据证明交通事故中非机动车驾驶人、行人违反道路交通安全法律、法规，机动车驾驶人已经采取必要处置措施的情形，关于双方责任的承担，下列说法正确的是(　　)。
    A. 免除机动车一方的责任　　　　B. 双方承担同等责任
    C. 减轻机动车一方的责任　　　　D. 机动车一方仍应承担全部责任
    答案：C

25. 依据《中华人民共和国道路交通安全法》的规定，道路交通事故的损失是由非机动车驾驶员、行人故意碰撞机动车造成的，机动车一方(　　)赔偿责任。
    A. 应当承担　　　B. 适当减免　　　C. 可以承担　　　D. 不承担
    答案：D

26. 依据《中华人民共和国职业病防治法》，建设项目在(　　)前，建设单位应当进行职业病危害控制效果评价。
    A. 可行性论证　　　B. 设计规划　　　C. 建设施工　　　D. 竣工验收
    答案：D

27. 根据《危险化学品安全管理条例》的规定，运输危险化学品的车辆，必须配备必要的(　　)和防护用品。
    A. 医疗救护人员　　　B. 技术指导人员　　　C. 车辆动态稳定装置　　　D. 应急处理器材

答案：D

28. 根据《中华人民共和国特种设备安全法》的规定，使用该条例的特种设备包括涉及生命安全、危险性较大的锅炉、压力容器（含气瓶）、压力管道、电梯、起重机械、客运索道和（　　）。
A. 铁路机车　　　　　　　　　　　　B. 海上设施和船舶
C. 煤矿矿井使用的特种设备　　　　　D. 大型游乐设施
答案：D

29. 《危险化学品重大危险源辨识》(GB 18218—2018)规定：储存场所甲醇储存量（　　）构成重大危险源。
A. 10t　　　　　　B. 50t　　　　　　C. 100t　　　　　　D. 500t
答案：D

30. 隐患排查实行岗位（　　）查，车间或业务部室级（　　）查，厂或分公司级（　　）查模式。
A. 日，周，月　　B. 周，月，季度　　C. 日，周，季度　　D. 日，月，季度
答案：A

31. 从事易燃易爆行业的人员应穿（　　），以防静电危害。
A. 合成纤维工作服　　　　　　　　　B. 含金属纤维的棉布工作服
C. 普通工作服　　　　　　　　　　　D. 橡胶制的衣服
答案：B

32. 从防止触电角度来说，绝缘、屏护和间距是防止（　　）的安全措施。
A. 电磁场伤害　　B. 间接接触电击　　C. 静电电击　　D. 直接接触电击
答案：D

33. （　　）在防止触电的保护方面不仅依靠基本绝缘，而且还提供双重绝缘或加强绝缘的附加安全预防措施，同时设有保护接地或依赖安装条件的措施。在工具明显部位有一个"回"字符号。
A. 一类手持电动工具　B. 二类手持电动工具　C. 三类手持电动工具　D. 以上均正确
答案：B

34. 关于应急救援原则，以下描述错误的是（　　）。
A. 尽可能施行非进入救援
B. 救援人员未经授权，不得进入准入有限空间进行救援
C. 根据有限空间的类型和可能遇到的危害，决定需要采用的应急救援方案
D. 发生事故时，为节省时间救援人员应立即进入有限空间实施救援，不必获取审批
答案：D

35. 生产经营单位对（　　）应当登记建档，定期检测、评估、监控，并制订应急预案，告知从业人员和相关人员应当采取的紧急措施。
A. 事故频发场所　　B. 每个操作岗位　　C. 重大危险源　　D. 危险化学品库
答案：C

36. 高速公路能见度小于50m时，开启雾灯、近光灯、示廓灯、前后位灯和危险报警闪光灯，车速不得超过每小时（　　），并从最近的出口尽快驶离。
A. 10km　　　　　　B. 20km　　　　　　C. 30km　　　　　　D. 40km
答案：B

37. 机动车在道路行驶，不得超过限速标志标明的最高时速。在没有限速标志的路段，应当保持（　　）。
A. 快速通过　　B. 每小时40km车速　　C. 每小时60km车速　　D. 安全车速
答案：D

38. 驾驶机动车通过未设置交通信号灯的交叉路口时，下列说法错误的是（　　）。
A. 转弯的机动车让直行的车辆、行人先行
B. 相对方向行驶的左转弯机动车让右转弯的车辆先行
C. 没有交通标志、标线控制时，在进入路口前停车瞭望，让右方道路的来车先行
D. 相对方向行驶的右转弯机动车让左转弯的车辆先行
答案：B

39. 危险化学品存储场所发生泄漏时，以下做法错误的是(   )。
A. 立即组织全员开展救援   B. 立即报警
C. 立即疏散无关人员   D. 立即进行交通管制
答案：A

40. 甲醇如在室内或车间内存放，必须采取强制通风抽气措施，其主要目的是(   )。
A. 防止室内温度过高   B. 消除氧化剂   C. 降低甲醇蒸汽浓度   D. 保持室内负压
答案：C

41. 搬运可燃气危险化学品气瓶时，下列做法正确的是(   )。
A. 为防止气瓶倾倒，用手握紧气瓶阀头搬运
B. 为防止气瓶砸伤人员，应将气瓶放倒小心滚运至存储位置
C. 为降低安全风险，使用小型气瓶车推运至存储位置
D. 为防止气瓶漏气，应安装气瓶阀门扳手搬运
答案：C

42. 在《化学品安全标签编写规定》中，根据化学品的危险程度和类别，用(   )分别进行危害程度的警示。
A. 危险、警告、注意   B. 红色、黄色、蓝色   C. 红色、黄色、白色   D. 危险、小心、禁止
答案：A

43. 禁止将手机带入甲醇操作间围栏(   )范围内，操作间及储存区域周边内严禁进食、拨打电话。
A. 20m   B. 30m   C. 50m   D. 70m
答案：B

44. 在化学品进入生产区域前，主管人员须确认(   )清单，按要求传达到每位相关人员并在现场留存备用。
A. MSDS   B. 货物   C. 包装   D. 运输
答案：A

45. 甲醇操作间严格执行"(   )"管理制度，由运行班带班班长及运行班值班人员各保管一把钥匙，只有当2人同时在场才能打开门锁进入操作间。
A. 双人双锁   B. 单人单锁   C. 专人专管   D. 严格管理
答案：A

46. 腐蚀品系指能灼伤人体组织并对金属等物品造成损坏的固体或液体的化学品，腐蚀品与皮肤接触在(   )内出现可见坏死现象。
A. 4h   B. 8h   C. 24h   D. 48h
答案：A

47. 临时用电设备的控制电器和保护电器必须实现(   )的安装方式。
A. 一机一闸   B. 二机一闸   C. 三机一闸   D. 四机一闸
答案：A

48. 高压绝缘手套和高压绝缘靴试验包括(   )。
A. 绝缘电阻试验和耐压试验   B. 交流耐压试验和泄漏电流试验
C. 绝缘电阻试验和泄漏电流试验   D. 绝缘电阻试验、耐压试验和泄漏电流试验
答案：B

49. 防直击雷装置由(   )组成。
A. 接闪器、引下线、接地装置   B. 熔断器、引下线、接地装置
C. 接闪器、断路器、接地装置   D. 接闪器、引下线、电容器
答案：A

50. 跌落式熔断器合闸时，正确的操作顺序是(   )。
A. 上风侧相、下风侧相、中相   B. 下风侧相、上风侧相、中相
C. 中相、下风侧相、上风侧相   D. 中相、上风侧相、下风侧相

答案：A

51. 电力电缆不得过负荷运行，在事故情况下，10kV 及以下电缆只允许连续（　　）运行。
A. 1h 过负荷 35%　　B. 1.5h 过负荷 20%　　C. 2h 过负荷 15%　　D. 3h 过负荷 35%
答案：C

52. 用于继电保护的仪用互感器选择精度等级为（　　）。
A. 0.2　　B. 0.5　　C. 1.0　　D. 3.0
答案：D

53. 在遇到高压电线断落地面时，导线断落点（　　）内，禁止人员进入。
A. 10m　　B. 20m　　C. 30m　　D. 40m
答案：B

54. 气体检查可燃气体检测点应位于井口的（　　）位置。
A. 井口中间位置　　　　　　　　　　B. 检查井的中部
C. 检查井的底部水面上　　　　　　　D. 任何位置
答案：A

二、多选题

1. 虹吸管内污泥的淤积，一般可采取的措施有（　　）。
A. 有用有备，提高倒虹吸管内的流速　　B. 在进水井中设置可利用冲洗的设施
C. 在上游靠近进水井的检查井底做沉泥井　　D. 利用进水井中的闸门调节流量
答案：ABCD

2. 排水设施巡查维护工在沟内作业的要求是（　　）。
A. 该小组至少由 4 人组成
B. 不得在下游疏通
C. 必须疏通时，应带好呼吸器及安全带
D. 遇有化工、制药、科研单位的废水直接通入下水道，必须严格按照有限空间作业要求作业
答案：ABCD

3. 信息报告的内容有（　　）。
A. 发生事故的部门及发生的时间、地点和联系电话、报告人
B. 事故的简要经过、伤亡人数、财产损失的初步估计
C. 事故原因、性质的初步判断
D. 事故抢救处理的情况和采取的措施
答案：ABCD

4. 事故应急处理和抢险基本结束，应（　　）。
A. 事故处理完，负责事故处理人及时给上级部门上报处理过程和结果
B. 向上级单位移交事故调查报告和相关材料
C. 将事故应急救援工作总结上报上级单位
D. 迅速报警
答案：ABC

5. 可能影响城镇排水与污水处理设施安全的活动有（　　）。
A. 爆破　　B. 钻探　　C. 打桩
D. 顶进　　E. 挖掘
答案：ABCDE

6. 下列危险、有害因素中，属于人的不安全行为有（　　）。
A. 未锁紧开关　　B. 工具靠放不当　　C. 机器运转时维修
D. 防护装置缺乏　　E. 拆除安全装置
答案：ACE

三、简答题

简述下井作业安全注意事项。

答：(1)下井作业前，作业人员应对作业设备、工具进行安全检查，发现有安全问题应立即更换，严禁使用不合格设备、工具。

(2)气体检测仪必须有用有备。下井前进行气体检测时，应先搅动作业井内泥水，使气体充分释放出来，以测定井内气体的实际浓度。

(3)下井作业前，作业人员必须穿戴好安全帽、手套、防护服、防护鞋等劳动防护用品。

(4)下井作业人员严禁携带手机等非防爆类电子产品及打火机等火源，必须携带防爆照明、通讯设备。可燃气超标时，严禁使用非防爆相机拍照。作业现场严禁吸烟，未经许可严禁动用明火。

(5)当检查井踏步腐蚀严重、损坏时，应使用三脚架下井。下井作业期间，作业人员必须系好安全带、安全绳(或三脚架缆绳)，安全绳(三脚架缆绳)的另一端在井上固定，监护人员做好监护工作，工作期间严禁擅离职守。

(6)当作业人员进入管道内作业时，井室内应设置专人呼应和监护。作业人员进入管道内部时携带防爆通讯设备，随时与监护人员保持沟通，若信号中断必须立即返回地面。

(7)佩戴正压式空气呼吸器下井作业时，呼吸器必须有用有备，无备用呼吸器严禁下井作业。作业人员须随时掌握呼吸器气压值，判断作业时间和行进距离，保证预留足够的空气返回；作业人员听到空气呼吸器的报警音后，必须立即撤离。

(8)上下传递作业工具和提升杂物时，应用绳索系牢，严禁抛扔，同时下方作业人员应躲避，防止坠物伤人。

(9)井内水泵运行时严禁人员下井，防止触电。

(10)作业人员每次进入井下连续作业时间不得超过1h。

(11)当发现潜在危险因素时，现场负责人必须立即停止作业，让作业人员迅速撤离现场。

(12)发生事故时，严格执行分公司相关应急预案，严禁盲目施救，导致事故扩大。

(13)作业现场应配备必备的应急装备、器具，以便在非常情况下抢救作业人员。

(14)准备监测和防护器材。

(15)必须要进行有毒有害气体的检测，确认安全后方可进入。

(16)如有限空间内存在电、高温或低温等有害因素，应事先进行隔离，以确保人员安全。

(17)要进行必要的强制通风。

(18)必须佩戴好安全防护用品。

(19)在操作的全过程中要配备监护人员。

(20)进行有限空间作业，必须填写有限空间作业审批表。

第二节　理论知识

一、单选题

1. 国家保护水资源，采取有效措施，保护植被，植树种草，（　　），防治水土流失和水体污染，改善生态环境。

A. 综合治理　　　　B. 涵养水源　　　　C. 加大投入　　　　D. 防治环境破坏

答案：B

2. 国家鼓励和支持开发、利用、节约、保护、管理水资源和防治水害的（　　）技术的研究、推广和应用。

A. 先进科学　　　　B. 综合　　　　C. 有关科学　　　　D. 水利技术

答案：A

3. 在开发、利用、节约、保护、管理水资源和防治水害等方面成绩显著的单位和个人，由（　　）给予奖励。

　　A. 水行政主管部门　　B. 有关部门　　C. 人民政府　　D. 环境行政管理部门
　　答案：C

4. 在水资源短缺的地区，国家鼓励对（　　）的收集、开发、利用和对海水的利用、淡化。
　　A. 雨水和微咸水　　B. 再生水　　C. 地热水　　D. 淡盐水
　　答案：A

5.《中华人民共和国水法》规定，单位和个人有（　　）的义务，并规定开发、利用水资源的单位和个人有依法（　　）的义务。
　　A. 保护水资源、节约水资源、保护水工程　　B. 节约水资源、防治水灾害、保护水资源
　　C. 节约用水、保护水工程、保护水资源　　D. 计划用水、保护水资源、节约用水
　　答案：C

6. 开发、利用、节约、保护水资源和防治水害，应当按照流域、区域（　　）规划。
　　A. 统一制定　　B. 统筹考虑　　C. 统筹布局　　D. 协调各种
　　答案：A

7. 某城市某次降雨，已知雨水量为200L/s，汇水面积为300m²，径流系数为0.35，则这次降雨的强度为（　　）。
　　A. 21000　　B. 1.9　　C. 0.26　　D. 0.23
　　答案：B

8. 根据城市的不同区域分别确定不同的径流系数，下列不属于综合径流系数的分类的是（　　）。
　　A. 城市建筑密集区（城市中心区）　　B. 城市建筑较密集区（一般规划区）
　　C. 城市建筑稀疏区（公园、绿地等）　　D. 城市道路区（高速路、国道等）
　　答案：D

9. 同一排水系统可采用同一重现期或不同重现期。重要干道、重要地区或短期积水即能引起较严重后果的地区，重现期一般采用（　　），并应于道路设计协调。
　　A. 0.5～3年　　B. 0.5～5年　　C. 3～5年　　D. 5年以上
　　答案：C

10. 某城市某次降雨，已知管渠内雨水流行时间为60min，降雨历时240min，折减系数为1.2，则这次降雨的地面积水时间为（　　）。
　　A. 80min　　B. 168min　　C. 268min　　D. 348min
　　答案：B

11. 连接重要的政治、经济中心的道路路基降雨重现期为（　　）。
　　A. 80年　　B. 100年　　C. 200年　　D. 300年
　　答案：B

12. 在五防井盖中起到"防坠落"作用的是（　　）。
　　B. 井盖　　B. 子盖　　C. 井圈　　D. 井座
　　答案：B

13.《城镇排水管渠与泵站维护技术规程》中规定：管径不超过1200mm的排水管道允许存泥深度为管径的（　　）。
　　A. 1/2　　B. 1/3　　C. 1/4　　D. 1/5
　　答案：D

14. 日常巡查管理中管径超过1200mm的排水管道允许存泥深度为不超过（　　）。
　　A. 14cm　　B. 30cm　　C. 35cm　　D. 40cm
　　答案：B

15. 污水管线的最大设计充满度为（　　）。
　　A. 20%　　B. 50%　　C. 75%　　D. 100%
　　答案：C

16. 餐饮行业排水户线必须设置( )设施。
A. 化粪池　　　　　B. 隔油池　　　　　C. 集水池　　　　　D. 冲洗池
答案：B

17. 巡查员应对( )在排水设施周围施工的作业行为，监督实施情况。
A. 实施　　　　　　B. 计划　　　　　　C. 批准　　　　　　D. 完成
答案：C

18. 日常巡视记录中管线沉陷、地面坍塌记录对于高级工来说，其承担程度应当为( )。
A. 负责　　　　　　B. 熟练　　　　　　C. 熟悉　　　　　　D. 参与
答案：A

19. 以下病害属于结构性缺陷的是( )。
A. 积泥　　　　　　B. 破裂　　　　　　C. 杂物　　　　　　D. 残堵
答案：B

20. 排水设施功能性检测是指一般检测排水设施的( )，并将排水设施实际过流量与设计流量进行比较，以确定排水设施的功能性状况。
A. 有效过水断面　　B. 管径　　　　　　C. 结构现况　　　　D. 连接状况
答案：A

21. 排水设施结构性检测是指检查( )为目的的检测，该类检测是为了解排水设施结构现况及连接状况，通过综合评估后确定排水设施对地下水资源及市政设施、城市道路安全等是否带来影响。
A. 排水设施结构现况　B. 积泥状况　　　　C. 功能性现况　　　D. 养护疏通现况
答案：A

22. 以下对从事城镇排水管道检测和评估的单位和检测人员的说法正确的是( )。
A. 从事城镇排水管道检测和评估的单位应具备相应的资质，检测人员不用具备相应的资格
B. 从事城镇排水管道检测和评估的单位不用具备相应的资质，检测人员应具备相应的资格
C. 从事城镇排水管道检测和评估的单位不用具备相应的资质，检测人员不用具备相应的资格
D. 从事城镇排水管道检测和评估的单位应具备相应的资质，检测人员应具备相应的资格
答案：D

23. 国家标准《爆炸性气体环境用电气设备　第1部分：通用要求》(GB 3836.1—2000)规定：现场检测人员的数量不得少于( )人。
A. 2　　　　　　　　B. 3　　　　　　　　C. 1　　　　　　　　D. 4
答案：A

24. 污水中各种有机物经微生物分解，在甲烷细菌作用下二氧化碳与水作用生成甲烷，此时污水( )下降。
A. 酸度　　　　　　B. 碱度　　　　　　C. 有机物　　　　　D. 无机物
答案：A

25. 设施巡查分为检查井巡查及雨水口巡查，两者内部巡查均需要巡视的内容为( )。
A. 裂缝或渗漏　　　B. 水位和水流　　　C. 流槽破损　　　　D. 防坠设施破损
答案：A

26. 管道、有沉泥槽检查井和有沉泥槽雨水口的允许积泥深度分别为( )。
A. 主管径的1/5、30mm、30mm　　　　　B. 主管径的1/5、50mm、50mm
C. 主管径的1/3、50mm、50mm　　　　　D. 50mm、50mm、50mm
答案：B

27. 机闸的保养步骤有：①涂满黄油，涂油后做正向反向转动；②擦拭外壳清除油垢；③按要求关闭或开启闸门；④打开机壳，清除机壳内的积水；⑤检查启闭机传动部分有无异响，并找出原因；⑥检查螺杆启闭机丝杠是否弯曲，吊点是否垂直；⑦将启闭机盖重新盖好，旋紧螺丝；⑧用棕刷沾煤油，洗刷各部件油垢。其正确顺序是( )。
A. ②④⑧①⑦⑥⑤③　　　　　　　　　　B. ④②①⑧⑦⑥⑤③

C. ④②①⑧⑦⑤⑥③ D. ④②⑧①⑦⑤⑥③
答案：A

28. 排水户排入公共污水管道的污水，其中所含的( )物质对管道产生严重影响。
A. 悬浮物、有机物 B. 悬浮物、无机物 C. 有机物、无机物 D. 以上均不对
答案：A

29. 下列对突发公共事件信息处置描述正确的是( )。
A. 排水巡查工发现的应急事件，不用第一时间内通知所在公司值班室及工程技术部主管应急负责人
B. 排水巡查工发现的应急事件，应在第一时间内赶赴现场，不用上报
C. 对于现场未成立现场指挥部的，第一到达现场人员，应迅速了解现场情况并向公司工程技术部或指挥报告
D. 排水巡查工发现应急事件，无须在第一时间赶赴现场，但必须第一时间上报
答案：C

30. 下列对应急抢险的内容描述正确的是( )。
A. 排水管线由于管线自然损坏、外力或人为破坏、及其他事件衍生的导致道路严重积水和管道塌陷、破坏的应急事件
B. 雨水、污水箅子丢失、损坏
C. 商户私接私排污水
D. 以上均不对
答案：A

31. 对突发事件实行分级处置的原则是( )。
A. 根据突发事件的范围、性质和危害程度，实行分级处置
B. 把应对突发公共事件管理的各项工作落实到日常管理之中
C. 协调配合、资源整合。从应急抢险工作全局出发，充分对现有资源进行整合
D. 积极响应并上报
答案：A

32. 针对探地雷达的原理，下列说法错误的是( )。
A. 通过发射天线向地下发射高频电磁波，通过接收天线接收反射回地面的电磁波，电磁波在地下介质中传播时遇到存在电性差异的分界面时发生反射，根据接收到的电磁波的波形、振幅强度和时间的变化等特征推断地下介质的空间位置、结构、形态和埋藏深度
B. 通过发射天线向地下发射低频电磁波，通过接收天线接收反射回地面的电磁波，电磁波在地下介质中传播时遇到存在电性差异的分界面时发生反射，根据接收到的电磁波的波形、振幅强度和时间的变化等特征推断地下介质的空间位置、结构、形态和埋藏深度
C. 通过接收天线接收反射回地面的电磁波，电磁波在地下介质中传播时遇到存在电性差异的分界面时发生反射，仅根据接收到的电磁波的强度大小特征推断地下介质的空间位置、结构、形态和埋藏深度
D. 通过发射天线向地下发射低频电磁波，仅根据接收到的电磁波的波形特征推断地下介质的空间位置、结构、形态和埋藏深度
答案：A

33. 声呐检测时，探头的推进方向宜与水流方向一致，并应与管道轴线一致，滚动传感器标志应朝( )。
A. 正上方 B. 正下方 C. 斜下方 D. 斜上方
答案：A

34. 下列关于管道潜望镜的保养说法错误的是( )。
A. 镜头连接电缆、各类信号线应每周保养1次
B. 电池包的保养要求为应无破损，供电时间无明显的缩短
C. 控制器的保养要求为控制器的各项按钮灵敏有效
D. 整套设备应每周进行1次全面检查
答案：D

35. 使用管道潜望镜拍摄管道时，变动焦距不宜过快。拍摄缺陷时，应保持摄像头静止，调节镜头的焦距，并( )拍摄10s以上。
   A. 连续、清晰地　　B. 间断、清晰地　　C. 连续、快速地　　D. 间断、快速地
   答案：A

36. 管道潜望镜检测设备应( )，应可以快速、牢固地安装与拆卸，应能够在0～50℃的气温条件下和潮湿、恶劣的排水管道环境中正常工作。
   A. 坚固、抗碰撞、防水密封良好　　　　B. 不需要特殊的防水性
   C. 可以在保证摄像清晰的前提下，不够坚固　　D. 不用注意防磕碰
   答案：A

37. 声呐探头安放在检测起始位置后，在开始检测前，应将计数器归零，并应调整电缆处于自然绷紧状态，探头扫描的起始位置应设置在( )，将计数器归零。
   A. 管口　　B. 管道内部　　C. 井口　　D. 管道中部
   答案：A

38. ( )的主要功能为支持移动端的涉水事件的上报、处理。
   A. 手机　　B. 电脑　　C. 大屏幕　　D. 排水终端
   答案：D

39. 巡查平台应可以同时针对( )进行定位，定位后人员图标在地图上闪烁表示，地图缩放到定位位置。
   A. 多人　　B. 单人　　C. 多人或单人　　D. 人员
   答案：C

40. 对巡查人员上报的事件，按照处置时限、( )、影响因素等，进行事件处置过程跟踪，并综合统计分析各类巡查问题。
   A. 上报时间　　B. 事件类别　　C. 回复时间　　D. 反馈时间
   答案：B

41. 系统自动进行提醒并记录事件完成时间，对每个处置阶段的完成情况进行记录，包括事件由哪个班组处置、处置完成情况、( )等。
   A. 用户满意度　　B. 处置完成率　　C. 事件处置率　　D. 事件完成率
   答案：A

42. 巡查员在外可通过终端接收和查询其所属单位的所有待处理的事件列表，待处理事件包含所有类别未处理的事件，即既包含巡查上报的事件，也包含( )接到的事件。
   A. 电话　　B. 客户热线　　C. 邮件　　D. 书信
   答案：B

43. 通过电视检查设备采集的管道内部状况视频，按照一定的格式上报到系统中，与管道数据建立关联关系，按照设施等级评定流程，实现等级( )。
   A. 人工计算　　B. 辅助计算　　C. 自动计算　　D. 人工识别
   答案：C

44. 排水管道验收时，一般会发现的功能性缺陷为( )。
   A. 闭水实验后，封堵未打开或有残堵　　B. 管道验收时发现管内壁出现裂痕
   C. 管口不齐　　D. 发现错口
   答案：A

45. 管道养护指数 MI 值为( )时，评定管线须列计划养护。
   A. 25　　B. 40　　C. 50　　D. 60
   答案：A

46. 排水管道的功能状况以排水流域为最小的评估单位。在排水管线功能等级评定的基础上，可根据公式( )计算评估区域的排水通畅率。
   A. 评估区域排水通畅率 =（一、二级管线合计长度/普查的管线总长度）×100%

B. 评估区域排水通畅率 =（一、二级管线合计长度/三四级管线总长度）×100%
C. 评估区域排水通畅率 =（三、四级管线合计长度/普查的管线总长度）×100%
D. 评估区域排水通畅率 =（三、四级管线合计长度/一二级管线总长度）×100%
答案：A

47. 排水设施普查检测施工现场安全管理的内容主要是(　　)。
A. 安全组织管理、场地与设施管理、行为控制和安全技术管理等四个方面
B. 安全组织管理、场地与设施管理、行为控制等三个方面
C. 安全组织管理、场地与设施管理、精度控制和安全技术管理等四个方面
D. 安全组织管理、进度管理、精度控制和安全技术管理等四个方面
答案：A

48. 排水设施检测时，每次进场出发前都要进行设备的清点核实，进场后使用前需要对设备进行调试校验，以下调试内容错误的是(　　)。
A. 系统开机是否能够通电开机　　　　　B. 摄像头高度仅查看是否可调即可
C. 灯光亮度是否正常，是否可调　　　　D. 主控机的距离、信息、录像功能等是否正常
答案：B

49. 一旦管道中的水位高度(通常电视检查时管道中的水位不能超过管径的20%)超过了检测的需要，就要制订被检测管道的封堵抽水方案，但通常上游会有流量，因此封堵的同时，还要对上游的来水进行调水，主要制订的是(　　)两种方案。
A. 封堵和调水　　B. 养护和疏通　　C. 调水和疏通　　D. 封堵和养护
答案：A

50. 两根同断面排水管道接口未对正，所指的结构缺陷是(　　)。
A. 脱节　　　　B. 错口　　　　C. 侵入　　　　D. 破裂
答案：B

51. 排水管道的结构等级计算的管道修复指数 RI 中 J 取值正确的是(　　)。
A. 当 $S=1$ 时，J 取 1
B. 当 $A<S<1$ 时，J 取 S
C. 当 $S_\alpha>S_m$ 时，$S=S_\alpha$
D. $J=$ 最大病害系数
答案：C

52. 井内支管接口处理不当的情况不包括(　　)。
A. 支管接口太长　　　　　　　　　　B. 支管接口过高
C. 支管接口末抹面或冷拔丝外露　　　D. 管道内接口不齐
答案：D

53. 轻度腐蚀为(　　)。
A. 出现凹凸面，勾缝明显脱落　　　　B. 显露粗骨料，砌块失去棱角
C. 已显露钢筋，砌块明显脱落　　　　D. 出现裂痕
答案：A

54. 短期内无安全隐患的管线进行结构等级评估时，为二级管线，则应(　　)。
A. 无须修复　　B. 加强监测　　C. 列计划尽快修复　　D. 紧急修复或翻新
答案：B

55. 某条管线属于机动车道路，但该道路并不属于交通干道和其他商业区以及中心政治、商业及旅游区，则该管线地区重要性参数 K 应取值(　　)。
A. 0.3　　　　B. 0.6　　　　C. 0.8　　　　D. 1
答案：A

56. 以下属于特急级别热线事件的是(　　)。
A. 雨、污水检查井盖丢失、管线沉降、道路塌陷、应急抢险
B. 雨水、污水检查井盖破损
C. 商户私排污水

D. 以上均属于

答案：A

57. 排水巡查工自发现是指( )。
   A. 排水巡查工巡查区域时发现问题上报事件   B. 其他部门反映后，巡查员自行处理解决事件
   C. 热线平台指令   D. 以上均是

答案：A

58.《北京市进一步加快推进污水治理和再生水利用工作三年行动方案》执行期为( )。
   A. 2014—2017 年   B. 2015—2018 年   C. 2016—2019 年   D. 2017—2020 年

答案：C

59. ( )已由北京市第十五届人民代表大会常务委员会第三次会议于 2018 年 3 月 30 日通过并实施。
   A.《北京市进一步加快推进污水治理和再生水利用工作三年行动方案》
   B.《北京市城市总体规划(2018—2021)》
   C.《北京市水土保持规划》
   D.《北京市人民代表大会常务委员会关于修改〈北京市水污染防治条例〉决定》

答案：D

60.《北京市水土保持规划》定下目标，"十三五"期间，全市新建生态清洁小流域( )，治理面积( )。
   A. 200 条，2000km²   B. 300 条，3000km²   C. 400 条，4000km²   D. 500 条，5000km²

答案：A

61.《水污染防治行动计划》主要指标是：到 2020 年，长江、黄河、珠江、松花江、淮河、海河、辽河等七大重点流域水质优良(达到或优于Ⅲ类)比例总体达到( )以上，地级及以上城市建成区黑臭水体均控制在( )以内，地级及以上城市集中式饮用水水源水质达到或优于Ⅲ类比例总体高于( )，全国地下水质量极差的比例控制在( )左右，近岸海域水质优良(一、二类)比例达到( )左右。京津冀区域丧失使用功能(劣于Ⅴ类)的水体断面比例下降( )左右。
   A. 10%，15%，70%，93%，15%，70%   B. 70%，10%，93%，15%，70%，15%
   C. 10%，93%，70%，15%，70%，93%   D. 10%，15%，70%，15%，70%，93%

答案：B

62. 北京市升级改造完成的污水处理厂和新建再生水厂应执行( )。
   A.《城镇污水处理厂污染物排放标准》(GB 18918—2002)A 标准
   B.《城镇污水处理厂污染物排放标准》(GB 18918—2002)B 标准
   C.《城镇污水处理厂水污染物排放标准》(DB 11/890—2012)A 标准
   D.《城镇污水处理厂水污染物排放标准》(DB 11/890—2012)B 标准

答案：D

63.《城镇排水与污水处理条例》规定，为保障城镇排水设施的安全和稳定运行，排水户的污水排入城镇下水道应办理( )。
   A. 排污许可证   B. 排水许可证   C. 排水和排污许可证   D. 无须许可证

答案：B

64.《北京进一步全面推进河长制工作方案》指出 2020 年底，全市水生态环境质量显著提高，重要水库、河流、湖泊等水功能区水质达标率达到( )以上，主要河湖实现水清、岸绿、安全、宜人。
   A. 57%   B. 67%   C. 77%   D. 87%

答案：C

65. ( )是城市规划区内各种水体构成脉络相同系统的总称。
   A. 城市水系   B. 区域管理   C. 自然水系   D. 系统流域

答案：A

66. ( )是水域边界界限。
   A. 水域控制线   B. 水系线   C. 自然水系   D. 系统流域

答案：A

67. 水系是城市的公共资源，城市水系规划应确保水系空间的公共属性，提高水系空间的(　　)和(　　)。
A. 完整性，自然性　　B. 可达性，共享性　　C. 主体性，保护性　　D. 流域性，区域性
答案：B

68. 一般街道宽阔平坦，地势较高，水量分散且较小的地区多采用的雨水口类型为(　　)。
A. 平箅式　　B. 偏沟式　　C. 联合式　　D. 分散式
答案：A

69. 在污水处理行业中，一般设置在池体底部或污水管道必要的位置，用于将池体内或管道内的污水排出的管道排空装置叫(　　)。
A. 冲洗井　　B. 排空阀　　C. 检查井　　D. 通气井
答案：B

70. 以下不属于鸭嘴阀优点的是(　　)。
A. 开启压力小　　B. 适合野外长期露天作业
C. 水头损失极小　　D. 使用寿命长、无故障
答案：B

71. 一般街道居民区排水管网布置时，容易布置又较经济，尤其在合流管道上得到广泛采用的方式是(　　)。
A. 环绕式　　B. 贯穿式　　C. 低边式　　D. 环网式
答案：C

72. 管道两侧和管顶以上500mm范围内的回填材料，应由沟槽两侧(　　)运入槽内。
A. 快速　　B. 平均　　C. 同时　　D. 对称
答案：D

73. 柔性管道的基础结构设计无要求时，宜铺设厚度不小于(　　)的中粗砂垫层。
A. 100mm　　B. 150mm　　C. 200mm　　D. 250mm
答案：A

74. 施工降水应接入(　　)。
A. 雨水口　　B. 雨水检查井　　C. 污水检查井　　D. 合流制检查井
答案：B

75. (　　)组成了城市污水排水系统。
A. 城市污水和工业废水　　B. 生活污水和雨水
C. 生活污水和工业废水　　D. 城市污水和雨水
答案：B

76. 在一个井内交汇的管道不宜过多，一般以(　　)为限。
A. 三通　　B. 四通　　C. 五通　　D. 六通
答案：B

77. 在排水管道每隔适当距离的检查井内和泵站前一检查井内，宜设置(　　)，深度宜为0.3~0.5m。
A. 截流槽　　B. 沉泥槽　　C. 阀门　　D. 闸门
答案：B

78. 从工厂、企业、居民区、住户接出的排水管道称为(　　)。
A. 干线　　B. 次干线　　C. 支线　　D. 户线
答案：D

79. 一般情况下，雨水检查井流槽应设置为(　　)。
A. 满流槽　　B. 半流槽　　C. 与管顶齐平　　D. 以上均可以
答案：B

80. (　　)是指其他公用管线穿过或悬挂在检查井或排水管内的情况。
A. 异物侵入　　B. 异物穿入　　C. 异管穿入　　D. 障碍物
答案：C

81. 污水管渠小型管每年养护频率不应低于(　　)。

A. 1次　　　　　　B. 2次　　　　　　C. 3次　　　　　　D. 4次
答案：B

82. 自然通风时必须打开作业井盖和其上下游(　　)井盖，通风时间不小于30min。
A. 1~2　　　　　　B. 2~3　　　　　　C. 3~4　　　　　　D. 4~5
答案：C

83. 以下不属于大中型圆形管道养护特点的是(　　)。
A. 污水管大多水力条件良好，流量充足，能满足自清的要求
B. 合流管的水力条件则很差，在旱天无法形成足够的流速，易沉积
C. 大型管道，特别是在高水位的大型管中，射水疏通的效果比较好
D. 大型管道的埋深一般较大，疏通和清掏污泥都比较困难
答案：C

84. 电视检测设备的电缆抗拉力技术指标应(　　)。
A. ≥2kN　　　　　B. ≥4kN　　　　　C. ≥6kN　　　　　D. ≥8kN
答案：A

85. 电视检测设备的存储技术指标应符合(　　)。
A. 录像编码格式：MPEG4、AVI；照片格式：JPEG
B. 录像编码格式：RMVB、MOV；照片格式：BMP
C. 录像编码格式：MPEG4、MP3；照片格式：JPEG
D. 录像编码格式：RMVB、MP4；照片格式：BMP
答案：A

86. 电视检测设备的工作温度是(　　)。
A. -20~40℃　　　B. -20~50℃　　　C. 0~40℃　　　　D. 0~50℃
答案：D

87. 对于800mm以上的大管径污水干线，充满度50%左右，可考虑采用(　　)方式进行检查和评估。
A. 手持CCTV　　　B. 爬行器　　　　C. 推杆是内窥镜　　D. 浮船式CCTV
答案：D

88. 检测设备应具备测距功能，电缆计数器的计量单位不应大于(　　)。
A. 0.1cm　　　　　B. 0.5cm　　　　　C. 0.1m　　　　　D. 0.5m
答案：C

89. 管径大于200mm时，直向摄影的行进速度不宜超过(　　)。
A. 0.05m/s　　　　B. 0.1m/s　　　　C. 0.15m/s　　　　D. 0.2m/s
答案：C

90. 检测时摄像镜头移动轨迹应在管道中轴线上，偏离度不应大于管径的(　　)。
A. 40%　　　　　　B. 30%　　　　　　C. 20%　　　　　　D. 10%
答案：D

91. 在爬行器行进过程中，不应使用摄像镜头的(　　)功能。
A. 摄像　　　　　　B. 观察　　　　　　C. 拍照　　　　　　D. 变焦
答案：D

92. 光照强度是指单位面积上所接受可见光的能量，简称照度，衡量灯光照度的单位是(　　)。
A. 瓦(W)　　　　　B. 度(kW·h)　　　C. 勒克斯(lux)　　　D. 流明(lm)
答案：C

93. 建立排水管网GIS系统，对城镇排水设施进行管理，应从(　　)出发，对系统内容进行梳理、分类，以便确定系统建设的内容、技术路线、实现方式。
A. 基本管理需求　　B. 实际工作需求　　C. 综合分析需求　　D. 以上均正确
答案：A

94. 排水管网地理信息系统具备按埋设日期进行查询的功能，为用户提供要查询某个埋设日期的管线数据

的详细信息与位置时,用户可通过按埋设日期查询选择要查询的管线类型与管线的埋设(　　)。

A. 厂址　　　　　　　B. 日期　　　　　　　C. 型号　　　　　　　D. 年份

答案:D

95. 城镇污水处理厂或河湖受污水或雨水的集水范围,分为污水流域和(　　)两种。

A. 雨水流域　　　　　B. 污水管线　　　　　C. 雨水管线　　　　　D. 合流管线

答案:A

96. 以下图片中属于重度树根的是(　　)。

A. 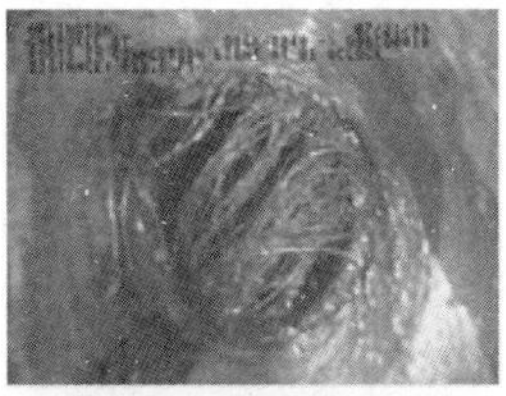　　　　　　　　　　　　　　　　　B.

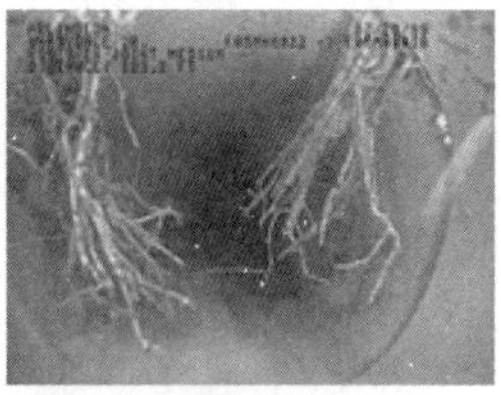

C. 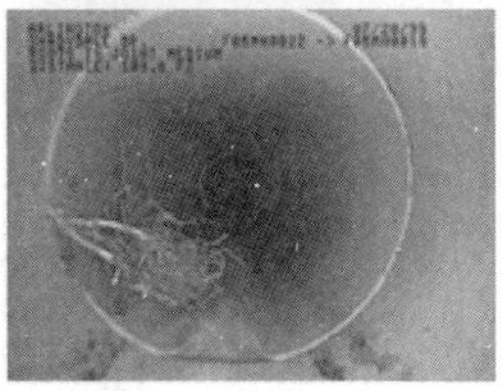　　　　　　　　　　　　　　　　　D.

答案:A

97. 以下图片中属于重度杂物的是(　　)。

A. 　　　　　　　　　　　　　　　　　B.

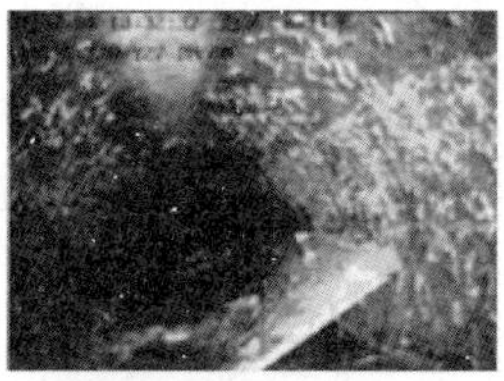

C. 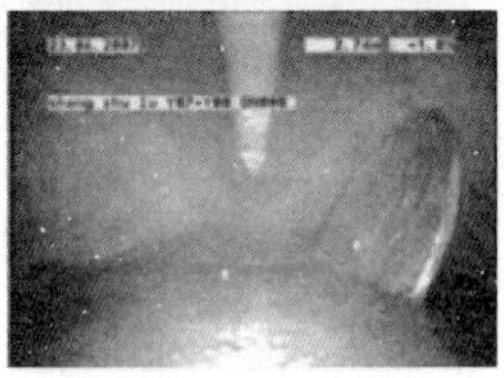　　　　　　　　　　　　　　　　　D.

答案:A

98. 以下图片中属于重度封堵的是(　　)。

A. 　　　　　　　　　　　　　　　　　B.

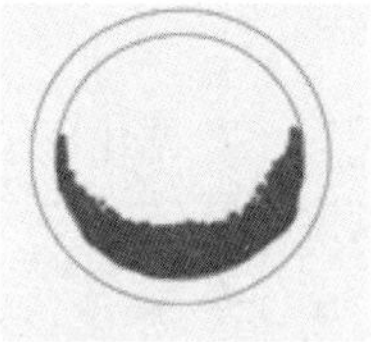

C. 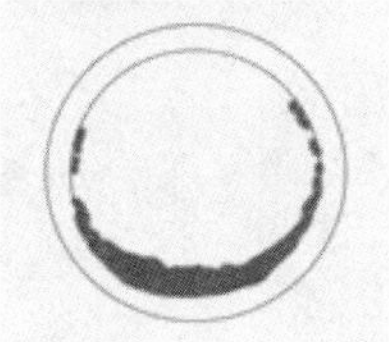　　　　　　　　　　　　　　　　　D.

答案:A

99. 以下图片中属于重度洼水的是(　　)。

A.　　　　　　　　　　　　　　　　　B.

C.  D.

答案：A

100. 根据排水管道结构缺陷的类型、程度和数量，结合管道的环境、社会和功能属性，按一定公式计算得到的数值。其区间为( )，数值越大表明修复紧迫性越大。

A. 0~50　　　　　　B. 0~80　　　　　　C. 0~90　　　　　　D. 0~100

答案：D

101. RI 在 QB 结构等级计算公式中代表( )数值。

A. 评定段的结构性缺陷参数　　　　　B. 评定段的管道重要性参数
C. 评定段的地区重要性参数　　　　　D. 修复指数

答案：D

102. 井段的定义是( )。

A. 两座相邻检查井之间的排水管道　　　B. 两座不相邻检查井之间的排水管道
C. 连续两段相邻管线之间的排水管道　　D. 几座相邻检查井之间的排水管道

答案：A

103.《排水管道结构等级评定标准》(Q/BDG JS002—GW05—2012) 中，关于管道结构缺陷程度分级的说法正确的是( )。

A. 管道内部出现露出粗骨料但未显露钢筋时，可判断缺陷程度为轻度腐蚀
B. 管道内部出现露出粗骨料但未显露钢筋时，可判断缺陷程度为中度腐蚀
C. 管道内部出现露出粗骨料但未显露钢筋时，可判断缺陷程度为重度腐蚀
D. 管道内部出现露出粗骨料但未显露钢筋时，可判断缺陷程度为轻微腐蚀

答案：B

104. 下列属于热线中心的职责的是( )。

A. 排水热线的受理、派发、跟踪、督办、回访及工作评价
B. 排水热线工作的日常指导、监督、管理和协调
C. 热线事件运营范围认定、事件处置
D. 排水热线的受理、派发、督办、回访

答案：A

105. 排水热线事件分为( )。

A. 故障报修、业务咨询、表扬投诉、意见建议　　B. 设施诉求、业务咨询、表扬建议、投诉索赔
C. 设施诉求、业务咨询、表扬投诉、意见建议　　D. 故障报修、业务咨询、表扬建议、投诉索赔

答案：B

106. 排水热线事件处置主要环节为( )。

A. 事件受理、事件派发、运营范围认定、事件处置、信息反馈、效果回访、服务补救
B. 事件受理、事件派发、运营范围认定、事件处置、信息反馈、效果回访、服务补救、平台回复、工作评价
C. 事件受理、事件派发、运营范围认定、事件处置、信息反馈、效果回访、平台回复
D. 事件派发、运营范围认定、事件处置、信息反馈、效果回访、平台回复、工作评价

答案：B

107. 巡查员应按照应急预案的要求做好应急演练，配合( )的处置。

A. 突发应急事件　　B. 治安事件　　C. 灾难性事件　　D. 一般事件

答案：A

108. 市售手持电动工具绝大多数都是( )。

A. Ⅰ类设备　　　　　　B. Ⅳ类设备　　　　　　C. Ⅱ类设备　　　　　　D. Ⅲ类设备

答案：C

109. 演练评估是指演练评估分析人员观察和记录演练活动、对比演练人员表现与演练目标要求的差异，并提出演练改进意见。具体来说，演练评估不可以采用(　　)。

A. 评估人员审查　　　B. 演练参加者汇报　　　C. 综合问答　　　D. 召开演练讲评会

答案：C

110. 以下不属于设备润滑"五定"的是(　　)。

A. 定润滑点　　　　　B. 定润滑工具　　　　　C. 定油品牌号　　　D. 定润滑用量

答案：B

111. 下列对排水管网应急抢险指挥部是否须要设置描述正确的是(　　)。

A. 必须设置　　　　　B. 不是必须设置　　　　C. 没有必要设置　　D. 根据需要临时设置

答案：A

112. 以下对抢险指挥部职责描述正确的是(　　)。

A. 研究制订突发事件应急抢险重大决策和指导意见，启动、终止预案，组织指挥重特大险情的处置

B. 研究制订突发事件应急抢险重大决策和指导意见，启动、终止预案

C. 研究制订突发事件应急抢险重大决策、组织指挥重特大险情的处置

D. 研究制订突发事件应急抢险重大决策，启动、终止预案

答案：A

113. 应急预案的编纂依据是(　　)。

A. 排水体系规范

B.《中华人民共和国突发事件应对法》及国家法律法规

C. 自行制订标准

D.《中华人民共和国安全生产法》

答案：B

114. 城镇排水主管部门应当按照城镇内涝防治专项规划的要求，确定雨水收集利用设施建设标准，明确雨水的(　　)和(　　)，合理控制雨水径流。

A. 排水分区，排水出路　　　　　　　　　B. 排水出路，降水量

C. 降水量，排水分区　　　　　　　　　　D. 雨水泵站蓄水量，降水量

答案：A

二、多选题

1. 城镇污水处理设施维护运营单位或者污泥处理处置单位应当对产生的污泥以及处理处置后的污泥(　　)等进行跟踪、记录。

A. 去向　　　　　　　B. 售价　　　　　　　　C. 用途　　　　　　D. 用量

答案：ACD

2. 以改善水质、防范环境风险为目标，将污染物排放(　　)纳入排污许可证管理范围。

A. 种类　　　　　　　B. 浓度　　　　　　　　C. 总量　　　　　　D. 排放去向

答案：ABCD

3. 城市水系对城市的影响有(　　)。

A. 水系可以形成城市中重要的开放空间

B. 水系交通可以成为城市中重要的交通组成部分

C. 城市水系可以有效地降低城市的"热岛效应"，调节城市气候

D. 城市水系可以作为城市的主要水源

答案：ABC

4. 设施巡查管理的依据有(　　)。

A.《北京市排水和再生水管理办法》　　　　B.《水十条》

C.《城镇排水和污水处理条例》 D.《城镇污水排入排水管网许可管理办法》

答案：AC

5. 排水设施类型分为(   )。

A. 雨水管线 B. 污水管线 C. 合流管线 D. 降水管线

答案：ABC

6. 当遇到(   )，普查周期可相应缩短。

A. 流沙易发、湿陷性土等特殊地区的管道 B. 管龄30年以上的管道
C. 施工质量差的管道 D. 重要管道

答案：ABCD

7. 排水设施检测时需要对排水管道进行封堵，以下对封堵的说法正确的是(   )。

A. 将气囊塞入管道进行封堵时，气囊位置的管道要保证无石块，淤泥等障碍物，防止封堵后刺破气囊或气囊滑动

B. 气囊封堵时，气囊内的气压要保证一定的气压值

C. 气囊封堵完成后，要注意与气囊连接的绳索的固定，最好固定在地上部分

D. 作业过程中要注意气囊有无漏气发生(可用气压计检测)防止意外发生

答案：ABCD

8. 排水沟道及构筑物强度不足，外荷载变化使构筑物产生变形并受到挤压而出现(   )等损坏现象。

A. 裂缝 B. 松动 C. 错口
D. 深陷 E. 位移 F. 侵入

答案：ABCD

9. 水量监测的主要监测设备主要有(   )。

A. 流量计 B. 液位计 C. 流速仪 D. 雨量计

答案：ABCD

10. 使用闭路电视检测系统进行管道检测时，侧向摄影时，应(   )以获得最佳图像。

A. 爬行器宜停止行进 B. 变动拍摄角度
C. 变动焦距 D. 变动检测距离

答案：ABC

11. 声呐检测时，以下对以采样点间距说法正确的是(   )。

A. 普查为目的的采样点间距宜为5m B. 存在异常的管段应加密采样
C. 其他检查采样点间距宜为2m D. 存在异常的管段应加大采样间距

答案：ABC

12. 城市排水管网地理信息系统首先应具备地理信息系统的基本功能，主要有(   )。

A. 具有数据录入和编辑的多种方式 B. 图形编辑
C. 数据格式转换 D. 查询分析

答案：ABCD

13. 在基本功能的基础上，城市排水管网地理信息系统还应针对专业管理需要，具备一些特殊功能，主要有(   )。

A. 管理施工图纸资料，它是管理人员掌握管网现状的依据，也是城市规划建设的重要基础资料

B. 利用数据库中的数据，自动生成管道断面图、管段剖面图、工作报表，以及反映管网数量、空间分布等变化的各种统计图表，作为管理工作的主要依据

C. 针对排水管网日常管理中，管网空间定位、空间分布特征分析等需要，在空间分析基本功能基础上，软件应具备距离测量和面积量算等几何量算能力，满足排水管网管理工作中的特殊要求

D. 针对排水管网中特殊的管理对象及其变化特征，实现对管网运行和变化的模拟、预测、辅助决策

答案：ABCD

14. 积泥(JN)根据缺陷程度可分为(   )。

A. 轻度：深度小于断面尺寸的15% B. 中度：深度为断面尺寸的15%~30%

C. 重度：深度大于断面尺寸的30% D. 轻度：深度小于断面尺寸的20%

答案：ABC

15. 下列说法正确的是（ ）。
A. J 是指评定段的结构性缺陷参数 B. E 是指评定段的管道重要性参数
C. K 是指评定段的地区重要性参数 D. T 是指评定段的土质重要性参数

答案：ABCD

16. 针对排水管道结构性检测，下列说法正确的是（ ）。
A. 排水管道的结构等级以井段为最小评定单位，以排水管线为最大评定单位
B. 管道尺寸超过1000mm排水管道，结构性检测普查周期应≤2年
C. 管道结构性评估时，评定段的管道重要性参数与管道断面尺寸有关
D. 合流管道在进行结构性评估时，其管道修复性指数与保证降雨重现期有关

答案：AC

17. 热线接报应重点了解清楚（ ）等信息要素并做好记录。
A. 反应时间 B. 不用反映人联系方式
C. 事件内容 D. 完成时效

答案：AC

18. 热线信息接报、处置原则是（ ）。
A. 早发现 B. 早处置 C. 早下班 D. 早解决

答案：ABD

19. 《城镇排水与污水处理条例》第四十二条规定：禁止从事的危及城镇排水与污水处理设施安全的活动有（ ）。
A. 损毁、盗窃城镇排水与污水处理设施
B. 穿凿、堵塞城镇排水与污水处理设施
C. 向城镇排水与污水处理设施排放、倾倒剧毒、易燃易爆、腐蚀性废液和废渣
D. 向城镇排水与污水处理设施倾倒垃圾、渣土、施工泥浆等废弃物
E. 建设占压城镇排水与污水处理设施的建筑物、构筑物或者其他设施
F. 其他危及城镇排水与污水处理设施安全的活动

答案：ABCDEF

20. 排水设施巡查管理法律依据的法规和行政管理办法有（ ）。
A. 《城镇排水与污水处理条例》 B. 《北京市排水和再生水管理办法》
C. 《城市排水许可管理办法》 D. 《北京市地下管线管理办法》

答案：ABCD

21. 排水户申请领取污水排入排水管网许可证应当具备的条件包括（ ）。
A. 排放口的设置符合城镇排水与污水处理规划的要求
B. 按照国家有关规定建设相应的预处理设施和水质、水量检测设施
C. 排放的污水符合国家或者地方规定的有关排放标准
D. 法律、法规规定的其他条件

答案：ABCD

22. 施工废水主要包括（ ）。
A. 场地清洗 B. 基坑积水 C. 设备冲洗 D. 施工泥浆

答案：ABCD

23. 工程施工影响排水设施正常运行的行为主要有（ ）。
A. 私接 B. 填埋 C. 圈占 D. 拆改
E. 落入施工废料 F. 设堵或堰等

答案：ABCDEF

24. 从业人员有权对本单位安全生产工作中存在的问题提出（ ）；有权拒绝违章指挥和强令冒险作业。
A. 批评 B. 检举 C. 控告 D. 表扬

答案：ABC

25. 施工过程中应采取相应的技术措施，避免管道主体结构与附属构筑物之间产生过大的差异沉降，而致使设施（　　）。
A. 开裂　　　　　B. 变形　　　　　C. 破坏
D. 腐蚀　　　　　E. 老化
答案：ABC

26. 施工降水不得接入（　　）。
A. 污水井　　　B. 合流井　　　C. 雨水井　　　D. 雨水口
答案：ABD

27. 明渠维护应符合的规定有（　　）。
A. 定期打捞水面漂浮物　　　　　　B. 定期进行整修边坡、清除污泥等维护
C. 及时清理落入渠内阻碍明渠排水的障碍物　　D. 及时修理检查块石渠岸的护坡
答案：ABCD

28. 使用绞车疏通时，起到疏松淤泥作用的工具是（　　）。
A. 拉泥刮板　　B. 弹簧拉刀　　C. 铁锚　　　D. 管刷子
答案：BC

29. 下水道日常养护工作内容包括（　　）。
A. 下水道设施检查　B. 下水道清洗　C. 下水道疏通　D. 下水道维修
答案：ABCD

30. 液压动力机组的发动机不能关至最小，原因可能为（　　）。
A. 液压油过热　　B. 发动机冲头损坏　C. 油循环阻塞　D. 回压很高
答案：BCD

31. 风暴潮易发地区，当地有关部门应当加强对（　　）等设施和房屋的安全检查，发现影响安全的问题，及时处理。
A. 水库　　　　　B. 海堤　　　　　C. 闸坝　　　　　D. 高压电线
答案：ABCD

32. 城市排水管网中雨、污水泵站可能出现的应急抢险事件有（　　）。
A. 雨污水泵站突然停（断）电
B. 水泵等主要设备故障或受破坏
C. 城市主要雨污水输送干管（渠）遭受破坏或非正常运行。道路雨水口堵塞，引起路面积水
D. 因暴雨强度超过排水系统的设计标准，现状排水设施能力不足引起城区积水和水浸
答案：AB

33. 排水管理单位应结合工作实际制订防汛预案，并对预案的落实情况进行检查，预案应包括（　　）。
A. 组织机构及职责　　B. 预防与预警　　C. 应急响应
D. 通讯指挥与信息反馈　　　　E. 保障措施
答案：ABCDE

34. 闸门日常检查应符合的规定有（　　）。
A. 保持清洁，无锈蚀
B. 启闭过程中出现卡阻、突跳等现象应停止操作并进行检查
C. 不经常启闭的闸门每月启闭1次，阀门每周启闭1次
D. 动力电缆及控制电缆的接线、接插件无松动，控制箱信号显示正确
答案：ABCD

35. 电视检测设备的录像编码格式应为（　　）。
A. AVI　　　　　B. RM　　　　　C. MPEG4　　　　D. WMVE、VOD
答案：AC

36. 电视检测设备的主控制器应具有在监视器上同步显示（　　）等信息的功能。

A. 日期　　　　　　B. 时间　　　　　　C. 管径　　　　　　D. 距离　　　　　　E. 温度
答案：ABCD

37. 电视检查主控制器具有(　　)功能。
A. 在监视器上显示日期　　　　　　　　B. 在监视器上显示时间
C. 在监视器上显示管径　　　　　　　　D. 在监视器上显示行进距离
E. 数据处理
答案：ABCDE

38. 管径大小与直向摄像的行进速度间的关系为(　　)。
A. 管径不大于200mm时，行进速度不宜超过0.1m/s
B. 管径不大于200mm时，行进速度不宜超过0.2m/s
C. 管径大于200mm时，行进速度不宜超过0.15m/s
D. 管径大于200mm时，行进速度不宜超过0.25m/s
答案：AC

39. 手持CCTV能够检测到的结构性缺陷包括(　　)。
A. 腐蚀　　　　　　B. 侵入　　　　　　C. 变形
D. 错口　　　　　　E. 结垢
答案：ABCD

40. 手持CCTV能够检测到的功能性缺陷包括(　　)。
A. 破裂　　　　　　B. 结垢　　　　　　C. 积泥
D. 树根　　　　　　E. 错口
答案：BCD

41. 城市排水管网地理信息系统的数据管理要素主要有(　　)等。
A. 管道和沟渠　　　B. 检查井　　　　　C. 雨污泵站　　　　D. 排水口
答案：ABCD

42. 城市排水管网在空间分布、几何尺寸、各组成部分连通关系和属性变化规律上存在着(　　)等特点。
A. 空间分布特征　　B. 几何尺寸特征　　C. 连通关系特征　　D. 属性变化特征
答案：ABCD

43. 排水管网GIS数据最重要的组成是检查井及管线数据，分别为(　　)数据。
A. 点　　　　　　　B. 线　　　　　　　C. 面　　　　　　　D. 中心轴
答案：AB

44. 排水管网业务管理主要包括(　　)等。
A. 日常设施管理　　B. 管网运行管理　　C. 管网养护管理　　D. 管网巡查管理
答案：ABC

45.《排水管道功能等级评定标准》(Q/BDG JS002—GW05—2012)中将地区重要性参数 K 分为四类，以下北京各地区列入中心政治、商业及旅游区的有(　　)。
A. 天安门、故宫　　　　　　　　　　　B. 奥运中心区、北京南站
C. 东直门、西直门　　　　　　　　　　D. 复兴路、石景山路
E. 平安大街、西大望路
答案：ABC

46. 排水管道的功能等级最小评定单位和最大评定单位为(　　)。
A. 井段　　　　　　　　　　　　　　　B. 排水管线
C. 相同管径的连续井段　　　　　　　　D. 一个直线段排水管线
E. 某条道路
答案：AB

47. 排水管道的结构等级计算的管道修复指数需要(　　)参数。
A. 结构性缺陷参数　　B. 管道重要性参数　　C. 地区重要性参数

D. 土质重要性参数　　　E. 功能性参数

答案：ABCD

48. 以下事件分类属于应急抢险的为(　　)。
   A. 朝阳区垂杨柳中街，广和东里东街路口向南10m处，道路塌陷深度约2m，面积1m²，现场有污水管线
   B. 朝阳区武圣北路与八棵杨中街十字路口马路中间，中水大量冒水
   C. 西城区广外街道，莲花河胡同2号院，南北向市政管线堵塞
   D. 朝阳区武圣北路与八棵杨中街十字路口马路中间，污水井冒水流入热力管沟

答案：AB

49. 以下路、大街在北京市海淀区管辖范围的为(　　)。
   A. 安宁庄后街　　　B. 广顺北大街　　　C. 蓝靛厂南路　　　D. 万泉河路

答案：ACD

50. 以下胡同属于北京市西城区管辖的有(　　)。
   A. 鸦儿胡同　　　B. 力学胡同　　　C. 青塔胡同　　　D. 新太仓胡同

答案：ABC

51. 热力顶管在施工中超挖造成塌陷，巡管人员应对热力施工单位提出(　　)管理要求。
   A. 加紧抽水避免上游堵冒
   B. 承担污水抢险及污水管线恢复前的应急费用
   C. 立即停止热力顶管施工，办理相关手续，手续批复前禁止恢复热力施工
   D. 后续热力施工中应与设施管理人员进行沟通

答案：ABCD

52. 汛期地铁施工，除施工降水对汛期设施排放断面的影响，还应关注的风险点有(　　)。
   A. 导改路施工导致收水功能受影响　　　B. 圈占雨水口对现况道路的汛期影响
   C. 临时排水造成管线沉积影响行洪断面　　　D. 封堵造成的系统不畅

答案：ABCD

三、简答题

1. 城镇排水主管部门核发排水许可证应符合什么条件？

答：(1)污水排放口的设置符合城镇排水与污水处理规划的要求。

(2)排放污水的水质符合国家或者地方的污水排入城镇下水道水质标准等有关标准。

(3)按照国家有关规定建设相应的预处理设施。

(4)按照国家有关规定在排放口设置便于采样和水量计量的专用检测井和计量设备；列入重点排污单位名录的排水户已安装主要水污染物排放自动监测设备。

(5)法律、法规规定的其他条件。

2. 当检测单位采用自行开发或引进的检测仪器及检测方法时，应符合什么规定？

答：(1)该仪器或方法应通过技术鉴定，并具有一定的工程检测实践经验。

(2)该方法应与已有成熟方法进行过对比试验。

(3)检测单位应制订相应的检测细则。

(4)在检测方案中应予以说明，必要时应向委托方提供检测细则。

3. 简述应急预案编纂的目的。

答：(1)贯彻落实建立应对重大事故紧急救援长效机制的精神，同时保障辖区内管网设施的安全、正常运行，积极应对可能发生的突发事件。

(2)建立应对突发事件组织指挥机构，建立分工明确、责任到人、常备不懈的突发事件处置保障体系，及时采取有效措施，高效、有序地组织事故应急抢险工作，将人员伤亡和财产损失降到最低限度。

(3)建立信息共享、反应灵敏的信息体系。

4. 简述城镇排水突发应急处置指导思想。

答：以习近平生态文明思想为指导，全面贯彻党的十九大和十九届二中、三中、四中全会精神，从构建和

谐社会、确保安全可靠的管网运营、维护社会公众生命财产安全出发,最大限度地减少人员伤亡、财产损失,维护人民群众的生命安全和社会稳定。建立"领导靠前、反应灵敏、处置高效"的突发公共事件应急机制。

5. 根据《北京市排水和再生水管理办法》第三十一条,哪些向公共管网排水的行为要办理排水许可?

答:排水户需要向公共排水管网排放污水的,应当按照有关规定依法到水行政主管部门办理排水许可。建设工程施工降水应当根据本市有关规定进行降水方案评估,通过评估后办理排水许可。

6. 根据《城镇排水与污水处理条例》第二十条,排水户应遵守哪些排水规定?

答:城镇排水设施覆盖范围内的排水单位和个人,应当按照国家有关规定将污水排入城镇排水设施。在雨水、污水分流地区,不得将污水排入雨水管网。

7. 检查井的设置目的是满足使用与养护沟道方面的需要,简述哪些位置要设置检查井。

答:(1)管道转向处;(2)管道交汇处;(3)管道断面和坡度变化处;(4)管道高程改变处;(5)管道直线部分间隔距离在 30~120m 范围内,其间距大小由管道性质、管径断面、使用与养护上的要求而定。

8. 排水管道安全主要存在哪些问题?

答:(1)城市排水检查井坠落致死事故时有发生;(2)城市排水管道中毒事故;(3)城市排水管道爆炸事件;(4)排水管道破损造成地面塌陷;(5)市政污水管网遭受外部破坏;(6)超标废水违规排放影响排水系统正常运行;(7)城市排水管道淤积及壅水易孳生蚊虫、产生臭味;(8)从业人员专业知识严重匮乏。

9. 简述导致排水管道淤积的原因。

答:导致排水管道淤积的原因主要包括:(1)流速流量偏低;(2)局部阻力作用;(3)养护不及时;(4)违规倾倒或违规排放。

10. 什么是功能缺陷?

答:功能缺陷是指在排水管道的建设或使用过程中,进入或残留在管道内的杂物以及水中泥沙沉淀、油脂附着等,使过水断面减小,影响其正常排水能力的缺陷状态。包括积泥、洼水、结垢、树根、杂物、封堵等。

11. 什么是管道的修复指数(RI)?

答:根据排水管道结构缺陷的类型、程度和数量,结合管道的环境、社会和功能属性,按一定公式计算得到的数值。其区间为 0~100,数值越大表明修复紧迫性越大。

12. 有限空间的定义及有限空间作业的定义是什么?

答:有限空间是指封闭或部分封闭,进出口较为狭窄有限,未被设计为固定工作场所,自然通风不良,易造成有毒有害、易燃易爆物质积聚或氧含量不足的空间。

有限空间作业是指工作前不能饮酒,穿戴好劳动保护用品,服装要整齐,防止勾挂,要穿胶鞋或有底鞋,不可穿带跟的鞋,以保证行动自如,站立稳健,要正确使用安全带,做到高挂低用,工作中要带上工具袋,不准上下抛扔器物,作业前要做好身体检查,患有心脏病、高血压、癫痫病等职业禁忌症者,不得从事高处作业。

13. 什么叫优先通行权?并举例。

答:优先通行权是指法律授予某些道路使用人以优先通行的权利,而限制他方同时使用道路或者要求他方承担避让的义务。例如,消防车、救护车、救险、警车、洒水车、清扫车、行人。

四、计算题

1. 已知某条管段位于中心商业区,管径为 600mm,土质弱性膨胀土,已知该管段长度为 50m,且存在 2 级腐蚀缺陷 50m,2 级渗漏 1m,求该管段修复等级并给出修复建议。

解:管段损坏状况系数 $S = \dfrac{1}{n}\sum_{i=1}^{n}P_i = (3+3)/2 = 3$

管段损坏状况最大系数 $S_{max} = \max\{P_j\}$,得 $S_{max} = 3$

结构性缺陷参数计算公式为:当 $S_{max} > \alpha S$ 时,$F = S_{max}$;当 $S_{max} < \alpha S$ 时,$F = \alpha S$

已知 $S_{max} = 3$,$S = 3$,$\alpha = 1$,则 $\alpha S = 3$,故该管段的结构性缺陷参数 $F = S_{max} = 3$

由题可知,地区重要性参数为 10,管道重要性参数为 3,土质影响参数为 6,

修复指数 $RI = 0.7 \times F + 0.1 \times K + 0.05 \times E + 0.15 \times T$,得 $RI = 0.7 \times 3 + 0.1 \times 10 + 0.05 \times 3 + 0.15 \times 6 = 4.15$

该管段的修复等级为 2 级,结构在短期内不会发生破坏现象,但应做修复计划。

2. 已知某条管段位于胡同内，管径为600mm，土质弱性膨胀土，已知该管段长度为50m，且存在3级异物侵入缺陷1m，3级支管暗接1m，求该管段修复等级并给出修复建议。

解：管段损坏状况系数 $S = \dfrac{1}{n}\sum_{i=1}^{n} P_i = (6+6)/2 = 6$

管段损坏状况最大系数 $S_{\max} = \max\{P_j\}$，得 $S_{\max} = 6$

已知 $S_{\max} = 6$，$S = 6$，$\alpha = 1$，则 $\alpha S = 6$，故该管段的结构性缺陷参数 $F = S_{\max} = 6$

由题可知，地区重要性参数为0，管道重要性参数为3，土质影响参数为6，

修复指数 $RI = 0.7F + 0.1K + 0.05E + 0.15T$，得 $RI = 0.7 \times 6 + 0.1 \times 0 + 0.05 \times 3 + 0.15 \times 6 = 5.25$

该管段的修复等级为3级，结构在短期内可能会发生破坏，应尽快修复。

3. 已知某条管段附近具有一、二级民用建筑工程，管径为1500mm，土质为弱膨胀土，已知该管段长度为100m，管道现已露出粗骨料10m，管道内有一处水持续从缺陷点流出，并脱离管壁流动，求该管段结构性缺陷类型，判断该管段修复等级并给出修复建议。

解：须确定结构性缺陷是局部缺陷或者整体缺陷，按下列公式进行计算

$$S_M = \dfrac{1}{SL}\sum_{i=1}^{n} P_i L_i$$

式中：S_M——管段结构性缺陷密度指数；

　　　S——管段损坏状况参数；

　　　L——管段长度，m；

　　　P_i——第i处结构性缺陷分值；

　　　L_i——第i处结构性缺陷的长度，当缺陷的计量单位为"个"时，长度设为1m。

(1) 已知 $L = 100$m，该管段有腐蚀、渗漏两类病害，且2级腐蚀缺陷的分值为3，2级渗漏缺陷的分值为3，根据

$S = \dfrac{1}{n}\sum_{i=1}^{n} P_i$，得 $S = (3+3)/2 = 3$，则 $S_M = (3 \times 10 + 3 \times 1)/(3 \times 100) = 0.11$

该管段结构性缺陷类型为部分或整体缺陷。

(2) 管段损坏状况最大系数 $S_{\max} = \max\{P_j\}$，得 $S_{\max} = 3$

已知 $S_{\max} = 3$，$S = 3$，$\alpha = 1$，则 $\alpha S = 3$，故该管段的结构性缺陷参数 $F = S_{\max} = 3$

由题可知，地区重要性参数为6，管道重要性参数为10，土质影响参数为6，

修复指数 $RI = 0.7F + 0.1K + 0.05E + 0.15T$，得 $RI = 0.7 \times 3 + 0.1 \times 6 + 0.05 \times 10 + 0.15 \times 6 = 4.1$

该管段的修复等级为2级，结构在短期内不会发生破坏现象，但应做修复计划。

4. 已知某条管段位于中心商业区，管径为1000mm，土质为弱膨胀土，已知该管段长度为100m，管道现已完全显露出粗骨料50m，管道内有一处变形，且变形大于管道直径的25%，判断该管段结构性缺陷类型，以及该管段修复等级并给出修复建议。

解：(1) 已知 $L = 100$m，该管段有腐蚀、变形两类病害，且3级腐蚀缺陷的分值为6，4级变形缺陷的分值为10，根据

$S = \dfrac{1}{n}\sum_{i=1}^{n} P_i$，得 $S = (6+10)/2 = 8$，则该管段的结构性缺陷密度指数 $S_M = (6 \times 50 + 10 \times 1)/(8 \times 100) \approx 0.39$

该管段结构性缺陷类型为部分或整体缺陷。

(2) 管段损坏状况最大系数 $S_{\max} = \max\{P_j\}$，得 $S_{\max} = 10$

已知 $S_{\max} = 10$，$S = 8$，$\alpha = 1$，则 $\alpha S = 8$，故该管段的结构性缺陷参数 $F = S_{\max} = 10$

由题可知，地区重要性参数为10，管道重要性参数为6，土质影响参数为6，

修复指数 $RI = 0.7F + 0.1K + 0.05E + 0.15T$，得 $RI = 0.7 \times 10 + 0.1 \times 10 + 0.05 \times 6 + 0.15 \times 6 = 9.2$

该管段的修复等级为4级，结构已经发生或马上发生破坏，应立即修复。

5. 已知某条管段附近具有一、二级民用建筑工程，管径为600mm，土质为弱膨胀土，已知该管段长度为100m，管道现已表面轻微剥落，管壁出现凹凸面70m，管道内有3处破裂，且破裂处已形成明显间隙，但管道的形状未受影响且破裂无脱落，求该管段结构性缺陷类型，判断该管段修复等级并给出修复建议。

解：(1) 已知 $L = 100\text{m}$，因该管段有腐蚀、破裂两类病害，且1级腐蚀缺陷的分值为1，2级破裂缺陷的分值为3，根据

$S = \dfrac{1}{n}\sum_{i=1}^{n}P_i$，得 $S = (1+3)/2 = 2$，则该管段的结构性缺陷密度指数 $S_M = (1\times 70 + 3\times 3)/(2\times 100) = 0.395$

该管段结构性缺陷类型为部分或整体缺陷。

(2) 管段损坏状况最大系数 $S_{\max} = \max\{P_j\}$，得 $S_{\max} = 3$

已知 $S_{\max} = 3$，$S = 2$，$\alpha = 1$，则 $\alpha S = 2$，故该管段的结构性缺陷参数 $F = S_{\max} = 3$

由题可知，地区重要性参数为6，管道重要性参数为3，土质影响参数为6，

修复指数 $RI = 0.7F + 0.1K + 0.05E + 0.15T$，得 $RI = 0.7\times 3 + 0.1\times 6 + 0.05\times 3 + 0.15\times 6 = 3.75$

该管段的修复等级为2级，结构在短期内不会发生破坏现象，但应做修复计划。

6. 已知某条管段地区重要性参数为10，管道重要性参数为6，功能性缺陷参数为2，求管道养护指数 MI，并判断该管段的养护等级。

解：养护指数 $MI = 0.8G + 0.15K + 0.05E = 0.8\times 2 + 0.15\times 10 + 0.05\times 6 = 3.4$

该管段的养护等级为2级。

7. 已知某管段的管道养护指数为2.9，地区重要性参数为10，管道重要性参数为6，求该管段的功能缺陷参数，并判断该管段的功能缺陷等级。

解：养护指数 $MI = 0.8G + 0.15K + 0.05E$，得

$G = (MI - 0.15K - 0.05E)/0.8 = (2.9 - 0.15\times 10 - 0.05\times 6)/0.8 = 1.375$

该管段的功能缺陷等级为2级。

8. 已知某管段在中心商业区，管径为600mm，功能性缺陷参数为10，求管道养护指数 MI，并判断该管段的养护等级。

解：养护指数 $MI = 0.8G + 0.15K + 0.05E = 0.8\times 10 + 0.15\times 10 + 0.05\times 3 = 9.65$

该管段的养护等级为4级。

9. 已知某管段在胡同内，管径为1800mm，功能性缺陷参数为3，求管道养护指数 MI，并判断该管段的养护等级。

解：养护指数 $MI = 0.8G + 0.15K + 0.05E = 0.8\times 3 + 0.15\times 0 + 0.05\times 10 = 2.9$

该管段的养护等级为2级。

10. 已知管段运行状况最大系数为4，管段运行状况系数为2.5，功能性缺陷影响系数取1.2，求该管段的功能性缺陷参数，并判断该管段的功能性缺陷等级。

解：功能性缺陷参数计算公式为：当 $Y_{\max} > \beta Y$ 时，$G = Y_{\max}$；当 $Y_{\max} < \beta Y$ 时，$G = \beta Y$。

已知 $Y_{\max} = 4$，$Y = 2.5$，$\beta = 1.2$，则 $\beta Y = 3$，故该管段的功能性缺陷参数 $G = Y_{\max} = 4$

该管段的功能缺陷等级为3级。

11. 根据结构等级评定标准，已知某管线的局部最大损坏状况系数 $S_m = 0.55$，沿程平均损坏状况系数 $S_\alpha = 0.5$，老化状况系数 $A = 1$，管道重要性参数 $E = 0.3$，地区重要性参数 $K = 0.6$，土质重要性参数 $T = 1$；请根据如上参数，评定该管线的管道修复指数 RI 值，并判断该管线结构等级。

解：由 $S_\alpha < S_m$，可知损坏状况系数 $S = S_m = 0.55$

老化状况系数 $A = 1$，故 $1 \geq A > S$，即可得结构性缺陷参数 $J = A = 1$

已知管道重要性参数 $E = 0.3$，地区重要性参数 $K = 0.6$，土质重要性参数 $T = 1$，故由管道修复指数 $RI = 70J + 5E + 10K + 15T$，得 $RI = 70\times 1 + 5\times 0.3 + 10\times 0.6 + 15\times 1 = 92.5$，该管线结构等级为4级。

第三节　操作知识

一、单选题

1. 检测仪不报警的原因不包括(　　)。

A. 报警设定点设置不正确　　　　　　　　B. 报警设定点设置为零
C. 检测仪处于校准模式　　　　　　　　　D. 气体检测仪处于充电状态
答案：D

2. 以下关于强光探照灯的保养维护描述错误的是(　　)。
A. 长期不使用情况下，隔 3 个月充 1 次电，保持内部有电流运转(锂电强光探照灯无须)
B. 强光探照灯远离水源，防止电路短路
C. 充电不可以电用尽之后再充
D. 强光探照灯必须水下作业
答案：D

3. 以下关于对讲机的保养维护描述错误的是(　　)。
A. 对讲机出现故障，非专业技术人员可以拆开对讲机维修
B. 对讲机不可放在潮湿或高温地方
C. 轻拿轻放对讲机，切勿手提天线移动对讲机
D. 尽量避免雨水渗入对讲机
答案：A

4. 气体检测仪清洁传感器时，摘下传感器，应(　　)。
A. 使用柔软洁净的刷子进行清洁　　　　B. 酒精清洗
C. 用自来水冲洗　　　　　　　　　　　D. 润滑油清洗
答案：A

5. 便携式复合气体检测仪使用过程中要定期校验，校验应由(　　)进行。
A. 国家法定计量部门　B. 检测仪使用部门　C. 检测仪销售代理商　D. 检测操作人员
答案：A

6. 模拟对讲机的优点是(　　)。
A. 技术成熟，系统完善，成本相对低　　B. 语音音频质量更好
C. 频谱利用率比数字对讲机更高　　　　D. 比数字对讲机的语音和数据服务集成更完善
答案：A

7. SC2 型手持式 CCTV 工作时，激光测距显示在屏幕的(　　)。
A. 右下角　　　　B. 右上角　　　　C. 左下角　　　　D. 左上角
答案：C

8. SC2 型手持式 CCTV 录制的视频格式为(　　)。
A. AVI　　　　　B. MP4　　　　　C. RM　　　　　D. WMV
答案：A

9. 检测管道内部情况时，对于 150mm 以下的小管径，可考虑采用(　　)类型设备进行检查和评估。
A. 手持 CCTV　　B. 爬行器　　　C. 推杆式内窥镜　D. 浮船式 CCTV
答案：C

10. 诉讼事件受理过程中，除接线应答、核对信息、询问联系方式，还须(　　)。
A. 感谢反映人　　B. 安抚反映人　　C. 承诺反映人　　D. 致歉反映人
答案：B

11. 同一个反映人多次来电反映，询问再生水报装相关事宜，出咨询案件派发至(　　)，时限 1h。
A. 管网分公司　　B. 客户发展部　　C. 项目管理部　　D. 中水分公司
答案：C

12. 接到市民来电反映北京市石景山区 1 号线苹果园地铁站北出口，东向西方向内侧车道发生塌陷。应该按照(　　)流程发送短信。
A. 黑臭水体　　　B. 应急抢险　　　C. 重大积水事件　D. 桥下排河口排污事件
答案：B

13. (　　)是按照固定的计划表或规定的准则实施的维修，这些准则可以检测或预防功能性结构、系统或

部件的劣化，以维持或延长它的使用寿命。

A. 定时维修　　　B. 预知性维修　　　C. 预测维修　　　D. 预防性维修

答案：D

14. 离心泵大修时，由于泵轴运转了一定时间，应进行(　　)检查。

A. 弯曲度　　　B. 强度　　　C. 刚度　　　D. 硬度

答案：A

15. 电动机的轴承运行温度不高于(　　)。

A. 60℃　　　B. 65℃　　　C. 70℃　　　D. 75℃

答案：D

16. 鼓风机运行中，叶轮局部腐蚀或磨损属于(　　)机械原因引起的振动。

A. 动静部件之间摩擦　　　　　　　B. 转子中心不正引起

C. 转子不平衡　　　　　　　　　　D. 叶片表面积垢

答案：C

17. 离心泵轴承的润滑脂每运转(　　)就须更换1次。

A. 1000h　　　B. 2000h　　　C. 3000h　　　D. 4000h

答案：B

18. 排水巡查工发现问题后应该上报的内容是(　　)。

A. 事件基本信息，地址精准，阐述亟须帮助解决的问题，已采取措施等

B. 事件基本信息，地址精准

C. 阐述亟须帮助解决的问题，已采取措施等

D. 已采取的措施

答案：A

19. 排水巡查工在巡查过程中，接收到一般级别热线时的处置方式为(　　)。

A. 首先要了解清楚具体信息，立即联系热线反映人，赶往事发地点

B. 首先要了解清楚具体信息，立即联系热线反映人，不用赶往事发地点

C. 不用了解清楚具体信息，立即联系热线反映人，赶往事发地点

D. 不用了解清楚具体信息，不用立即联系热线反映人，赶往事发地点

答案：A

二、多选题

1. 下列存在危险性的下水道有(　　)。

A. 任何坡度小于0.4%的沟管

B. 管线井距大于90m，以及带有倒虹吸管的下水道

C. 下水道干管，尤其是经过工业区的

D. 经过煤气总管或汽油储藏柜附近的下水道

答案：ABCD

2. 发生中毒、窒息事故时的抢救措施是(　　)。

A. 在井下管道中有人发生中毒窒息晕倒时，井上人员应及时汇报现场负责人，并采取措施及时抢救

B. 从事抢救的人员应在佩戴好防护用品后方可下井抢救

C. 照明灯具应用防爆型，不准用明火照明或试探，以免燃烧爆炸

D. 抢救窒息者，应用安全带系好两腿根部及上体，不得影响其呼吸或受伤部位

答案：ABD

3. 化学氧自救呼吸器的缺点是(　　)。

A. 采用闭式循环　　　　　　　　　B. 加之化学反应过程产生大量热量

C. 因此呼吸感觉不舒服　　　　　　D. 适用于各种有毒、有害气体及缺氧环境

答案：ABC

4. 电动车在使用前应注意检查（　　）。
A. 车况是否良好　　　　　　　　　　　　B. 轮胎气压是否充足
C. 前后刹车是否灵敏　　　　　　　　　　D. 整车有无异响，螺丝是否松动，电池是否充足电
答案：ABCD

5. 以下时段中应当穿着检查服装的有（　　）。
A. 日常排水设施安全检查时　　　　　　　B. 其他要求着装时
C. 非工作时　　　　　　　　　　　　　　D. 处理与排水设施安全检查无关事件时
答案：AB

6. 事件处置完成后得到回访对象同意，需向其提问：您反映问题后（　　）。
A. 是否有工作人员与您联络　　　　　　　B. 您的问题是否得到解决
C. 您对处理效果是否满意　　　　　　　　D. 您的问题处理是否及时
答案：ABC

7. 巡查中发现罐车有向排水检查井内倾倒现象处置方法是（　　）。
A. 向对方介绍身份并出示相关证件　　　　B. 说服、劝阻立即停止倾倒
C. 对倾倒行为当事人拍照或视频保留证据　D. 调查结束后向分公司汇报
答案：ABCD

8. 日常巡查中发现的在施工程对设施已经造成了影响，处置步骤是（　　）。
A. 制止　　　　　　　　　　　　　　　　B. 了解现场信息
C. 监督相关单位或个人完成整改并验收　　D. 拒不配合的须拍照取证、上报
答案：ABCD

9. 排河口有排污现象时处置是（　　）。
A. 立即到现场核实留证，查明原因　　　　B. 和周边行人攀谈交流排污原因
C. 及时报告调查结果，同时提出解决初步意见　　D. 继续观察排污口排放情况
答案：ACD

10. 巡查中发现施工破坏排水设施的行为，巡查员应（　　）。
A. 告知施工单位现场负责人停止损害排水设施的行为并取证
B. 告知施工单位排水集团对破坏行为的处理要求
C. 将违规行为及时上报，并将工作情况填入日志
D. 和周边行人攀谈交流原因
答案：ABC

三、简答题

1. 检查井盖的开启与关闭的注意事项有哪些？

答：(1)开启与关闭井盖应使用专用工具，严禁直接用手操作。

(2)作业人员使用锤子敲击井盖时应握紧锤把，防止在敲击过程中脱手伤人。

(3)合叶式井盖开启过程应双腿半弯曲站在与井盖孔平行的角度，用专用的井钩将井盖开启至小于90°时，再用手将井盖平稳放倒在地面上。

(4)内置链式井盖、内置锁式井盖、内面锥形井盖开启过程应双腿半弯曲站在与井盖孔垂直的角度，用专用井钩开启井盖。内面锥形井盖较重，要把井盖完全拉起，平稳放置地上。

(5)水泥井盖开启时应选用角度为90°的井钩，双腿半弯曲站在一侧用井钩钩住下沿向一侧滑动。

(6)井盖开启后应放置稳固，井盖上严禁站人。

(7)整个开启或关闭井盖过程中其他作业人员应站在大于井盖直径两倍的距离之外，防止在井盖开启或关闭过程中意外伤人。

2. 简述巡查设备操作人员在操作设备时必须做好的主要工作。

答：(1)严格按操作规程进行设备的操作运行；(2)认真做好设备保养工作，认真填写运行记录；(3)严格执行交接班制度；(4)保持设备整洁。

3. 简述巡查车辆的日常维护保养要求。

答：车辆日常维护保养的内容包括：清洁、紧固、润滑。保持车辆的干净、整洁、防止水和灰尘腐蚀车身及零件。在车辆行驶一定的里程后，要对车辆各部件连接处的螺栓进行检查、调整；发现有松动的地方要按要求及时拧紧，防止事故隐患，保证行车安全。

(1)一般3000~5000km换1次机油(根据近期的出车频繁度)。

(2)防冻液不受季节的影响短时间内不用更换(2年须更换1次顺便清洗水道)。

(3)一般换机油的同时更换1次三滤(要不然只换机油滤心不换机油，换机油滤心无意义)。

(4)刹车油最好1年更换1次。

(5)变速箱油最好在买了新车1年换第1次，以后每2年更换1次。

(6)一般在10000km左右做1次四轮定位(这时的前速，中间套的磨损会造成"吃胎")。

(7)汽车外表最好春秋两个季节定期打蜡两次。

4. 简述各类型管道的养护方法。

答：(1)小型管：射水疏通、绞车疏通、推杆疏通、转杆疏通、水力疏通。

(2)中型管：射水疏通、绞车疏通、水力疏通。

(3)大型管：射水疏通、绞车疏通、水力疏通、人工铲挖。

(4)特大型管：水力疏通、人工铲挖。

5. 电视检查设备日常维护有哪些？

答：(1)对设备整体进行清洗并擦拭干净，然后拆开分别存放。

(2)检查各处连接头的连接点和接触面是否干净、平滑。

(3)在收回电缆时，仔细地清洁电缆。

(4)检查爬行器各螺栓连接处，发现松动及时紧固。

(5)清洁摄像头。

(6)检查电缆及Y型接线器上是否有损坏、割伤。

6. 当电视检查设备出现显示器无图像的问题时，可以从哪些方面进行故障检查？

答：(1)有没有插上电源。

(2)保险是否烧了。

(3)仪表指示灯是否正常工作。

(4)设备的机械连接是否良好，接头处是否有杂物。

(5)电气接口有无潮污现象。

(6)有无电缆管断开、扭住、接头损坏、接头针弯曲或部件烧毁。

7. 现场发现或接到热线反映排河口排污时，应如何处置？

答：发现或接到排河口异常排污信息要到场核实留证，观察水质、水量判断可能是什么原因，存在上游施工排水、抢险排水、倾倒私排、截流淤堵、用户污水排放等多种因素，根据上游管网分布和设施情况，组织力量迅速判断水从何处汇流而来，追溯排水原因予以解决，将原因解决情况汇报。

8. 现场发现或接到热线反映道路塌陷，应如何处置？

答：(1)迅速赶往现场，如无先到或组织单位到场先稳妥拦护，如有组织单位在场先报道，及时对踏坑现场观察判断，然后根据塌陷位置周边排水管线分布及上下游运行状况迅速判断塌陷是否属于排水管线结构或需要进一步判断，及时将判断情况上报。

(2)如确认非排水管线结构塌陷应将踏坑点周边排水设施分布情况可能产生的影响与抢险单位说明，关注抢险进程避免事态发展影响排水设施，在抢险过程中和结束后随时检查周边排水设施运行情况。

9. 雨季接到道路积滞水信息到场，应如何处置？

答：(1)接到信息某处积水赶到现场调查处置反馈——某路、某侧、准确位置。

(2)现场积水情况：面积、深度、影响。

(3)周边排水设施状况：无排水管线、有排水管线走向、下游排入位置。

(4)积水多种原因：无排水设施、雨水口堵、支管堵、干线堵、排河口堵(闸)、河道水位高。

(5)采取措施、建议。

10. 简述设施管理事件处置标准流程。

答：涉水事件信息获取，巡查自发现、管委挖掘信息、户线报装信息及其他来源，当日上账；有针对性巡查，根据施工变化制订巡查周期，并调整巡查频次；周边设施调查，掌握涉水事件信息2个工作日内对周边设施目前的运行状况及涉水违规全部行为进行调查，了解施工信息、手续办理情况等；宣贯及告知，2个工作日内对涉水行为单位进行宣贯，如已出现涉水违规行为，在2个工作日内发放告知，明确整改(含停工、恢复原状、办理手续等)要求，时限5日内；封堵或停工，强行继续涉水违规行为，对设施影响进一步扩大的行为，分公司在2个工作日内进行停工或封堵；移交客服中心，对于停工、封堵无效的涉水行为，分公司在2个工作日内以《排水违规事件移送单》形式报客服中心，并协同客服中心进行再次处置；移交执法，分公司与客服处置未果后，由客服中心2个工作日内移交市水政执法大队予以执法处罚，提出整改、赔偿要求；监督整改及验收，分公司应对涉水违规单位的整改行为提出质量要求，并监督整改，并经过验收，验收通过后报客服中心；销账，待满足涉水行为全部完毕、应办理手续办理完成、设施隐患及影响全部消除3项条件后，分公司应向客服中心申请销账，客服中心经现场核实合格后，分公司可进行销账处理。

11. 接到信息反映，某排河口向外排放污水，简述巡查员到达现场后的正确处置方法。

答：(1)首先对排河口排放污水进行拍照并留存证据。

(2)根据排河口上游管网情况，判断并找出污水来源。

(3)找到排放单位调查排污情况。

(4)要求立即停止违规排放，告知排放单位其不良后果及承担的相应责任。

(5)及时将问题处置情况上报上级。

(6)填写巡查日志，按照上级指令开展后续工作。

12. 图中标注方框区域为汇融大厦东南角坡道位置，雨水方沟南侧为铁路，该处雨水方沟北侧墙已完全暴露在外约15m，无任何保护，并且有约10m方沟沟底高出该处地面0.7m，存在严重的安全隐患。

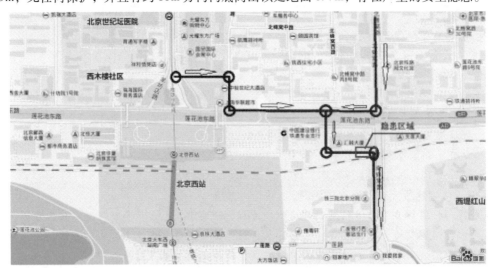

位置示意图

汇融大厦东南角坡道

方沟北侧墙

管网分公司在梳理辖区内防汛隐患过程中发现汇融大厦南侧雨水管线存在隐患。

问题1：因汇融大厦停车场建设，造成该雨水方沟北侧墙部分暴露在外约15m，无任何保护，且有约10m方沟沟底高出地面0.7m。请问：上述情况存在哪些隐患？

答：若汛期降雨过大，会因方沟内压过大而引起方沟破裂，进而产生以下两个重大隐患：

(1) 会直接造成汇融大厦地下室淹泡，同时因会城门桥距该隐患点较近，且桥区地势较低，会造成桥区淹泡，严重影响交通。

(2) 因铁路与方沟南侧墙较近，若方沟破裂，会造成铁路塌陷，造成重大事故。

问题2：通过查阅档案发现，该雨水方沟建于1994年，汇融大厦2001年施工，当年设施所属单位北京市市政二建设工程有限责任公司已就此问题发过正式函。后期我集团就该问题行文汇融大厦，并多次与汇融大厦协调，但问题一直未得到解决。请问后期应如何处置？

答：(1) 向市水务局提交关于汇融大厦南侧雨水方沟隐患的报告；(2) 向水政主管部门提请《涉水违规事件移送单》。

13. 2018年7月24日，北京受台风"安比"影响，当日发生较强降雨，我分公司巡查人员发现信息路排河口有大量泥浆排入清河，对河道污染严重，经调查为京张铁路上地东路工地，地面径流废水私接雨水口排出。巡查人员应当如何处置？

信息路排河口大量泥沙排入清河

工地废水私接雨水口

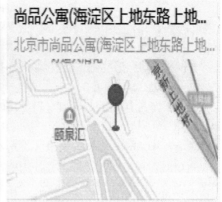

施工场地位置及现场情况

答：(1)采取临时紧急措施对排河口进行拦截及抽升，避免造成河道的更大污染。

(2)对排污原因进行调查，取证(录像、照片、时间、地点、人员等)。

(3)告知责任主体立刻停止违法行为，并发告知书。

(4)将调查及处置情况报区河长办、河道部门。

(5)申请水政执法，对其进行相应处罚。

(6)责任方按照要求恢复被破坏设施及对管线进行清掏。

(7)巡管人员将此工地列为重点关注点，加大巡查及管理力度。

14. 巡查过程中发现施工向排水管线排放施工泥浆，巡查人员应如何处置？

答：第一时间通知施工现场负责人，进行制止、处置；及时上报，并将问题及处理情况填入巡查日志；跟踪事件的处置过程，及时反馈处置信息，参与问题处置。

15. 巡查过程中，发现施工在临近排水管线处进行桩基作业，巡查人员应如何处置？

答：对违规行为进行拍照取证，通知施工现场负责人，向其出示排水设施巡管工作证，要求施工方立即停止作业；同时报分部巡查管理负责人，并将问题及处理情况填入巡查日志；在现场看守，等待分公司人员增援。

16. 简述房建类工程可能发生的15种涉水违规行为。

答：(1)无手续改移；(2)无手续接入；(3)无手续排放；(4)无手续废除；(5)圈占；(6)占压；(7)水质超标；(8)穿凿破坏；(9)下穿工程的安全距离内施工；(10)封堵管线；(11)施工注浆进入管线；(12)路型变化但设施未随之变化导致收水功能受影响；(13)淤堵；(14)倾倒遗撒；(15)设施内穿缆；(16)悬吊。

17. 简述道路改扩建类工程可能发生的涉水行为。

答：(1)安全距离内施工；(2)破坏；(3)占压掩埋；(4)改移；(5)废除；(6)施工遗撒；(7)新建排水设施接驳；(8)五防井盖降标；(9)检查井护网损坏；(10)路型变化但设施未随之变化导致收水功能受影响；(11)升降检查井。

18. 某项工程存在违规行为，经交涉无果，分公司决定申报水政执法，执法移交单中应包含哪些本方及对方相关信息？

答：(1)对方：行为发生时间，行为发生地点，行为责任人，行为具体内容(程度、定性，示意图，影像资料)。

(2)本方：告知和督办过程描述、采取的治理手段(封堵、盯守等)、对方反馈及效果。

19. 假设某项工程降水接入公共雨水设施，应关注调查哪些问题？

答：(1)是否为排放降水建造沉砂池；(2)沉砂池规模是否满排水需求；(3)降水接入是否规范；(4)是否对检查井造成冲刷；(5)下游是否有截流设施，降水是否经截流设施进入污水系统造成超负荷运行；(6)是否造成设施淤堵；(7)下游排河口是否有降水入河，并造成河道污染；(8)是否影响防汛；(9)是否办理手续。

20. 简述地铁施工汛期风险点。

答：(1)施工降水对汛期设施排放断面的影响；(2)导改路施工导致收水功能受影响；(3)圈占雨水口对现况道路的汛期影响；(4)在施工的改移保护工程中的导水、封堵等措施导致排水功能降低或丧失；(5)临时排水造成管线沉积影响行洪断面；(6)封堵造成的系统不畅。

21. 地铁施工撤场前应关注哪些情况？

答：(1)临排恢复；(2)降水点恢复；(3)导改路恢复收水设施连接；(4)周边管线功能运行是否正常；(5)临时改移管线恢复；(6)永久改移管线与原管线是否连接；(7)永久排水是否办理排水许可；(8)改移后原管线是否废除。

四、实操题

1. 吸泥车清理沉泥井及人工下井掏挖沉泥井的操作。

情景设置：(1)非机动车道；(2)白天。

序号	知识点	考核项	考核细则
1	劳动保护、安全防护用品使用	个体防护	统一着装，反光服、安全帽、防护鞋、防护手套等佩戴齐全，缺项不得分
2	占道作业交通安全设置技术要求	交通维护导行	占道区域设置锥桶应使用警戒带隔离，设置施工告知牌
3			占道作业保证非机动车和行人安全通行
4			设置上游过渡区和缓冲区，且上游过渡区不小于5m，缓冲区不小于2m
5	安全防护设备的选择与使用	气体检测设备	选择泵吸式四合一气体检测仪
6		呼吸防护设备	选择携气式正压空气呼吸器
7		防坠落设备	选择全身式安全带、安全绳，且有快速接头(D形环)，缺项不得分
8		通风设备	选择防爆型鼓风机，确保网管无明显破损
9		通讯及照明设备	选择防爆型通讯设备与防爆型照明设备，且用电符合12V安全电压，缺项不得分
10	有限空间作业程序及气体检测分析	作业程序	有特种作业审批单，有安全交底单，且签字齐全、有效
11			有安全交底过程
12			执行"先检测，后作业"的工作原则，气体检测仪在洁净的空气环境下开机，并设置复位(调零)操作
13			对检查井上中下3个位置进行气体检测，检测项目包含氧气、硫化氢、可燃气、一氧化碳4类，同时分析作业环境评估级别
14			地面设置监护员2人，且持有效证件
15			进入前检查呼吸防护设备，作业过程中持续通风
16	吸泥车设备的操作应符合下列要求	吸引操作	开启PTO装置。启动吸泥车发动机进行预热运转，踩下离合器，按下PTO按钮，缓慢松开离合器使PTO开始运转(此时确认罐门锁闭装置锁上)
17			安装吸管，开启吸引阀。选择适合长度的吸管连接在真空罐进泥口，吸管末端安装金属吸管扶手，打开回收罐后方的吸引阀(此球阀必须完全打开)
18			关闭负荷释放阀，开启吸引作业。操作人员手持金属吸管扶手放置在指定位置，然后关闭负荷释放阀，开始吸引作业
19			停止吸引作业。工作结束或回收罐吸满时慢慢打开负荷释放阀，通过调速阀将发动机转速降至怠速，观察压力表待真空压力降至30kPa以下，关闭回收罐后方的吸引阀，卸下吸管，断开
20			开启PTO装置。启动吸泥车发动机进行预热运转，踩下离合器，按下PTO按钮，缓慢松开离合器使PTO开始运转(此时确认罐门锁闭装置锁上)
21			开启回收罐后盖。调整转速阀将转速调至1000~1200rpm，打开罐门的锁闭装置，提升罐门操作杆，将罐门全部打开

2. 手动闸门保养的操作。

情景设置：(1)作业区位于排河口浮箱闸；(2)白天。

序号	知识点	考核项	考核细则
1	劳动保护、安全防护用品使用	个体防护	统一着装，反光服、安全帽、防护鞋、防护手套等佩戴齐全，缺项不得分
2	占道作业交通安全设置技术要求	交通维护导行	占道区域设置锥桶应使用警戒带隔离，设置施工告知牌
3			占道作业保证非机动车和行人安全通行
4			设置上游过渡区和缓冲区，且上游过渡不小于5m，缓冲不小于2m
5	手动闸门保养	使用与养护闸门	保持清洁无锈蚀、丝杆、齿轮等传动部件润滑良好，启闭灵活
6			查看闸门密封有效、渗漏不得滴水成线
7			清理闸门周边垃圾及杂物
8			清理闸门门体表面垃圾和杂物，同时观察密封面是否有破损或划伤（铸铁闸门为铜密封、钢闸门为橡胶密封），如果有需要，则对闸门进行整体除锈，再次油漆（环氧油漆，抗腐蚀）
9			钢闸门无须涂抹润滑脂，铸铁闸门须在两侧的导槽及密封面涂抹润滑脂清理启闭机和丝杆表面的杂物，如果有需要，则对闸门进行整体除锈，再次油漆（环氧油漆，抗腐蚀）
10			手动启动闸门，观看闸门是否能正常工作
11			先将润滑脂均匀地涂抹在丝杆上，将启闭机进行开启和关闭操作，让启闭机里的轴承及螺母也接触到油脂，然后再次将润滑脂均匀地涂抹在丝杆

第四章

技 师

第一节 安全知识

一、单选题

1. 极高浓度硫化氢会导致人体( )。
   A. 出现嗅觉失效　　B. 恶心呕吐　　C. 头晕乏力　　D. "电击式"死亡
   答案：D

2. 在有限空间中作业，由于人数多、时间长，可造成( )气体蓄积。
   A. 一氧化碳　　B. 氮气　　C. 二氧化碳　　D. 甲烷
   答案：C

3. 甲烷的爆炸极限为( )。
   A. 2%　　B. 5%~15%　　C. 10.5%~20%　　D. 18%
   答案：B

4. 有限空间作业人员在作业前必须检查工具和防护用品，发现有安全问题应立即更换，对不合格设备、工具及防护器具应( )。
   A. 维护保养　　B. 危险辨识　　C. 安全检查　　D. 以上均正确
   答案：C

5. 吸入有毒气体过多时，会对人体产生损害，主要原因是( )。
   A. 缺氧　　B. 燃爆　　C. 急性中毒　　D. 过氧化
   答案：A

6. 下列不属于小室存在的危险有害因素是( )。
   A. 缺氧　　B. 高湿　　C. 固体掩埋　　D. 高温
   答案：C

7. 以下安全帽使用及保养注意事项中错误的是( )。
   A. 佩戴前，应检查安全帽各配件有无破损，装配是否牢固，帽衬调节部分是否卡紧、插口是否牢靠、绳带是否系紧
   B. 安全帽清洗后应放在暖气片上烘干
   C. 安全帽在使用时受到较大冲击后，即应更换受损的安全帽
   D. 安全帽使用期限一般不超过3年
   答案：B

8. 下列关于直接压迫法止血说法错误的是( )。
   A. 把受伤的手臂或下肢抬高，超过心脏水平线　　B. 用手压迫
   C. 用消毒纱布或清洁的织物、纸等敷在伤口上　　D. 用绷带紧紧绑扎

答案：D

9.《北京市安全生产条例》规定，生产经营单位进行爆破、吊装、建设工程拆除等危险作业，临近高压输电线路作业，以及在密闭空间内作业，应当执行本单位的危险作业管理制度，安排（　　）负责现场安全管理，确保操作规程的遵守和安全措施的落实。

A. 专门人员　　　　B. 普通人员　　　　C. 技术人员　　　　D. 安全管理人员

答案：A

10. 在有较大危险因素的生产经营场所和有关设施、设备上，应设置明显的安全（　　）。

A. 指示标志　　　　B. 禁止标志　　　　C. 指令标志　　　　D. 警示标志

答案：D

11. 柴油发电机在有限空间内进行使用时，作业者擅自进入可能会引发人员（　　）。

A. 机械伤害　　　　B. 一氧化碳中毒　　C. 缺氧　　　　　　D. 硫化氢中毒

答案：A

12. 以下对进入热力管网作业说法错误的是（　　）。

A. 作业时间不得超过30min　　　　　　B. 进入前应对作业环境进行降温
C. 有大面积皮肤疤痕的人员不适宜作业　D. 作业期间重点监测可燃气体浓度

答案：D

13. 以下情况作业者应立即撤离地下有限空间的是（　　）。

A. 气体检测报警仪报警　　　　　　　　B. 安全防护设备或个体防护装备失效
C. 作业者出现身体不适　　　　　　　　D. 以上均正确

答案：D

14. 污水提升泵维修时，3名工人因硫化氢中毒。导致这起事故发生的主要原因是（　　）。

A. 作业人员未进行气体检测　　　　　　B. 井下积水过深
C. 盲目施救　　　　　　　　　　　　　D. 作业人员未实施通风

答案：B

15. 电气作业应使用（　　）。

A. 耐酸碱手套　　　B. 绝缘手套　　　　C. 防水手套　　　　D. 防振手套

答案：B

16. 根据《中华人民共和国突发事件应对法》的规定，可以预警的突发事件预警级别分为四级，即一级、二级、三级和四级，分别用（　　）颜色标示。

A. 红、橙、黄、蓝　B. 红、黄、橙、绿　C. 红、黄、绿、蓝　D. 黄、红、橙、蓝

答案：A

17. 扑救电气火灾，首先应做的是（　　）。

A. 使用二氧化碳灭火器灭火　　　　　　B. 切断电源
C. 使用干粉灭火器灭火　　　　　　　　D. 用水灭火

答案：B

18. 下列燃气钢瓶使用方法中不当的是（　　）。

A. 钢瓶直立，且避免受猛烈震动　　　　B. 放置于通风良好且避免日晒场所
C. 燃气不足时将钢瓶放倒使用　　　　　D. 燃气不足时不能用开水浸泡使用

答案：C

19. 发现煤气中毒人员，以下急救方法正确的是（　　）。

A. 迅速打开门窗通风，并将病人送到新鲜空气环境
B. 在现场拨打电话求救
C. 在现场马上给伤员做人工呼吸
D. 不动，等待救援

答案：A

20. 当有人被烧伤时，正确的急救方法应该是（　　）。

A. 以最快的速度用冷水冲洗烧伤部位
B. 立即用嘴或风扇吹被烧伤部位
C. 包扎后立即去医院诊治
D. 不动，等待救援

答案：A

21. 在事故救援和抢修过程中，为防止有毒有害物质进入人体，应正确选择个人劳动防护用品，在毒性气体浓度高、毒性不明或缺氧的可移动性作业时，应选择（　　）。
    A. 隔离式送风长管　　　　　　　　　　B. 自给供氧(气)式呼吸器
    C. 过滤式全面罩面具　　　　　　　　　D. 过滤式半面罩防毒口罩

答案：B

22. 肺复苏时，按压与通气之比为（　　）。
    A. 15:1　　　　　　B. 15:2　　　　　　C. 30:1　　　　　　D. 30:2

答案：D

23. 判断伤患者有无呼吸的方法有（　　）。
    A. 看胸部有无起伏　　　　　　　　　　B. 听有无呼吸声
    C. 感觉有无呼出气流拂面　　　　　　　D. 以上均正确

答案：D

24. （　　）有利于安全管理部门或主管领导对危险作业将采取的人力资源、安全防护措施等内容进行有效把关，对不合格事项在作业前能够及时调整，从而保障作业人员安全。
    A. 作业准备　　　　B. 作业审批　　　　C. 危险告知　　　　D. 检测分析

答案：B

25. 检查井内水泵运行时严禁人员下井，防止（　　）。
    A. 中毒　　　　　　B. 窒息　　　　　　C. 坠落摔伤　　　　D. 触电

答案：D

26. 应急管理不能局限于事故发生后的应急救援行动，而应做到"预防为主，常备不懈"。完整的应急管理包括（　　）阶段。
    A. 预防、准备、响应和恢复　　　　　　B. 策划、准备、响应和评审
    C. 策划、响应、恢复和预案管理　　　　D. 预防、响应、恢复和评审

答案：A

27. 下列关于突发事件预警级别的说法正确的是（　　）。
    A. 分为一、二和三级，分别用红、橙和黄色标示，一级为最高级别
    B. 分为一、二和三级，分别用黄、橙和红色标示，三级为最高级别
    C. 分为一、二、三和四级，分别用红、橙、黄和蓝色标示，一级为最高级别
    D. 分为一、二、三和四级，分别用蓝、黄、橙和红色标示，四级为最高级别

答案：C

28. 公共场所发生火灾时，该公共场所的现场工作人员应（　　）。
    A. 迅速撤离　　　　　　　　　　　　　B. 抢救贵重物品
    C. 组织引导在场群众疏散　　　　　　　D. 抢救妇女、儿童

答案：C

29. 从事有害作业的职工，按规定接受职业性健康检查所占用的生产、工作时间，应按（　　）处理。
    A. 病假　　　　　　B. 事假　　　　　　C. 正常出勤　　　　D. 年假

答案：C

30. 离开特种作业岗位达（　　）以上的特种作业人员应当重新进行实际操作考核，经确认合格后方可上岗作业。
    A. 12个月　　　　　B. 9个月　　　　　　C. 6个月　　　　　　D. 3个月

答案：C

31. 根据作业环境的不同,安全帽的颜色也不同,如在爆炸性作业场所工作宜戴(　　)安全帽。
A. 红色　　　　　　B. 黄色　　　　　　C. 白色　　　　　　D. 橙色
答案:A

32. 高压绝缘安全用具的检测周期是(　　)。
A.1年1次　　　　　B.1年2次　　　　　C.1年3次　　　　　D.1年4次
答案:B

33. 操作人员进入次氯酸钠操作间应穿戴(　　)。
A. 防腐蚀工作服、化学护目镜、橡胶耐酸碱手套
B. 防化服、化学护目镜、劳保手套
C. 防腐蚀工作服、化学护目镜、劳保手套
D. 防化服、普通防风眼镜、橡胶耐酸碱手套
答案:A

34. 作业人员应对氯酸钠轻拿轻放,防止摩擦、碰摔、震动和(　　)。
A. 撞击　　　　　　B. 滑落　　　　　　C. 水解　　　　　　D. 气化
答案:A

35. 卸危险化学品时,应避免使用(　　)工具。
A. 木质　　　　　　B. 铁质　　　　　　C. 铜质　　　　　　D. 陶质
答案:B

36. 使用电焊机时,焊接用电缆(俗称"焊把线")应采用(　　)。
A. 多股裸铜线　　　　　　　　　　　　B. 橡皮绝缘铜芯软电缆
C. 编织裸铜线　　　　　　　　　　　　D. 多股裸铝线
答案:B

37. 移动式电气设备应定期(　　)。
A. 测试运行电压　　B. 更换电源线　　　C. 检查负荷电流　　D. 摇测绝缘电阻
答案:D

38. 检修高压电动机时,下列行为错误的是(　　)。
A. 先实施停电安全措施,再在高压电动机及其附属装置的回路上进行检修工作
B. 检修工作终结,须通电实验高压电动机及其启动装置时,先让全部工作人员撤离现场,再送电试运转
C. 在运行的高压电动机的接地线上进行检修工作
D. 注意安全,当心触电
答案:C

39. 变配电室配备灭火器有严格要求,在(　　)配备1个灭火器,并且要求每个配电室内最少不得少于2个灭火器。
A.20m²　　　　　　B.35m²　　　　　　C.60m²　　　　　　D.75m²
答案:D

40. 在电焊作业的工作场所,不能设置的防火器材是(　　)。
A. 干粉灭火器　　　B. 干沙　　　　　　C. 水　　　　　　　D. 泡沫灭火器
答案:C

41. 拆除脚手架作业,必须(　　)进行。
A. 由上而下分层　　B. 由下而上分层　　C. 上下层同时　　　D. 随意
答案:A

42. 装配对开式滚动轴承体时,对(　　)与(　　)按照规定要求进行修整。
A. 轴承盖,底座接合面　　　　　　　　B. 滚珠,外圈
C. 内圈,外圈　　　　　　　　　　　　D. 外圈,轴承座
答案:A

43. 设备事故分类为(　　)。

A. 轻微、一般、严重　　B. 轻微、严重、重大　　C. 一般、重大、特大　　D. 一般、严重、重大

答案：C

44. 安全色中，蓝色代表(　　)。

A. 警告　　　　　　　B. 指令　　　　　　　C. 提示　　　　　　　D. 禁止

答案：B

45. 进入施工现场，下井工作人员，正确的操作步骤是(　　)。

A. 先打开井盖，再布置作业现场，然后进行毒气检测

B. 先布置作业现场，再打开井盖，然后进行毒气检测

C. 先打开井盖，再进行毒气检测，然后布置作业现场

D. 布置作业现场同时打开井盖，然后进行毒气检测

答案：B

46. 下列不属于劳动保护用品的有(　　)。

A. 劳保鞋　　　　　　B. 安全帽　　　　　　C. 防滑手套　　　　　　D. 气体检测仪

答案：D

47. 排水管道中存在(　　)能够导致人员发生中毒事故。

A. 硫化氢　　　　　　B. 二氧化碳　　　　　C. 甲烷　　　　　　　D. 氧气

答案：A

48. 硫化氢是一种(　　)气体，浓度达到1000mg/m³时，数秒可致人死亡。

A. 无色无味、不可燃　　　　　　　　　　　B. 无色无味、可燃

C. 无色有臭鸡蛋味、可燃　　　　　　　　　D. 无色有臭鸡蛋味、不可燃

答案：C

二、多选题

1. 巡查维护主要项目有(　　)。

A. 检查井　　　　　　　　　　　　　　　　B. 雨水口

C. 井、倒虹吸、进出水口　　　　　　　　　D. 闸等排水设施

答案：ABCD

2. 检查井巡视检查内容有(　　)。

A. 外部巡查井框盖埋没、破损

B. 井盖丢失

C. 盖框间高差、间隙，盖框突出或凹陷、跳动和声响

D. 井盖标识错误，周边路面破损

答案：ABCD

3. 泵站全站停电清扫保证安全的技术措施有(　　)。

A. 停电　　　　　　　　　　　　　　　　　B. 验电

C. 装设接地线　　　　　　　　　　　　　　D. 悬挂禁止攀登的牌子

答案：ABC

4. 下列关于有限空间通风换气的描述正确的是(　　)。

A. 有毒有害气体比重比空气重的，通风时应选择中下部

B. 有毒有害气体比重比空气轻的，通风时应选择中下部

C. 经通风后气体检测合格，可不用继续进行通风

D. 有限空间内开展涂刷、切割等作业时，应始终保持对有限空间内通风

答案：AD

5. 依据《特种作业人员安全技术培训考核管理规定》的规定，目前特种作业人员有(　　)。

A. 电工作业　　　　　　　　　　　　　　　B. 焊接与热切割作业

C. 登高架设作业　　　　　　　　　　　　　D. 危险化学品安全作业

答案：ABCD

6. 应急救援预案在应急救援中的重要作用表现在（　　）。
   A. 明确了应急救援的范围和体系
   B. 有利于做出及时的应急响应，降低事故的危害程度
   C. 成为各类突发重大事故的应急基础
   D. 有利于提高风险防范意识
   答案：ABCD

7. 动火作业分为三级，一级动火作业范围包括：（　　）及周围30m区域内、沟、槽、井室及密闭空间。
   A. 污泥消化区　　　B. 二氧化氯间　　　C. 石灰加药间
   D. 变配电室　　　　E. 易燃易爆剧毒物品库房
   答案：ABCDE

8. 根据《城镇污水再生利用设施运行、维护及安全技术规程》(CJJ 252—2016)，生产运行记录应真实，宜进行电子版数据备份，并应包括（　　）。
   A. 药剂及材料消耗记录　　　　　　B. 药剂库存记录
   C. 运行工艺控制参数记录　　　　　D. 化验结果报告和原始记录
   E. 各类设备、仪器、仪表运行记录
   答案：ABCDE

9. 下列属于有限空间特点的是（　　）。
   A. 空间有限　　　　　　　　　　　B. 不是按固定工作场所设计
   C. 进出口受限制，但能进行指派的工作　　D. 空间无限
   答案：ABC

三、简答题

1. 简述下检查井进行清理时的安全注意事项。

答：检查井是专门用于管道的检查和养护而设置的检查孔，一般会随着管道的养护一起进行清理，检查井的清理一般包括井筒附着淤泥、踏步悬挂垃圾、流台积存物、井室井墙的清理和流槽沉积物、漂浮物等。一般采用高压水车进行冲洗，并将垃圾和沉积的淤泥清出。

2. 简述排水设施巡查电动自行车的安全操作规定。

答：电动自行车是排水设施巡查人员主要的交通工具，为了使大家安全骑车出行制订如下规定：

（1）骑行前的检查：胎压是否正常；前、后轮是否锁紧；把横、把立紧固螺母旋紧（插入深度不得露出把立管鞍安全线）；鞍座、鞍管紧固螺母旋紧（插入深度不得露出管鞍管安全线）；链条旋紧应适应链条，自由下垂与拉紧之间距离应在5~10mm；车闸调试应刹车可靠、复位灵活，雨天应增加制动距离；凡有折叠功能的车型，骑行前快拆装置必须锁紧。

（2）充电注意事项：当充电器的输入、输出端接通后，充电器的红色指示灯会亮起；标准充电时间，按照专用配套充电器规定时间进行充电。环境温度25℃左右，铅酸电池充电时间为3~8h；夏季充电，铅酸应为3~8h，如果电池温度超过40℃，暂停充电，待温度下降后，继续充电。冬天充电，应在室内放置1h后进行充电，时间为4~10h；充电时远离易燃物，切勿加盖任何物品；在没有充满电的情况下不宜使用；充电器内含有高压电路，请勿擅自拆卸；使用和存放时应防止液体和金属屑粒渗入充电器内部，谨防跌落及撞机，以免造成损伤。

（3）安全骑行：应在非机动车道内行驶，严禁驶入机动车道。骑车至路口，应主动让机动车先行。遇红灯时，应停在停止线或人行横道线以内。严禁推行或绕行闯越红灯。骑车转弯时，要伸手示意，同时要选择前后暂无来往车辆时转弯，切不可在机动车驶近时急转猛拐，争道抢行，也不要转小弯。骑车不准互相追逐、赛车、扶身并行。不准一手扶把，一手打电话骑车。

3. 《危险化学品安全管理条例》中所指的危险化学品包括哪些物品？

答：危险化学品包括爆炸品、压缩气体和液化气体、易燃液体、易燃固体、自燃物品和遇湿易燃物品、氧化剂和有机过氧化物、有毒品和腐蚀品等。

4. 造成排水管道安全问题的原因是什么?

答：改革开放以来，我国城镇建设发展迅猛，市政排水管道、设施成倍增长，但由于技术、经济、设备、人员等原因，各城镇对排水管道设施的维护安全技术标准不统一，从业人员缺乏专业培训，作业安全知识匮乏，作业水平参差不齐，管网维护质量难以保证。

5. 简述机动车、非机动车、行人道路通行一般规则。

答：机动车、非机动车实行右侧通行；道路划分了分道线的，机动车、非机动车、行人实行分道通行；没有划分的，机动车在道路中间通行，非机动车和行人在道路两侧通行。

第二节　理论知识

一、单选题

1.《城镇排水与污水处理条例》经 2013 年 9 月 18 日国务院第( )次常务会议通过，自 2014 年 1 月 1 日起施行。

A. 22　　　　　　B. 24　　　　　　C. 26　　　　　　D. 28

答案：B

2. 城镇排水主管部门实施排水许可收费标准( )。

A. 由相关部门核准　　B. 主管部门规定　　C. 双方协商　　D. 不得收费

答案：D

3. 县级以上地方人民政府应当按照( )的原则，依据城镇排水与污水处理规划，合理确定城镇排水与污水处理设施建设标准。

A. 先规划后建设　　　　　　　　B. 规划建设同时进行
C. 先融资后建设　　　　　　　　D. 建设优先

答案：A

4. 污水处理费应当包括污水管网维护管理、污水处理、( )等费用。

A. 水厂建设　　B. 水质监测　　C. 再生水管网维护　　D. 污泥处置

答案：D

5. 设置于机动车道路上的窨井，应当按照国家有关规定进行建设，保证其( )和稳定性等符合相关要求。

A. 外观　　　　B. 使用材料　　　C. 使用寿命　　　D. 承载力

答案：D

6. 城镇排水主管部门应当与城镇污水处理设施维护运营单位签订( )，明确双方权利义务。

A. 管理维护合同　　B. 经营许可合同　　C. 维护运营合同　　D. 设施维保合同

答案：C

7. 城市防洪标准与保护人口的多寡有关。定义为中等城市的标准是非农业人口( )人，其防洪重现期为( )。

A. <150，≥50 万；200~100 年　　　　B. <50 万，≥20 万；100~50 年
C. ≥150 万；≥200 年　　　　　　　　D. <50 万，≥20 万；50~20 年

答案：B

8. 编制城市水系规划应遵循水体现状评价，其评价不包括( )。

A. 水文条件　　　　　　　　　　　B. 水质等级与达标率
C. 水系连通状况、水生态系统多样性　　D. 城市降雨情况

答案：D

9. 编制城市水系规划，应遵循系统性原则，城市水系规划应将( )作为一个整体进行空间、功能的协调，合理布局各类工程设施，形成完善的水系空间系统。

A. 水体、岸线、滨水区 B. 地下水、滨水区
C. 岸线、污水管网、雨水管网 D. 滨水区、河湖区

答案：A

10. 在进行雨水量估算时，宜采用城市综合径流系数。其中干砌砖石或碎石路面的径流系数取值为（ ）。
A. 0.40~0.50   B. 0.35~0.40   C. 0.25~0.35   D. 0.10~0.20

答案：B

11. 以下属于管道内窥检测技术的是（ ）。
A. 闭路电视检测系统   B. 撞击回声法
C. 探地雷达法   D. 红外温度记录仪法

答案：A

12. 红外温度记录仪进行（ ）测量记录，测定温度的极小变化并产生自动温度图像。
A. 排水管道渗漏点与周边土壤的温度差   B. 孔隙尺寸
C. 渗漏大小   D. 排水管道内部管壁温度

答案：A

13. 量泥斗检测法可查看（ ）。
A. 排水管道渗漏点与周边土壤的温度差   B. 管口或窨井内的淤泥和积沙厚度
C. 观察和判断管道是否堵塞、错位   D. 管道中间有断裂或塌陷

答案：B

14. 以下对探地雷达法的检测原理描述不正确的是（ ）。
A. 根据电磁波在地下传播过程中遇到不同的物体界面会发生反射
B. 它是以地下不同介质的介电常数差异为基础的物探方法，它通过发射天线向地下发射高频电磁脉冲，此脉冲在向地下传播过程中遇到地层的变化界面会产生反射波，反射波传播回地表后被接收天线所接收，并将其波形传入主机进行记录和显示
C. 经过对雷达图像上异常信息的分析和数据处理，进行反演可得到目标体的位置分布、埋深等信息
D. 使用红外温度记录仪进行测量记录排水管道渗漏点与周边土壤的温度差，测定温度的极小变化并产生自动温度图像

答案：D

15. 排水沟道中各种污水水流含有各种固体悬浮物，在这些物质中相对密度大于1的固体物质，属于可沉降固体杂质，下列不能决定于其沉降速度与沉降量的是（ ）。
A. 水流流量   B. 固体颗粒粒径   C. 水流流速   D. 固体颗粒性质

答案：D

16. 腐蚀现象主要是由酸碱度及有害气体腐蚀着水泥混凝土为主要材料的排水沟道及构筑物。产生酸碱度变化和有害气体的缘由为（ ）。
A. 在甲烷细菌作用下二氧化碳与水作用生成甲烷，此时污水酸度下降，此阶段称为碱性发酵阶段
B. 在硫化氢细菌作用下硫化氢与水作用生成二氧化硫，此时污水酸度上升，此阶段称为碱性发酵阶段
C. 污水中各种有机物经微生物分解，在产酸细菌作用下，产生碱性反映，使得污水呈碱性
D. 污水中各种无机物经微生物分解，在产酸细菌作用下，产生碱性反映，使得污水呈碱性

答案：A

17. 排水沟道及构筑物强度不足，外荷载变化使构筑物产生变形并受到挤压而出现裂缝、松动、断裂、错口、深陷、位移等损坏现象。产生外荷载的原因不包括（ ）。
A. 土地强度降低   B. 排水构筑物中水动压力变化而产生的水击
C. 外部荷载的增大而引起的土压力变化   D. 土体发生变化

答案：D

18. 以下对特别重大事故描述正确的是（ ）。
A. 是指突然发生，情况比较简单，仅对较小范围内的公共安全和社会经济秩序造成一定危害或威胁
B. 是指突然发生，事态简单，仅对较小范围内的公共安全和社会经济秩序造成轻微危害或威胁，已经或

可能造成人员受轻伤和少量财产损失，只须调度事件发生单位力量和资源能够处置的事件

C. 是指突然发生，情况特别复杂，对一定区域内的公共安全、政治稳定和社会经济秩序造成严重危害或威胁，已经或可能造成重大人员伤亡、重大财产损失或严重生态环境破坏，超过了排水部门处理能力，须调度社会其他部门、友邻单位力量和资源进行联合处置的紧急事件

D. 以上均正确

答案：C

19. 以下对"预防与应急相结合，以预防为主"的描述正确的是(　　)。

A. 将预防与应急处置有机结合起来，有效预防和控制事故发生，坚持预防为主

B. 注重抓好教育培训、隐患排查就可以

C. 应对突发公共事件管理的各项工作落实到日常管理之中，加强基础工作，完善应急网络建设，杜绝事件发生

D. 以上均正确

答案：A

20. 应急响应的原则是(　　)。

A. 发生排水应急事件时，应急指挥部成员及其有关部门按分级响应的原则作出应急响应

B. 发生排水应急事件时，应急指挥部成员直接去现场

C. 发生排水应急事件时，可以随意接受新闻媒体采访

D. 发生排水应急事件时，不可随意接受新闻媒体采访，但可通过网络散播情况

答案：A

21. 应急结束的原则是(　　)。

A. 谁结束、谁负责　　B. 谁启动、谁结束　　C. 处置完毕就结束　　D. 谁启动、谁负责

答案：B

22. 声呐检测时，管道内水深应大于(　　)。

A. 300mm　　B. 400mm　　C. 500mm　　D. 600mm

答案：A

23. 声呐系统的主要技术参数应符合的规定是(　　)。

A. 扫描范围应小于所需检测的管道规格　　B. 125mm 范围的分辨率应小于 0.5mm

C. 每密位均匀采样点数量不应小于 300 个　　D. 125mm 范围的分辨率应大于 0.5mm

答案：B

24. 以下对闭路电视检测系统的技术指标说法错误的是(　　)。

A. 视角小于 45°　　B. 爬行器符合电缆长度为 120m 时，爬坡能力应大于 5°

C. 电缆抗拉力大于等于 2kN　　D. 图像变形小于等于 ±5%

答案：A

25. 以下对闭路电视检测系统中爬行器的技术指标说法错误的是(　　)。

A. 电缆长度为 120m 时，爬坡能力应大于 5°　　B. 电缆长度为 200m 时，爬坡能力应小于 5°

C. 电缆长度为 120m 时，爬坡能力应小于 5°　　D. 电缆长度为 200m 时，爬坡能力应大于 5°

答案：A

26. 闭路电视检测系统的防水性能应(　　)。

A. 不小于 10m 深水压　　B. 不大于 10m 深水压　　C. 不小于 5m 深水压　　D. 不大于 5m 深水压

答案：A

27. 使用电视检测设备检测管线，管径不大于 200mm 时，爬行器直向摄影的行进速度不宜超过(　　)。

A. 0.1m/s　　B. 0.2m/s　　C. 0.3m/s　　D. 0.5m/s

答案：A

28. 排水管道功能等级计算公式中当淤积状况系数(　　)时，功能性缺陷参数 $G=1$。

A. $Y>1$　　B. $Y \geqslant 1$　　C. $Y \leqslant 1$　　D. $Y<1$

答案：A

29. 中度洼水的功能缺陷权重 P 值是( )。
A. 0.25　　　　　B. 0.35　　　　　C. 0.5　　　　　D. 0.75
答案：A

30. 以下对排水普查检测现场管理中的设备管理说法错误的是( )。
A. 每次进场出发前都要进行设备的清点核实
B. 进场后使用前须对设备进行调试校验
C. 在完成检测任务后需要对设备进行清点和养护
D. 进场后无须对设备进行调试校验
答案：D

31. 排水设施功能性检测完成后须填写排水管道评估成果表，下列关于该表的描述错误的是( )。
A. 须填写缺陷名称及代码　　　　　B. 须附缺陷照片
C. 须有养护指数及养护建议　　　　D. 无须检测位置及时间
答案：D

32. 对管道完成功能性检测后，再进行功能性评估时查得其保证降雨重现期≥3 年且 <5 年，则它的管道符合状况系数 F 应该取值( )。
A. 0　　　　　B. 0.3　　　　　C. 0.6　　　　　D. 1
答案：B

33. 某管道位于交通干道和其他商业区，则对其进行功能性评估时其地区重要性 K 应取值( )。
A. 0　　　　　B. 0.3　　　　　C. 0.6　　　　　D. 1
答案：C

34. 上次评定的结构等级为一级的下次普查周期为( )。
A. ≤10 年　　　　B. >10 年　　　　C. ≤20 年　　　　D. ≥20 年
答案：A

35. 管道内重度渗漏按照排水管道结构评定标准结构缺陷权重应为( )。
A. 6　　　　　B. 7　　　　　C. 7.5　　　　　D. 8
答案：C

36. K 值在结构等级计算公式中代表( )。
A. 地区重要性参数　　B. 土质重要性参数　　C. 老化状况系数　　D. 管道重要性参数
答案：A

37. 在管道老化状况系数取值中管道使用年限为 45 年的，A 值应为( )。
A. 1　　　　　B. 0.8　　　　　C. 0.6　　　　　D. 0.3
答案：C

38. 管道结构等级为( )级时，须列计划尽快修复。
A. 一级　　　　B. 二级　　　　C. 三级　　　　D. 四级
答案：C

39. 在管道腐蚀类病害中，管道内已完全显露钢筋，根据结构缺陷的程度分级可分为( )。
A. 轻度　　　　B. 中度　　　　C. 重度　　　　D. 正常
答案：C

40. 在处理时效内无法完成的热线事件处理方式为( )。
A. 申请延期处理，得到批复后可延期处理　　B. 不申请延期处理，加班加点处理解决
C. 申请延期处理，不等得到批复后就下班　　D. 自行进行延期处理
答案：A

41. 热线接报应重点了解清楚( )。
A. 现场反映人姓名、单位、电话
B. 现场反映人姓名、单位、电话、事件内容
C. 现场反映人姓名、单位、电话、事件内容、亟须帮助解决的问题

D. 现场反映人姓名、电话

答案：C

42. 排水巡查工在巡查过程中，发现设施一般级别热线问题后，以下做法正确的是（　　）。
A. 拨打热线电话上报后离开现场，继续巡查
B. 拨打热线电话上报后不离开，未收到指令可离开
C. 拨打热线电话上报后不离开，等待下一步指令，根据指令再决定是否离开现场
D. 无须拨打热线电话，自行解决

答案：C

43. 以下属于紧急热线（Ⅱ级）包含的情况的是（　　）。
A. 管网堵冒　　　　B. 雨水算子破损　　　　C. 雨水口堵塞　　　　D. 以上全部正确

答案：A

44. 特殊类热线来源是指（　　）。
A. 热线平台下达指令
B. 非排水热线平台，而由其他政府工作平台转发排水热线平台的热线诉求
C. 排水巡查工自发现上报热线
D. 一般群众上报热线

答案：B

45. 以下属于特急级别热线包含的情况的是（　　）。
A. 雨、污水检查井盖破损　　　　　　　B. 管线沉降、道路塌陷
C. 排河口异常排放　　　　　　　　　　D. 排水口臭气熏天

答案：B

46. 热线类型及紧急程度分类目的是（　　）。
A. 优化资源和处置人员、物资配置　　　B. 热线先后顺序处置
C. 优化资源配置　　　　　　　　　　　D. 物资配置

答案：A

47. 目前北京市小区冲厕及城市绿化再生水水质应执行的水质标准为（　　）。
A.《城市污水再利用农田灌溉用水水质标准》（GB 20922—2007）
B.《地表水环境质量标准》（GB 3838—2002）
C.《城市污水再生利用城市杂用水水质标准》（GB/T 18920—2002）
D.《生活饮用水卫生标准》（GB 5749—2006）

答案：C

48. 根据《北京市农村污水处理和再生水利用项目实施暂行办法》要求：污水处理运营单位因设施检修造成设施处理能力下降或者设施部分停运的，应当提前（　　）向水行政主管部门报告，并按照协议经水行政主管部门批准后方可实施检修。
A. 15 日　　　　B. 20 日　　　　C. 30 日　　　　D. 45 日

答案：C

49.《中华人民共和国水污染防治法》现行版本为（　　）第十二届全国人民代表大会常务委员会第二十八次会议修正，自（　　）起施行。
A. 2008 年 2 月 28 日，2008 年 6 月 1 日　　　B. 2018 年 2 月 28 日，2018 年 6 月 1 日
C. 2017 年 6 月 27 日，2018 年 1 月 1 日　　　D. 2018 年 1 月 1 日，2018 年 6 月 1 日

答案：C

50.《北京市发展和改革委员会关于调整北京市再生水价格的通知》（2014 年第 884 号）规定本市特殊行业用户水价为每立方米 160 元。本市特殊行业包括（　　）。
A. 洗车业、洗浴业、纯净水业
B. 高尔夫球场、滑雪场用水户、混凝土拌合用水户
C. 高尔夫球场、洗浴业、古树浇灌用户

D. 洗车业、洗浴业、重点绿化用户
答案：A

51.《北京市水土保持规划》提到，到 2020 年山区( )的污水、垃圾、厕所、沟道、面源污染得到有效治理，到 2030 年全市( )小流域力争全部达到生态清洁小流域标准。
A. 960km², 1250 条　　B. 10890km², 1088 条　　C. 10072km², 1085 条　　D. 10870km², 1090 条
答案：C

52. 城镇排水与污水处理应当遵循( )的原则。
A. 尊重自然、统筹规划、配套建设、保障安全、综合利用
B. 整合内部力量、落实执法经费、装备执法装备
C.《水效标识管理办法》《水污染防治条例》《城镇污水处理厂水污染物排放标准》《饮用水国家标准》
D. 尊重自然、统筹规划、落实执法经费、装备执法装备
答案：C

53. 城镇排水与污水处理设施建设工程竣工后，建设单位应当依法组织竣工验收。竣工验收合格的，方可交付使用，并自竣工验收合格之日起( )内，将竣工验收报告及相关资料报城镇排水主管部门备案。
A. 20 日　　B. 25 日　　C. 10 日　　D. 15 日
答案：D

54. 国务院住房和城乡建设主管部门( )全国城镇排水与污水处理工作。
A. 指导监督　　B. 督促监督　　C. 指导监管　　D. 统筹监管
答案：A

55. 城市雨水系统的服务范围，除规划范围外，还应包括其上游( )。
A. 汇流区域　　B. 附近区域　　C. 小流域　　D. 支线
答案：A

56. 城市污水处理厂的污泥应进行( )的处理和处置。
A. 标准化、准确化、无害化、资源化　　B. 减量化、稳定化、无害化、资源化
C. 定向化、定量化、标准化、准确化　　D. 定向化、标准化、稳定化、资源化
答案：B

57. 城市新建区排入已建雨水系统的设计雨水量，不应( )下游已建雨水系统的排水能力。
A. 等于　　B. 小于　　C. 超出　　D. 符合
答案：C

58. 当雨水无法通过重力流方式排除时，应设置( )。
A. 污水泵站　　B. 吸污车　　C. 雨水泵站　　D. 潜水泵
答案：C

59. 在排水管道中每隔适当距离的检查井内和泵站前一检查井内，宜设置沉泥槽，深度宜为( )。
A. 0.2~0.4m　　B. 0.3~0.5m　　C. 0.4~0.6m　　D. 0.5~0.7m
答案：B

60. 管道有效过水断面面积为 6000cm²，速度为 1m/s，则流量为( )。
A. 0.06m³/s　　B. 0.6m³/s　　C. 6m³/s　　D. 60m³/s
答案：B

61. 管道转弯和交接处，其水流转角不应小于( )。
A. 45°　　B. 60°　　C. 90°　　D. 120°
答案：C

62. 污水管径为 200~400mm 时，检查井最大间距为( )。
A. 40m　　B. 60m　　C. 80m　　D. 100m
答案：A

63.《城镇排水管渠与泵站维护技术规程》中规定的管径不超过 1200mm 的排水管道允许存泥深度为( )。
A. 管径的 1/2　　B. 管径的 1/3　　C. 管径的 1/4　　D. 管径的 1/5

答案：D

64. 砖砌检查井的砖缝宽度一般为( )。
A. 0.5cm B. 1cm C. 1.5cm D. 2cm
答案：B

65. 格栅的有效进水面积应保持在进水总管的( )。
A. 1.0~2.0倍 B. 1.2~1.5倍 C. 2.3~3.5倍 D. 2倍
答案：B

66. 污水管道在设计充满度下的最小设计流速为( )。
A. 0.5m/s B. 0.6m/s C. 0.75m/s D. 0.8m/s
答案：C

67. 排雨水管道和合流管道在满流时，最小设计流速为( )。
A. 0.5m/s B. 0.6m/s C. 0.75m/s D. 0.8m/s
答案：C

68. 不同直径的管道在检查井内的连接，一般采用管顶平接法，水流转角一般不小于( )。
A. 30° B. 45° C. 60° D. 90°
答案：D

69. 管径大于300mm的污水管道，设计坡度不小于( )。
A. 0.001 B. 0.002 C. 0.003 D. 0.005
答案：C

70. 在流体力学中，单位质量力是指作用在( )流体上的质量力。
A. 单位面积 B. 单位体积 C. 单位质量 D. 单位重量
答案：B

71. 管径500mm的污水管道的最大设计充满度应为( )。
A. 0.6% B. 0.7% C. 0.75% D. 0.8%
答案：B

72. 倒虹吸管道一般设计流速不得小于( )。
A. 0.7m/s B. 0.8m/s C. 1.0m/s D. 1.2m/s
答案：D

73. 检查井井盖顶面标高应与周围路面高程一致，绿地内的检查井井盖应高出地面( )。
A. 20mm B. 20cm C. 30mm D. 30cm
答案：B

74. 声呐技术至今已有100年历史，它是1906年由英国海军的刘易斯·尼克森所发明。他发明的第一部声呐仪是一种被动式的聆听装置，主要用来侦测水下冰山。如果将声呐用在管道检测和评估中，可用于探测( )。
A. 充满度 B. 泥位和泥量 C. 管道上壁的树根 D. 支管
答案：B

75. 电视检测设备存储的照片格式应为( )。
A. GIF B. TIFF C. JPEG D. BMP
答案：C

76. 管道潜望镜检测设备的光学变焦应不小于( )。
A. 8倍 B. 10倍 C. 12倍 D. 15倍
答案：B

77. 当需要爬行器继续行进时，应先将镜头的焦距恢复到( )位置。
A. 最短焦距 B. 最长焦距 C. 中间焦距 D. 随便焦距
答案：A

78. 在检测过程中发现缺陷时，为确保所拍摄的图像清晰完整，应将爬行器在完全能够解析缺陷的位置至少停止( )的时间。

A. 3s B. 5s C. 10s D. 15s
答案：C

79. 电视检查过程中，应在现场初步判读并记录缺陷的（　　）。
A. 类型和尺寸 B. 类型和等级 C. 等级和尺寸 D. 类型、等级、尺寸
答案：B

80. 电视检查过程中，可依据管径或相关物体的尺寸判定（　　）。
A. 缺陷的等级 B. 缺陷的尺寸 C. 缺陷的类型 D. 以上都对
答案：B

81. 电视检查过程中，对直向摄影和侧向摄影，每一处结构性缺陷抓取的图片数量不应少于（　　）。
A. 1 张 B. 2 张 C. 3 张 D. 4 张
答案：A

82. 电视检查过程中，对（　　）内容应作详细判读和量测，并填写现场记录表。
A. 缺陷 B. 特殊结构 C. 检测状况 D. 以上全是
答案：D

83. 管道检测过程中，录像资料不应产生（　　）现象。
A. 画面暂停 B. 间断记录 C. 画面剪接 D. 以上全是
答案：D

84. 侧向摄影时，爬行器应（　　）获得最佳图像。
A. 停止行进 B. 变动拍摄角度 C. 变动焦距 D. 以上全是
答案：D

85. 当检测起点与管段起点位置不一致时，应（　　）。
A. 标记设置 B. 记录设置 C. 开始录像 D. 补偿设置
答案：D

86. 将载有摄像镜头的爬行器安放在检测起始位置后，在开始检测前，应将计数器（　　）。
A. 写入 B. 修正 C. 归零 D. 校准
答案：C

87. 管道潜望镜检测设备的数字变焦应不小于（　　）。
A. 8 倍 B. 10 倍 C. 12 倍 D. 15 倍
答案：B

88. 管道潜望镜检测设备分辨率（dpi）应大于等于（　　）。
A. 640×480 B. 800×600 C. 1024×768 D. 1440×900
答案：A

89. （　　）的主要作用是衔接管段，也是人员进行管道维护的场所。
A. 排水管线 B. 检查井 C. 截流 D. 倒虹吸
答案：B

90. （　　）是水流的通道，每两个检查井或其他附属构筑物之间的部分为一个管段或渠段。
A. 检查井 B. 倒虹吸 C. 截流 D. 管道和沟渠
答案：D

91. 当遇到下游管段埋深过大，或排放的水体洪水位较高，导致出水口可能被洪水淹没时，往往设置（　　）对污水或雨水进行提升。
A. 泵站 B. 倒虹吸 C. 截流 D. 管道和沟渠
答案：A

92. （　　）是在雨水管渠或合流管渠上收集雨水的构筑物，一般应设在交叉路口、路侧边沟的一定距离处以及没有道路边石的低洼地区，以保证迅速有效收集地面雨水，防止雨水漫过道路或造成道路及低洼地区积水而妨碍交通。
A. 倒虹吸 B. 雨水口 C. 截流 D. 管道和沟渠

答案：B

93. 中度结垢的功能缺陷权重 P 是（　　）。
A. 0.75　　　　B. 0.5　　　　C. 1　　　　D. 1.5
答案：A

94. 中度树根的功能缺陷权重 P 是（　　）。
A. 0.75　　　　B. 1　　　　C. 2　　　　D. 1.5
答案：A

95. 中度杂物的功能缺陷权重 P 是（　　）。
A. 3　　　　B. 2　　　　C. 1.5　　　　D. 4.5
答案：A

96. 中度封堵的功能缺陷权重 P 是（　　）。
A. 3　　　　B. 3.5　　　　C. 4　　　　D. 2.5
答案：A

97. 评估区域排水通畅率 =（　　）× 100%。
A. 一、二级管线合计长度/普查的管线总长度
B. 三、四级管线合计长度/普查的管线总长度
C. 一、二级管线合计长度/三、四级管线合计长度
D. 三、四级管线合计长度/一、二级管线合计长度
答案：A

98. 管线功能等级为一级对应的养护指数 MI 取值范围为（　　）。
A. $MI < 25$　　　B. $25 \leq MI < 50$　　　C. $50 \leq MI < 75$　　　D. $MI \geq 75$
答案：A

99. 排水管道应定期进行结构状况的普查和评估，为制订维修计划提供依据。以下对结构状况普查周期的划分正确的是（　　）。
A. 排水管线的类型为使用年限≥30年，位于流沙等不稳定土层，普查周期≤5年
B. 排水管线的类型为使用年限≥30年，位于流沙等不稳定土层，普查周期≤10年
C. 排水管线的类型为使用年限<30年，位于流沙等不稳定土层，普查周期≤5年
D. 排水管线的类型为使用年限<30年，位于流沙等不稳定土层，普查周期≥10年
答案：A

100.《排水管道结构等级评定标准》(Q/BDG JS002—GW05—2012)中关于管道修复指数 RI 的计算以下说法正确的是（　　）。
A. 评定段的沿程平均损坏程度临界值取 0.3
B. 计算评定段的局部最大损坏状况系数时，在同一处出现一种以上缺陷时，权重不叠加
C. 当评定段的沿程平均损坏状况系数 S_α 大于评定段的局部最大损坏状况系数 S_m 时，评定段的损坏状况系数 $S = S_\alpha$
D. 当评定段的沿程平均损坏状况系数 S_α 小于评定段的局部最大损坏状况系数 S_m 时，评定段的损坏状况系数 $S = S_\alpha$
答案：D

101. 二次回访时间自服务补救完成后开展，在处置单位信息反馈起计时，时限为（　　）。
A. 10min　　　　B. 30min　　　　C. 15min　　　　D. 40min
答案：B

102. 接到市民来电反映北京市丰台区右安门桥南太阳里1街西口，路面积水，经询问反映人积水30cm，面积100m²，已影响交通中断。应该按照（　　）流程发送短信。
A. 黑臭水体　　　B. 应急抢险　　　C. 重大积水事件　　　D. 桥下排河口排污事件
答案：C

103.《北京市排水和再生水管理办法》中，住宅区实行物业管理的专用排水和再生水设施，应由（　　）负

责运营和养护。
A. 业主或者其委托的物业服务企业负责　　B. 北京市水务局
C. 北京排水集团　　D. 北京市防汛办
答案：A

104. ( )指不拘于原来的计划维修，充分利用节假日进行维修，或者利用生产淡季和生产停机间歇的时间，对设备进行保养和维修，使设备进入完好待命状态。
A. 维修窗口　　B. 机会维修　　C. 同步检修　　D. 后勤工程学
答案：B

105. 对故障后果不严重的设备，有冗余的设备，( )经济性较好，宜采用。
A. 计划维修　　B. 事后维修　　C. 同步检修　　D. 预防维修
答案：B

106. 适用于脂或油润滑，圆周速度小于7m/s，工作温度范围为 -40~100℃的密封方式为( )。
A. 毛毡式密封　　B. 皮碗密封　　C. 间隙密封　　D. 挡圈密封
答案：B

二、多选题

1. 排水户应当按照排水许可证确定的( )要求排水。
A. 排水类别、总量、时限　　B. 排放口位置和数量
C. 排放的污染物项目和浓度　　D. 排放污染物的种类
答案：ABC

2. 城镇地区应当统一规划建设公共排水和再生水设施，做到( )。
A. 雨污分流　　B. 厂网配套
C. 管网优先　　D. 与道路建设相协调
答案：ABCD

3. 下列参数与城市设计暴雨强度有关的是( )。
A. 设计暴雨强度　　B. 降雨历时　　C. 设计重现期　　D. 径流系数
答案：ABC

4. 截流井的形式有( )。
A. 堰式　　B. 槽式　　C. 漏斗式　　D. 槽堰结合式
答案：ABCD

5. 污水管线容易堵塞的原因有( )。
A. 管径小　　B. 坡度缓　　C. 水量小　　D. 无铺装路面
答案：ABCD

6. 检测完成后检测人员提交的检测成果应包括( )内容，具体情况根据甲方需求而定。
A. 工作依据文件：任务书或合同书、技术设计书
B. 工程凭证资料：所利用的已有成果资料；仪器的检验、校准记录
C. 检测原始记录：录像盘片、现场照片
D. 委托单位或监理方的质量检查报告及检测报告书(文档及光盘)
答案：ABCD

7. 管道检测应包括( )。
A. 检测作业时，出发去现场前应对仪器设备进行细致的自检
B. 现场检测作业时应按要求设立安全标志
C. 管道实地检测与判读
D. 检测完成后应及时清理现场，做好设备工作
答案：ABCD

8. 排水沟道中各种污水水流含有各种固体悬浮物，在这些物质中相对密度大于1的固体物质，属于可沉

降固体杂质，其沉降速度与沉降量决定于固体颗粒的(　　)。
A. 水流流量　　　　　B. 固体颗粒粒径　　　　　C. 水流流速
D. 固体颗粒性质　　　E. 固体颗粒的相对密度
答案：ABCE

9. 使用闭路电视检测系统进行管道检测时，直向摄影过程中，图像应保持正向水平，中途不应改变(　　)。
A. 拍摄角度　　　　　B. 焦距　　　　　C. 检测数据　　　　　D. 调整距离
答案：AB

10. 管道检测过程中，录像资料不应产生(　　)。
A. 画面暂停　　　　　B. 间断记录　　　　　C. 画面剪接的现象　　　　　D. 画面连续
答案：ABC

11. 排水设施管理系统应基于排水管网管理的核心业务，建立完善的业务支持体系，实现在统一的系统信息管理模式下，对排水管网各种核心数据的集中管控，提供高效的设施管理支持，提高数据使用效率，实现(　　)目标。
A. 排水管网地理信息数据及各种业务数据管理统一化
B. 排水管网运营、设施管理、养护管理等业务信息收集电子化
C. 排水管网设施的业务应用管理以及综合统计分析流域化
D. 排水管网地理信息及业务信息的展示多样化
答案：ABCD

12. 将模型的参数进行不断调整，直至模拟径流曲线最大可能地接近于真实监测的径流曲线后，模型才算校核成功。调整过程中遵循的重要原则是(　　)。
A. 体积近似相等原则　　　　　　　　　B. 峰值近似相同原则
C. 峰值时间近似相同原则　　　　　　　D. 流量相等原则
答案：ABC

13. 排水管道应定期进行功能状况的普查和评估，为制订养护计划提供依据。如下对功能状况普查周期的划分正确的是(　　)。
A. 排水管线的类型为断面尺寸≤1000mm，倒虹管时，普查周期≤1年
B. 排水管线的类型为断面尺寸≤1000mm，倒虹管时，普查周期≤2年
C. 排水管线的类型为断面尺寸>1000mm，倒虹管时，普查周期≤1年
D. 排水管线的类型为断面尺寸>1000mm，普查周期≤2年
答案：AD

14. 排水普查检测方案中，检测方案施工中的管理主要包括(　　)。
A. 设备管理　　　　　B. 人员管理　　　　　C. 质量控制　　　　　D. 安全控制和进度控制
答案：ABCD

15. 排水管道验收中常见的结构性病害有(　　)。
A. 井内支管接口处理不当　　　　　　　B. 管道内接口不齐
C. 管道渗漏水，闭水试验不合格　　　　D. 支管接口过高
答案：ABCD

16. 支管接口过长的危害性在管道运行中的表现有(　　)。
A. 支管接口过长会在管口处阻水障碍，容易造成管线堵塞故障
B. 支管接口过长会影响管线养护单位正常的维护作业，使清淤检查井内淤积物不彻底
C. 支管接口过长侵占井内空间严重影响管线维护人员井内作业
D. 须抢险抢修
答案：ABC

17. 排水巡查工接收热线信息派发、快速响应、现场核实原则是(　　)。
A. 排水巡查工在巡查过程中，接收到一般级别热线时，首先要了解清楚具体信息，立即联系热线反映人，赶往事发地点

B. 排水巡查工在到达现场后，与反映人一起现场查看，确认所反映事件的现场情况及问题，回复热线调度中心

C. 不用根据热线调度指令，排水巡查工进行下一步工作

D. 无须了解具体信息直接赶往事发地点

答案：AB

18. 排水巡查工上报热线信息、快速响应、现场核实原则是( )。

A. 排水巡查工在巡查过程中，发现设施一般级别问题后，不用拨打热线值班电话或者登陆专用手机平台系统上报详细情况

B. 热线明确接收后，根据热线调度指令，排水巡查工进行下一步工作

C. 热线调度明确要求看守现场的，排水巡查工要继续看守现场，维护现场安全，指引热线派发单元进场处置

D. 排水巡查无须现场看守

答案：BC

19. 以下关于热线按事件类型分类的描述正确的是( )。

A. 是指热线事件针对反映人发起诉求性质不同而采取的分类处理方式

B. 热线业务咨询

C. 热线平台接报来源分类

D. 按污染面积分类

答案：AB

20. 以下关于热线投诉索赔描述正确的是( )。

A. 是指反映人投诉排水设施运营单位，因外部或者内部丢失、损毁以及其他客观原因，造成反映人财产及人身受到伤害的投诉理赔事件等

B. 是指反映人投诉排水设施运营单位，因外部或者内部丢失、损毁以及其他客观原因，但未造成反映人人身受到伤害的投诉理赔事件等

C. 热线投诉(索赔涉及雨、污水检查井盖丢失、损毁、位移、翻转。雨水箅子丢失、损毁、位移、翻转、汛期淹泡等)造成单位及个人设施、财产所产生的索赔事件

D. 热线投诉(索赔涉及雨、污水检查井盖丢失、损毁、位移、翻转。雨水箅子丢失、损毁、位移、翻转、汛期淹泡等)，但未造成单位及个人设施、财产所产生的索赔事件

答案：AC

21. 城镇排水主管部门核发排水许可证的条件包括( )。

A. 污水排放口的设置符合城镇排水与污水处理规划的要求

B. 排放污水的水质符合国家或者地方的污水排入城镇下水道水质标准等有关标准

C. 按照国家有关规定建设相应的预处理设施

D. 按照国家有关规定在排放口设置便于采样和水量计量的专用检测井和计量设备；列入重点排污单位名录的排水户已安装主要水污染物排放自动监测设备

答案：ABCD

22. 《城镇排水与污水处理条例》规定：排水与污水处理设施保护范围内，有关单位从事爆破、钻探、打桩、( )活动的可能影响城镇排水与污水处理设施安全的，应当与设施维护运营单位等共同制订设施保护方案，并采取相应的安全防护措施。

A. 顶进 B. 圈占 C. 挖掘 D. 取土

答案：ACD

23. 县级以上地方人民政府应当根据当地降雨规律和暴雨内涝风险情况，( )加强雨水排放管理，提高城镇内涝防治水平。

A. 结合气象 B. 水文资料

C. 建立排水设施地理信息系统 D. 目测降水量

答案：ABC

24. 排水设施占压主要有( )。
A. 建筑物 B. 施工圈占 C. 堆物、堆料
D. 机动车 E. 构筑物
答案：ABCE

25. 排水设施管理工作的根本目的有( )。
A. 保持排水系统完好 B. 减少损坏，减轻日常养护工作量
C. 充分发挥排水设施的排水功能 D. 保证排水设施正常使用
答案：ABCD

26. PDA 手机 GPS 系统由( )组成。
A. GPS 巡查器(安卓智能手机) B. GSM 网络
C. GIS 地理信息系统 D. 巡查管理软件
答案：ABCD

27. 电化学式气体检测仪包括( )。
A. 原电池型气体传感器 B. 恒定电位电解池型气体传感器
C. 浓差电池型气体传感器 D. 极限电流型气体传感器
答案：ABCD

28. GIS 的操作对象主要有( )。
A. 属性数据 B. 地图数据 C. 设施数据
D. 采集数据 E. 空间数据
答案：AE

29. 《城镇排水管渠与泵站运行、维护及安全技术规程》(CJJ 68—2016)中按管道管径进行分类，以下属于小型管道的为( )。
A. 200mm B. 500mm C. 600mm D. 700mm
答案：ABC

30. 以下管道检测记录单的操作方法正确的有( )。
A. 单击管道检测信息列表中的"新增"按钮可增加管道检测记录单
B. 填写完整的管道检测信息后，缺陷等级是通过系统自动计算生成
C. 填写完整的设施名称后，地区重要性内容为自动生成
D. 管道充满度内容为系统自动生成
E. 管道流速内容为系统自动生成
答案：ABC

31. 在排水管网设施管理信息系统中管道检测记录单基本内容通常包括( )。
A. 检测日期 B. 设施名称 C. 操作员
D. 管径 E. 实际检测长度
答案：ABCDE

32. 管渠封堵应经排水管理部门批准的目的是防止擅自封堵管渠后造成( )和由此引起的雨污混接。
A. 道路积水 B. 污水冒溢 C. 管道存泥 D. 破坏排水设施
答案：AB

33. 加装( )是防止铸铁井盖被盗的常用方法。
A. 防盗链 B. 防盗铰 C. 合页 D. 锁具
答案：AB

34. 下列会导致发电机突然停机的有( )。
A. 新机运行负荷过大 B. 排气口堵塞 C. 火花塞故障 D. 点火线圈故障
答案：ACD

35. 防汛检查人员必须做到"四勤、三清、三快"中的"三快"是( )。
A. 发现险情快 B. 交通运输快 C. 处理快 D. 报告快

答案：ACD

36. 城区内涝灾害主要包括( )。
    A. 河道漫溢 B. 大范围积水 C. 危旧房屋倒塌 D. 地下设施进水
    答案：ABCD

37.《北京市农村污水处理和再生水利用项目实施暂行办法》要求：用水单位和个人应当缴纳污水处理费。污水处理费应当包括( )等费用。
    A. 污水管网维护管理 B. 污水处理 C. 污泥处置等费用 D. 化粪池清掏
    答案：ABC

38. 2017年北京市水务局局长金树东在全市水务执法专题会上指出，各区水行政主管部门、区属各执法单位要结合贯彻落实即将出台的《北京市进一步全面推进河长制工作方案》和环保督查整改要求包括( )。
    A. 主要负责同志亲自抓、总负责
    B. 把水政执法工作情况提到本部门、本单位重要议事日程
    C. 下大力气协调解决部门关系；整合内部力量
    D. 落实执法经费；装备执法装备
    答案：ABCD

39. 电视检测的对象应包括( )。
    A. 污水管道 B. 雨水管道 C. 合流管道 D. 附属设施
    答案：ABCD

40. 管道检测按任务可分为( )。
    A. 普查和紧急检测 B. 竣工验收确认检测 C. 交接确认检测
    D. 来自其他工程的影响检测 E. 其他检测
    答案：ABCDE

41. 现场管道检测应包括( )。
    A. 设立施工现场围栏和安全标志，必要时须按照道路交通管理部门的指示封闭道路后再作业
    B. 管道预处理，如封堵、吸污、清洗、抽水等 C. 仪器设备自检
    D. 管道实地检测与初步判读 E. 检测完成后应及时清理现场，保养设备
    答案：ABCDE

42. 在进行管道检测前宜先做预疏通清洗，使管道内壁无污泥或杂物覆盖，淤泥深度要求为( )。
    A. $300mm < D \leq 600mm$，污泥深度小于30mm B. $300mm < D \leq 600mm$，污泥深度小于40mm
    C. $600mm < D \leq 2000mm$，污泥深度小于70mm D. $600mm < D \leq 2000mm$，污泥深度小于90mm
    答案：AC

43. 电视检查设备保养主要分为( )。
    A. 日常保养 B. 年度保养 C. 定期保养 D. 不定期保养
    答案：AC

44. 电视检查设备的组成主要有( )。
    A. 爬行器 B. 摄像头 C. 主机 D. 电缆鼓盘
    答案：ABCD

45. 系统应基于排水管网管理的核心业务，建立完善的业务支持体系，实现在统一的系统信息管理模式下，对排水管网各种核心数据的集中管控，提供高效的设施管理支持，提高数据使用效率，实现( )目标。
    A. 排水管网地理信息数据及各种业务数据管理统一化
    B. 排水管网运营、设施管理、养护管理等业务信息收集电子化
    C. 排水管网设施的业务应用管理以及综合统计分析流域化
    D. 排水管网地理信息及业务信息的展示多样化
    答案：ABCD

46. 管网设施是城市安全运行的重要公共设施之一，确保排水管网使用功能、结构功能、附属构筑物正常的主要手段就是定期对管道进行维护，包括( )等维护作业。

A. 管道冲洗　　　　　B. 疏通　　　　　　C. 清淤　　　　　　D. 清掏
答案：ABCD

47. GIS对空间事物的(　　)目前还处于研究和试验阶段，投入实际应用的实例还不多见。
A. 模拟　　　　　　B. 预测　　　　　　C. 智能决策功能　　D. 判定
答案：ABC

48. 排水管网系统具备图上划定区域范围进行信息查询的工具，提供了(　　)等多种空间查询的方式。
A. 拉线查询　　　　B. 矩形查询　　　　C. 圆形查询　　　　D. 自定义图形查询
答案：ABCD

49. 洼水(WS)根据缺陷程度不同分为三类，分别为(　　)。
A. 深度小于断面尺寸的20%　　　　　　B. 深度为断面尺寸的20%～40%
C. 深度大于断面尺寸的40%　　　　　　D. 过水断面积损失小于10%
E. 过水断面积损失为10%～25%
答案：ABC

50. 结垢(JG)根据缺陷程度不同分为三类，分别为(　　)。
A. 过水断面积损失小于10%　　　　　　B. 过水断面积损失为10%～25%
C. 过水断面积损失大于25%　　　　　　D. 过水断面积损失小于15%
E. 过水断面积损失为15%～35%
答案：ABC

51. 杂物(ZW)根据缺陷程度不同分为三类，分别为(　　)
A. 过水断面积损失小于5%　　　　　　 B. 过水断面积损失为5%～15%
C. 过水断面积损失大于15%　　　　　　D. 过水断面积损失小于25%
E. 过水断面积损失为30%～45%
答案：ABC

52. 关于设施完好率的计算，以下说法不正确的是(　　)。
A. 评估区域设施完好率=(一、二级管线合计长度/普查的管线总长度)×100%
B. 评估区域设施完好率=(三、四级管线合计长度/普查的管线总长度)×100%
C. 评估区域设施完好率=(一、二级管线合计长度/三、四级管线得总长度)×100%
D. 评估区域设施完好率=(三、四级管线合计长度/一、二级管线的总长度)×100%
E. 评估区域设施完好率=(一、三级管线合计长度/普查的管线总长度)×100%
答案：BCDE

53. 以下属于破裂形式的是(　　)。
A. 纵向　　　　　　B. 环向　　　　　　C. 复合
D. 残缺　　　　　　E. 折断
答案：ABC

54. 接到排污入河事件，需要向来电人核实的现场情况包括(　　)。
A. 排水口数量　　　B. 排河口的具体位置　C. 河道的上下游　　D. 每次排水的时间
答案：ABCD

55. (　　)需要72h内完成并回复反映人。
A. 表扬建议　　　　B. 投诉索赔　　　　C. 再生水服务
D. 黑臭水体　　　　E. 应急抢险
答案：ABC

56. 以下胡同属于北京市东城区管辖的有(　　)。
A. 礼士胡同　　　　B. 东厂胡同　　　　C. 干面胡同　　　　D. 灵光胡同
答案：ABCD

57. 以下路、大街所属城区正确的有(　　)。
A. 隆恩寺路—海淀区　　　　　　　　　B. 月坛北街—西城区

C. 马连道路—西城区 D. 永泰庄东路—海淀区
答案：BCD

58. 以下关于排水事件分类描述准确的是( )。
A. 北京市西城区广外街道，莲花河胡同2号院外市政污水管道堵塞。设施诉求，管网堵冒
B. 北京市朝阳区北五环林萃桥向南1km处，有单位向雨水箅子里排放污水。设施诉求，管网堵冒
C. 北京市朝阳区大羊坊路，十八里店乡政府对面，雨水箅子丢失。设施诉求，箅子丢损
D. 北京市朝阳区黄山木店，655车站北侧便道上，中水大量跑水。设施诉求，应急抢险
答案：ACD

59. 锅炉"三证"为( )齐全。
A. 产品合格证 B. 使用登记证 C. 年度检验报告 D. 出厂登记证
答案：ABC

60. 验电笔在使用前须做的检查有( )。
A. 电压等级合适的 B. 经过试验的 C. 在试验有效期内的 D. 无须试验
答案：ABC

三、简答题

1. 排水户不得有哪些危及城镇排水设施安全的行为？
答：(1)向城镇排水设施排放、倾倒剧毒、易燃易爆物质、腐蚀性废液和废渣、有害气体和烹饪油烟等。
(2)堵塞城镇排水设施或者向城镇排水设施内排放、倾倒垃圾、渣土、施工泥浆、油脂、污泥等易堵塞物。
(3)擅自拆卸、移动和穿凿城镇排水设施。
(4)擅自向城镇排水设施加压排放污水。

2. 排水设施检测的对象是排水管道、检查井雨水口及其他附属设施。其作业应用范围主要包括哪些？
答：(1)查找排水系统隐蔽或被覆盖的检修井或去向不明管段。
(2)查找、确定非法排放污水的源头及接驳口。
(3)可直接排放污水与须处理污水的合流情况检测。
(4)管路淤积、排水不畅等原因的调查。
(5)污水处理厂通过排水系统承水量不足或接受过多不明渗入水的检测。
(6)管道的腐蚀、破损、接口错位、淤积等运行状况的检测。
(7)污水泄漏污染的检测。
(8)新建排水系统的竣工验收。
(9)排水系统改造或疏通的竣工验收。
(10)由于污水泄漏造成地基塌陷，建筑结构受到破坏情况评估等。
(11)排水设施普查等需求。

3. 抢险指挥部职责是什么？
答：研究制订突发事件应急抢险重大决策和指导意见，启动、终止预案，组织指挥重特大险情的处置。接受市级现场指挥部指令。主管管网运行养护、调查、抢险配合、设施台账、看护、泵站设备的维修、保养和抢险设备的维修。如指挥因特殊情况不能赶赴现场进行应急抢险指挥时，可指定副指挥代行指挥职责。负责接受新闻媒体采访或授权副指挥接受新闻媒体采访。

4. 城市排水许可证书有效期到期，且需要继续排放污水的排水户应当做哪些工作？
答：城市排水许可证书有效期满需要继续排放污水的，排水户应当在有效期届满30d前，向排水管理部门提出延期申请。

5.《北京市排水和再生水管理办法》第十七条规定排水设施周边出现哪些行为须到运营单位办理手续？
答：(1)在排水和再生水设施周边进行施工作业可能影响排水和再生水设施安全运营的。
(2)建设工程需要拆改、迁移、废除排水和再生水设施的。

6. 城市防洪规划应包含哪些主要内容？

答：（1）确定城市防洪、排涝规划标准。

（2）确定城市用地防洪安全布局原则，明确城市防洪保护区和蓄滞洪区范围。

（3）确定城市防洪体系，制订城市防洪、排涝方案与城市防洪非工程措施。

7. 请用表格的形式列出手持 CCTV 的保养内容、保养周期及保养技术要求。

答：见下表。

保养内容	周期	保养技术要求
镜头、照明灯、控制器	每周	表面完好，聚焦、变焦等各项功能有效、控制器的各项按钮灵敏有效
镜头连接电缆、各类信号线	每周	无死角、表皮无破裂、插头触针无损坏
电池	每周	电池无破损，供电时间无明显的缩短
整套设备	每周	清洁
整套设备	每月	进行 1 次全面检查

8. 简述使用爬行器电视检查设备检测管道时的检测方法。

答：（1）爬行器的行进方向宜与水流方向一致。

（2）管径不大于 200mm 时，直向摄影的行进速度不宜超过 0.1m/s；管径大于 200mm 时，直向摄影的行进速度不宜超过 0.15m/s。

（3）检测时摄像镜头移动轨迹应在管道中轴线上，偏离度不应大于管径的 10%。当对特殊形状的管道进行检测时，应适当调整摄像头位置并获得最佳图像。

（4）将载有摄像镜头的爬行器安放在检测起始位置后，在开始检测前，应将计数器归零。当检测起点与管段起点位置不一致时，应做补偿设置。

（5）每一管段检测完成后，应根据电缆上的标记长度对计数器显示数值进行修正。

（6）直向摄影过程中，图像应保持正向水平，中途不应改变拍摄角度和焦距。

（7）在爬行器行进过程中，不应使用摄像镜头的变焦功能，当使用变焦功能时，爬行器应保持在静止状态。当需要爬行器继续行进时，应先将镜头的焦距恢复到最短焦距位置。

（8）侧向摄影时，爬行器宜停止行进，变动拍摄角度和焦距以获得最佳图像。

（9）管道检测过程中，录像资料不应产生画面暂停、间断记录、画面剪接的现象。

（10）在检测过程中发现缺陷时，应将爬行器在完全能够解析缺陷的位置至少停止 10s，确保所拍摄的图像清晰完整。

（11）对各种缺陷、特殊结构和检测状况应作详细判读和量测，并填写现场记录表。

9. 爬行器电视检查设备影像判读的要求有哪些？

答：（1）缺陷的类型、等级应在现场初步判读并记录。现场检测完毕后，应由复核人员对检测资料进行复核。

（2）缺陷尺寸的判定可依据管径或相关物体的尺寸。

（3）无法确定的缺陷类型或等级应在评估报告中加以说明。

（4）缺陷图片宜采用现场抓取最佳角度和最清晰图片的方式，特殊情况下也可采用观看录像截图的方式。

（5）对直向摄影和侧向摄影，每一处结构性缺陷抓取的图片数量不应少于 1 张。

10. 使用爬行器电视检查设备检测时，遇到哪些情况应停止检测？

答：（1）爬行器在管道内无法行走或推杆在管道内无法推进时。

（2）镜头沾有污物时。

（3）镜头浸入水中时。

（4）管道内充满雾气，影响图像质量时。

（5）其他原因无法正常检测时。

11. 根据排水管线结构评定标准，结构性缺陷共分为几种？分别是哪几种？

答：共分为 7 种，包括腐蚀、破裂、变形、错口、脱节、渗漏、侵入。

12. 排水热线事件中设施诉求的二级分类有哪些？

答：管网堵冒、井盖丢损、箅子丢损、汛期积水、私接私排、外力破坏、应急抢险、污水处理、污泥处置、水表水卡、其他类型。

13. 为什么电缆线路停电后用验电笔验电时，短时间内还有电？

答：电缆电路相当于一个电容器，停电后线路还存有剩余电荷，对地仍然有电位差。若停电立即验电，验电笔会显示出线路有电。因此必须经过充分放电，验电无电后，方可装设接地线。

14. 集团安全管理"一岗双责"如何解释？

答："一岗双责"是指集团各级党组织领导、生产经营领导及职能部门负责人在做好业务范围内工作同时，按照"谁主管、谁负责"、"管业务必须管安全"、"管生产经营必须管安全"和"分级负责、落实责任"的原则，抓好业务范围内的安全生产工作，履行相应的安全生产责任。

四、计算题

1. 通过 CCTV 检测，某管线长度为 400m，管径 600mm，此井段共计发现 3 种功能缺陷，且第一种和第二种为同一位置处（即同一处出现两种缺陷），3 种功能缺陷具体参考如下描述：第一种为轻度树根，缺陷纵向计量长度为 1 个；第二种为轻度积泥，缺陷纵向计量长度为 1m；第三种为重度封堵，缺陷纵向计量长度为 5 个。

根据以上情况，判断缺陷类型并求此管线的淤积状况系数 Y。

解：由以上情况可判断轻度树根权重为 $P=0.15$，轻度积泥权重为 $P=0.05$，重度封堵权重为 $P=6.00$，得

该管线沿程平均淤积状况系数 $Y_\alpha = \dfrac{1}{\alpha L}\sum_{i=1}^{n} P_i L_i = [1\times(1\times0.15+1\times0.05+6\times5)]/(0.4\times400)\approx 0.19$

该管线局部最大淤积状况系数 $Y_m = \dfrac{1}{\beta}\max\{P_i\} = 1\times 6/1 = 6$

则 $Y_m > Y_\alpha$，$Y = Y_m = 6$

2. 已知管段运行状况最大系数为 6，管段运行状况系数为 5，功能性缺陷影响系数取 1，求该管段的功能性缺陷参数，并判断该管段的功能性缺陷等级。

解：功能性缺陷参数计算公式为：当 $Y_{max}>\beta Y$ 时，$G=Y_{max}$；当 $Y_{max}<\beta Y$ 时，$G=\beta Y$

已知 $Y_{max}=6$，$Y=5$，$\beta=1$，则 $\beta Y=5$，故该管段的功能性缺陷参数 $G=Y_{max}=6$

该管段的结构缺陷等级为 4 级。

3. 已知某管段长度为 50m，且存在 3 级沉积缺陷 10m，2 级结垢 10m，3 级树根缺陷 1m，3 级渗漏缺陷 1m，求该管段的功能性缺陷密度指数，并判断其管段功能性缺陷类型。

解：已知 $L=50m$，该管段有沉积、结垢、树根 3 类病害，且 3 级沉积缺陷的分值为 6，2 级结垢缺陷的分值为 3，3 级树根缺陷的分值为 6，根据

$Y_M = \dfrac{1}{YL}\sum_{j=1}^{m} P_j L_j$，$Y=(3+6+6)/3=5$，则该管段的功能性缺陷密度指数 $Y_M = (6\times10+3\times10+6\times1)/(5\times50)=0.384$

管段结构性缺陷类型为部分或整体缺陷。

4. 已知某管段长度为 50m，且存在 4 级障碍物缺陷 10m，3 级结垢 10m，浮渣 30m，求该管段的功能性缺陷密度指数，并判断其管段功能性缺陷类型。

解：已知 $L=50m$，该管段有障碍物、结垢、浮渣三类病害，且 4 级障碍物缺陷的分值为 10，3 级结垢缺陷的分值为 6，浮渣不计入计算，根据

$Y_M = \dfrac{1}{YL}\sum_{j=1}^{m} P_j L_j$，$Y=(10+6)/2=8$，则该管段的功能性缺陷密度指数 $Y_M = (10\times10+6\times10)/(8\times50)=0.4$

管段结构性缺陷类型为部分或整体缺陷。

5. 已知某管段长度为 50m，且存在 3 级沉积缺陷 50m，2 级障碍物 1m，3 级树根缺陷 1m，3 级结垢 1m，求该管段的管段运行状况系数以及管段运行状况最大系数。

解：由管段运行状况系数 $Y_m = \frac{1}{m}\sum_{j=1}^{m} P_j$，得 $Y = (6+3+6+6)/4 = 5.25$

由管段损坏状况最大系数 $Y_{max} = \max\{P_j\}$，得 $Y_{max} = 6$

6. 已知某管段长度为50m，且管段存在沉积50m，沉积物厚度大于管径的40%，存在障碍物1m，断面损失为10%，求该管段的管段运行状况系数以及管段运行状况最大系数。

解：由管段运行状况系数 $Y_m = \frac{1}{m}\sum_{j=1}^{m} P_j$，得 $Y = (10+6)/2 = 8$

由管段损坏状况最大系数 $Y_{max} = \max\{P_j\}$，可得 $Y_{max} = 10$

7. 已知某管段长度为50m，且管段存在树根10m，过水断面积损失量20%，存在障碍物1m，断面损失为40%，求该管段的管段运行状况系数以及管段运行状况最大系数。

解：由管段运行状况系数 $Y_m = \frac{1}{m}\sum_{j=1}^{m} P_j$，得 $Y = (6+10)/2 = 8$

由管段损坏状况最大系数 $Y_{max} = \max\{P_j\}$，得 $Y_{max} = 10$

8. 已知某管段长度为50m，且管段存在结垢10m，硬质结垢造成的过水断面积损失20%，存在沉积物40m，断面损失为15%，求该管段的管段运行状况系数以及管段运行状况最大系数。

解：由管段运行状况系数 $Y_m = \frac{1}{m}\sum_{j=1}^{m} P_j$，得 $Y = (3+3)/2 = 3$

由管段损坏状况最大系数 $Y_{max} = \max\{P_j\}$，得 $Y_{max} = 3$

9. 已知某管段长度为50m，已知管道有沉积物，沉积物厚度为管径的3%，管道一处有障碍物，障碍物使断面损失35%，管道内有浮渣。求该管段的管段运行状况系数以及管段运行状况最大系数。

解：由题可知，该管段有一级沉积，四级障碍物，浮渣不计入计算。

由管段运行状况系数 $Y_m = \frac{1}{m}\sum_{j=1}^{m} P_j$，得 $Y = (1+10)/2 = 5.5$

由管段运行状况最大系数 $Y_{max} = \max\{P_j\}$，得 $Y_{max} = 10$

10. 已知某条管段地区重要性参数为10，管道重要性参数为6，已知管段运行状况最大系数为4，管段运行状况系数为2.5，功能性缺陷影响系数取1.2。求管道养护指数 MI，并判断该管段的养护等级。

解：已知 $Y_{max} = 4$，$Y = 2.5$，$\beta = 1.2$，则 $\beta Y = 3$，则，故该管段的功能性缺陷参数 $G = Y_{max} = 4$

养护指数 $MI = 0.8G + 0.15K + 0.05E = 0.8 \times 4 + 0.15 \times 10 + 0.05 \times 6 = 5$

该管段的养护等级为3级。

第三节 操作知识

一、单选题

1. 占压、掩埋、拆卸、穿凿、阻塞、移动排水设施的处置的措施有（　　）。
A. 将破坏设施的行为上报主管部门，并向施工方转达上级对破坏设施行为的处理要求
B. 不用将破坏设施的行为上报主管部门，只须向施工方转达上级对破坏设施行为的处理要求
C. 将破坏设施的行为上报主管部门，不向施工方转达上级对破坏设施行为的处理要求
D. 不用将破坏设施的行为上报主管部门，不向施工方转达上级对破坏设施行为的处理要求
答案：A

2. 向排水设施倾倒垃圾、粪便、渣土、施工废料等废弃物的处置措施有（　　）。
A. 排水巡查工赶到现场后，对倾倒行为拍照留存证据
B. 不用向对方表明身份及出示相关证件
C. 等候上级指令再劝阻倾倒行为
D. 劝告后离开
答案：A

3. 以下关于排河口异常排放的处置措施正确的是( )。
   A. 排水巡查工立即赶到现场与反映人核实情况，不用拍照取证
   B. 请求检测班组支援，使用测量设备，精确测量排入河道的污水量，并追根溯源，找到上游排污户。(留存影像资料)
   C. 在找到排污户的情况下，要求排污户停止违规排放，告知其造成的不良后果及承担的相应责任，无限期整改
   D. 排水巡查工无须赶到现场，只须与反映人电话核实情况
   答案：B

4. 以下关于雨、污水冒溢的处置措施正确的是( )。
   A. 排水巡查工立即赶到现场与反映人核实情况，并拍照取证
   B. 排查雨、污水检查井状况，不用查看管线运行情况
   C. 根据调查结果如实反馈热线中心后离开现场
   D. 不用排查雨、污水检查井及管线，等待支援
   答案：A

5. 应急救援的方式分为( )。
   A. 自救　　　　B. 进入救援　　　　C. 无须进入的救援　　　　D. 以上均正确
   答案：D

6. 气体检测报警仪更换传感器后应先( )。
   A. 活化　　　　B. 使用　　　　C. 调零　　　　D. 校准
   答案：A

7. 实施心肺复苏术时，做( )个循环后可以观察一下伤病员的呼吸和脉搏。
   A. 1　　　　B. 3　　　　C. 5　　　　D. 7
   答案：C

8. ( )技术是外伤急救技术之首。
   A. 包扎　　　　B. 止血　　　　C. 搬运　　　　D. 固定
   答案：B

9. 以下对正压式空气呼吸器使用的描述错误的是( )。
   A. 不能在水下使用　　　　B. 供气时间可维持 30～40min
   C. 只用于一般作业　　　　D. 使用前要检查气瓶气压
   答案：C

10. 电化学式气体检测仪的缺点是( )。
    A. 在不可燃性气体范围内，无选择性　　　　B. 定性较差，受环境影响较大
    C. 在可燃性气体范围内，无选择性　　　　D. 不宜应用于计量准确要求的场所
    答案：C

11. 使用过滤式自救呼吸器时，当环境中氧气浓度低于( )时不能使用。
    A. 15%　　　　B. 16%　　　　C. 17%　　　　D. 18%
    答案：C

12. 电动车日常维护保养时，电动自行车长期不用时，应( )，要将电池里的电充满后存放，切忌不能在亏电的状态下存放。
    A. 每月充 1 次电　　　　B. 每季度充 1 次电
    C. 每半年充 1 次电　　　　D. 每年充 1 次电
    答案：A

13. 便携式复合气体检测仪应每( )校验 1 次。
    A. 一季度　　　　B. 半年　　　　C. 一年　　　　D. 两年
    答案：B

14. 气体检测仪不能开启的原因不包括( )。

A. 无电池 B. 电池电量耗尽
C. 检测仪损坏或有缺陷 D. 检测仪要校准

答案：D

15. 气体检测仪使用时，装置无法自动归零或无法确定校准氧气传感器读数，出现此情况的原因是（　　）。
A. 电池电量不足 B. 检测仪处于校准模式
C. 检测仪的运行无须使用者的输入 D. 氧气传感器失效

答案：D

16. 关于管网普查的主要工作内容，下列说法正确的是（　　）。
A. 检查检查井井盖、井筒、踏步、井室、流槽、雨水口、管道等是否完整，有无损害的现象
B. 了解污水和合流管道充满度和变化情况，查看雨水管道是否有污水，检查管道的存泥情况
C. 查看检查井、雨水口以及排河口的淤积程度
D. 检查倒虹吸、截流井、跌落井的运行和使用情况

答案：A

17. 日常巡视记录中管线沉陷、地面坍塌的记录对于技师级工来说，其承担程度应为（　　）。
A. 负责　　　　　B. 熟练　　　　　C. 熟悉　　　　　D. 参与

答案：A

18. 功能性检测病害一般可通过（　　）等手段解决。
A. 日常养护疏通　　B. 工程修复　　C. 更新改造　　D. 抢险抢修

答案：A

二、多选题

1. 以下关于汛期积滞水的处置措施正确的是（　　）。
A. 排水巡查工赶到现场后，应立即向上级汇报真实积滞水面积、深度
B. 在做好安全防护的情况下，自行排查汛期积滞水原因。先期进行排放积滞水，打捞雨水口杂物，码放安全标示，开启雨水箅子放水
C. 对于管线顶托、管线淤堵、其他管线结构性问题等，不能自行解决的上报上级主管，上传现场照片，等待并请求支援
D. 按照上级指示开展后续工作，并记录巡查日志

答案：ABCD

2. 以下关于现场路面塌陷时的处置措施正确的是（　　）。
A. 排水巡查工赶到现场后，在塌陷来车方向设置警示标志，周边设置警戒线
B. 查看塌陷内有无积滞水，对现场进行拍照
C. 查看周边有无设施管线，如果路面塌陷周边没有排水设施，应立即上报主管部门，协调其他单位处理
D. 路面塌陷下方及周边有排水设施，则立即查验排水设施上、下游管线运行情况

答案：ABCD

3. 机闸保养的注意事项是（　　）。
A. 排河口闸门、调水闸门保养完成后，及时回复原有开启或关闭状态
B. 排河口闸门保养要将河道水降至最低，防止发生淹溺
C. 排河口闸门的开启与关闭要经过上级同意
D. 排河口闸门的开启与关闭无须经过上级同意

答案：ABC

4. 骑行前应检查（　　）。
A. 胎压是否正常
B. 前、后轮是否锁紧
C. 把横、把立紧固螺母旋紧（插入深度不得露出把立管鞍安全线）
D. 鞍座、鞍管紧固螺母旋紧（插入深度不得露出立管鞍管安全线）

答案：ABCD

5. 严寒和寒冷地区冬季排水管道养护应符合的规定有（　　　）。
   A. 冰冻前，可对雨水口采用编织袋、麻袋或木屑等保温材料覆盖的防冻措施
   B. 发现管道冰冻堵塞应及时采用蒸汽化冻
   C. 融冻后，应及时清除用于覆盖雨水口的保温材料，并应清除随融雪流入管道的杂物
   D. 不得将道路积雪倒入排水管渠中

答案：ABCD

三、简答题

1. 简述巡查仪器设备维修的要求。

答：(1)对使用各部门提出的设备维修申请，维修人员应及时予以响应和处理。维修完毕后，维修人员应详细填写仪器设备维护、保养记录表，并通知使用部门恢复使用。

(2)对无法解决的或疑难的问题应及时上报上级领导。

(3)定期对巡查仪器设备进行安全检查，及时发现问题并及时处理，防止发生意外事故。

(4)积极创造条件开展预防性维修(PM维修)，降低设备故障发生的概率。

(5)对保修期内或购置保修合同的设备，要掌握其使用情况。出现问题时，及时与保修厂方联系，对维修结果做好相应的维修记录，并检查保修合同的执行情况。

(6)应做好休息时间和节假日的维修值班，确保节假日和休息时间均能处理突发的维修要求。

(7)保持工作区域的安全与整洁。保管好各种维修工具、仪器，防止丢失损坏。

2. 操作人员发现设备有不正常情况，应立即检查原因，及时反映。在紧急情况下，应采取果断措施或立即停止运行，并上报和通知值班长及有关岗位，不弄清原因、不排除故障不得盲目启动设备。简述其他须做好的主要工作。

答：(1)未处理的缺陷须记于运行记录上，并向下一班交代清楚。

(2)不能立即消除的缺陷，要详细填写仪器设备维护、保养记录表，及时上报维修部门检修予以消除。

3. 如何及时制止破坏截流(沟)口的行为？

答：向截流(沟)口内倾倒垃圾、粪便、残土、废渣等废弃物；在截流(沟)口控制范围内修建各种建(构)筑物；在截流(沟)口控制范围内挖洞、取土、采砂、打井、开沟、种植及堆放物件；擅自向截流(沟)口内接入排水管，在截流(沟)口内筑坝截水、安泵抽水、私自建闸、架桥或架设跨渠管线。

4. 简述导致道路积滞水的原因(不少于五类)及对应的处置手段。

答：(1)排水设施缺失(如道路低洼处无雨水口等)：强制抽排，增设排水设施(或道路改造)。

(2)排水设施设计标准偏低：建立调蓄池、扩建设施，提高排水能力。

(3)杂物堵塞雨水口：加强雨中巡查、打捞，及时清理堵塞物。

(4)管道堵塞：强制抽排，加强汛前和汛中的管道维护。

(5)河湖水位顶托：做好现场隔离，及时降低河湖水位。

(6)排水泵站故障(如断电等)：做好现场隔离，强制抽排，及时恢复泵站运行。

(7)出现极端天气：完善并及时启动应急预案。

5. 接到积滞水事件诉求时，应先询问反映人哪些信息？

答：应先询问交通是否中断、路面是否塌陷、是否淹车伤人、井盖是否顶托移位、积水面积、积水深度。

四、实操题

1. D1500污水管道内50m人力掏挖作业的劳保防护和作业安全设备选择及下井的操作。

情景设置：(1)非机动车道；(2)不涉及出泥、运输、消纳；(3)有限空间环境评估2级，准入2级；(4)白天。

序号	知识点	考核项	考核细则
1	劳动保护、安全防护用品使用	个体防护	统一着装，反光服、安全帽、防护鞋、防护手套等佩戴齐全，缺项不得分

续表

序号	知识点	考核项	考核细则
2	占道作业交通安全设置技术要求	交通维护导行	占道区域设置锥桶应使用警戒带隔离，设置施工告知牌
3			占道作业保证非机动车和行人安全通行
4			设置上游过渡区和缓冲区，且上游过渡区不小于5m，缓冲区不小于2m
5	安全防护设备的选择与使用	气体检测设备	选择泵吸式四合一气体检测仪
6		呼吸防护设备	选择携气式正压空气呼吸器
7		防坠落设备	选择全身式安全带、安全绳，且有快速接头（D形环），缺项不得分
8		通风设备	选择防爆型鼓风机，确保网管无明显破损

2. 排水管道（含检查井）功能性状况目视检查及手持式CCTV(QV)检查的操作。

情景设置：（1）非机动车道；（2）污水，管径600mm；（3）井盖破裂；（4）管道有轻微漏金、轻度侵入病害；（5）车巡；（6）白天。

序号	知识点	考核项	考核细则
1	劳动保护、安全防护用品使用	个体防护	统一着装，反光服、安全帽、防护鞋、防护手套等佩戴齐全，缺项不得分
2	占道作业交通安全设置技术要求	交通维护导行	占道区域设置锥桶应使用警戒带隔离，设置施工告知牌
3			占道作业保证非机动车和行人安全通行
4			设置上游过渡区和缓冲区，且上游过渡区不小于5m，缓冲区不小于2m
5	规范使用巡查常用工具	开启检查井	正确开启检查井井盖，确保井盖放置平稳
6		目视检查	检查道路附属设施完好情况，检查设施线位路面沉降，检查路面渗水情况，查看检查井结构状态，并记录巡查日志（记录不小于三项）
7		测泥杆检查	测泥杆测量检查井井深、测水深、测管径、测充满度、测泥深、测埋深并记录巡查日志（记录不少于四项）
8		CCTV手持检测程序	连接镜头、操作杆、支撑杆、电源、显示器等
9			根据检测深度，分别调整支撑杆和操作杆的长度，将摄像头调整到适合管道拍摄的位置
10			开启控制器，显示器出现图像，系统准备就绪
11			检查光源设备，开关及调节光亮度
12			使用CCTV手持检测设备下井检测前，应先录制此次检测任务的相关信息，同时对该作业区域录制明显标志物，录制停顿3s
13			检测仪器下井后镜头放置管道中心位置水平面以上，不得将镜头浸泡在水中
14		维护与保养	为保证检测效果，注意用清水及软布对摄像镜头保护，玻璃及光源镜片进行必要的清洁
15			对支撑杆进行必要的清洁，令其清洁光滑，保证拉伸的自如和便利
16	巡查处置		上报检查井盖破裂事件，对现场做好看护，等待处置人员到位进行交接后方可撤离
17			填写巡查日志

3. 圆形检查井井筒修复与井盖更换的操作。

情景设置：(1)支路，双向四车道，无交叉、转弯；(2)井盖与井座以下部分砖砌井筒损坏；(3)白天。

序号	知识点	考核项	考核细则
1	劳动保护、安全防护用品使用	个体防护	统一着装，反光服、安全帽、防护鞋、防护手套等佩戴齐全，缺项不得分
2	占道作业交通安全设置技术要求	交通维护导行（可指派外援指挥交通）	占道作业时封闭一条行车道
3			使用锥桶隔离占道作业，将功能区划分为6个区域
4			预警区设置施工标志、限速标志等
5			上游过渡区内设置作业区标志、闪光箭头板、作业警示灯等标志
6			缓冲区内设置作业区标志、闪光箭头板、消能桶、作业警示灯等标志
7			所有警示标志高度应大于1.8m
8			上游过渡区锥桶间距不大于2m，作业区锥桶间距不大于3m
9			占道区域应使用警戒带隔离
10	按规定配比拌制混凝土、水泥砂浆等固结材料	人工搅拌砂浆	砂浆搅拌均匀，黄沙采用中、粗砂并过筛，水泥砂浆比例为1:3
11			抹面或勾缝水泥砂浆比例为1:2
12			工人搅拌砂浆应采用三干三湿拌和均匀，做到随拌随用
13			砂浆标号必须符合要求，无设计注明时，采用标号10号砂浆
14	附属构筑物维修、更换	砖砌井砌筑	沿检查井周边30cm将路面按圆形方法进行切割
15			将旧有井盖、井圈以及损坏部分井筒砖结构等取出，清理平整，然后用水清洗砖面并浸透
16			砌筑时就放线定位
17			砌体不得有竖向通缝，必须为上下错缝，内外搭接，砖与砖之间灰缝保持在10mm(±2mm)
18			每砌一层砖，可用扫帚适量洒水并用泥刀将砂浆刮入砖缝，不得直接浇水，以免跑浆
19			砖砌圆形检查井，随时测量检查井内径尺寸，确保不走样
20			砖缝间用1:2砂浆嵌实，勾成凹缝
21		更换井盖	将砂浆搅拌均匀(比例：1:3)平铺井筒上方，厚度2~3cm，将井盖垂直放置砂浆找平层上方
22			比原有路面高约5~10mm(用水平尺或者小线找准高程)，井筒外围夯实处理
23			在检查井安装时必须注意用1:1:1的混凝土对井圈四周加固，防止检查井位移、下沉
24			待水泥砂浆凝固后(30min为宜)方可平铺热沥青。完成后使用1:1的水泥砂浆对井圈内部进行勾缝处理，勾缝应均匀、密实
25			在路面恢复时必须注意检查井周边沥青必须与原有路面连接平稳，新旧路面接茬不得有毛茬

4. 偏沟式雨水口砌筑及雨水箅子的安装。

情景设置：(1)非机动车道；(2)白天。

序号	知识点	考核项	考核细则
1	劳动保护、安全防护用品使用	个体防护	统一着装，反光服、安全帽、防护鞋、防护手套等佩戴齐全，缺项不得分
2	占道作业交通安全设置技术要求	交通维护导行	占道区域设置锥桶应使用警戒带隔离，设置施工告知牌
3			占道作业保证非机动车和行人安全通行
4			设置上游过渡区和缓冲区，且上游过渡区不小于5m，缓冲区不小于2m
5	按规定配比拌制混凝土、水泥砂浆等固结材料	人工搅拌砂浆	砂浆搅拌均匀，黄沙采用中、粗砂并过筛，水泥砂浆比例为1:3
6			抹面或勾缝水泥砂浆比例为1:2
7			工人搅拌砂浆应采用三干三湿拌和均匀，做到随拌随用
8			砂浆标号必须符合要求，无设计注明时，采用标号10号砂浆
9	附属构筑物维修、更换	雨水口砌筑	放出雨水口中心位置线，按雨水口尺寸摆出井壁砖墙位置
10			雨水口支管在雨水口露出的长度不大于20mm
11			雨水口底面为混凝土10cm垫层。待砼达到要求的强度后，在底板面上先铺砂浆再砌砖，采用一顺一丁砌筑
12			砌筑时在基础面上放线，摆砖铺灰后砌筑，其中底皮与顶皮砖均应采用丁砖砌筑，每层砖竖灰缝应错开
13			雨水口砌筑应做到墙面平直，边角整齐，宽度一致
14			砌筑时，灰浆饱满、随砌筑、随勾缝，抹面压实
15			雨水口砌筑安装至规定标高后，应及时安装井座及雨箅子
16		雨水箅子安装	安装时砖砌顶面应用水冲刷干净，并铺1:2水泥砂浆
17			雨水口箅子安装平稳牢固，井口与路面高差允许偏差为-5mm，0mm
18			回填采用打夯机进行夯实，不得采用压路机进行压实，以免损坏雨水口

5. D600污水管道坍塌现场拦护，交通道行及上游管道封堵与导水的操作。

情景设置：(1)非机动车道；(2)使用气囊封堵；(3)上游检查井A和下游检查井B之间管道损坏；(4)管道正常时充满度10%；(5)白天。

序号	知识点	考核项	考核细则
1	劳动保护、安全防护用品使用	个体防护	统一着装，反光服、安全帽、防护鞋、防护手套等佩戴齐全，缺项不得分
2	占道作业交通安全设置技术要求	交通维护导行	占道区域设置锥桶应使用警戒带隔离，设置施工告知牌
3			占道作业保证非机动车和行人安全通行
4			设置上游过渡区和缓冲区，且上游过渡区不小于5m，缓冲区不小于2m
5	安全防护设备的选择与使用	气体检测设备	选择泵吸式四合一气体检测仪
6		呼吸防护设备	选择正压长管送风空气呼吸器
7		通风设备	选择防爆型鼓风机，确保网管无明显破损

续表

序号	知识点	考核项	考核细则
8	有限空间作业程序及气体检测分析	作业程序	有特种作业审批单,有安全交底单,且签字齐全、有效
9			执行"先检测,后作业"的工作原则
10			地面设置监护员2人,且持有效证件
11			作业过程中持续通风
12	排水管渠的封堵、导水与拆堵	选择封堵气囊	管径300~600mm,应选择"泄气直径"为10.75"(273mm)气囊 管径500~1000mm,应选择"泄气直径"为18.5"(470mm)气囊 管径600~1200mm,应选择"泄气直径"为19.1"(485mm)气囊 管径600~1500mm,应选择"泄气直径"为20"(500mm)气囊 本题建议选择470mm气囊,选错不得分
13		拆、封堵原则	封堵管道先堵上游,再堵下游,按顺序封堵。拆除时,先拆下游封堵,再拆上游封堵
14		气囊使用操作	气囊使用前应进行气密性检验。连接好气囊后充气不超过0.015MPa,观察气压表是否变化,如无变化则气密性良好
15			进入管道水下摸探,清除管壁毛刺、杂物,并保持气囊表面干净
16			连接好电源,开启空压机,使空压机工作至正常气压(0.6MPa),充气完成后(见气囊说明书),调小空压机的气量,防止气囊爆破,及时检查气囊压力变化
17			拆除封堵时,应缓慢放气,且人员不可留在检查井内
18		导水	从A井上游的其他检查井内向B井下游的其他检查井内进行导水
19			确保A井上游管道水位充满度始终位于正常范围
20			作业完毕后,拆除封堵(先拆下游封堵再拆上游封堵),清洗干净,入库

第五章

高级技师

第一节　安全知识

一、单选题

1.《中华人民共和国安全生产法》规定，从业人员有权拒绝（　　）和强令冒险作业。
A. 错误指挥　　　　　B. 违章指挥　　　　　C. 应急指挥　　　　　D. 违章作业
答案：B

2. 安全帽的帽壳与帽衬之间有（　　）的间隙。
A. 5~10mm　　　　　B. 15~30mm　　　　　C. 25~50mm　　　　　D. 35~70mm
答案：C

3. 一般来说，氧气低于（　　）时检测报警仪会发出报警提示。
A. 10%　　　　　　　B. 23.5%　　　　　　C. 8%　　　　　　　　D. 19.5%
答案：D

4. 有限空间作业时，现场人员必须严格执行（　　）的原则，对有限空间有毒有害气体含量进行检测并全程监测，做好实时检测记录。
A. 边检测、边作业　　B. 先作业、后检测　　C. 先检测、后作业　　D. 先搅动、后检测
答案：C

5. 硫化氢的最高容许浓度为（　　）。
A. 10mg/m³　　　　　B. 20mg/m³　　　　　C. 8mg/m³　　　　　　D. 15mg/m³
答案：A

6. 硫化氢主要经（　　）途径进入人体。
A. 消化道　　　　　　B. 皮肤　　　　　　　C. 呼吸道　　　　　　D. 口腔
答案：C

7. 正压式空气呼吸器一般在（　　）时开始报警。
A. 5.5MPa　　　　　　B. 5MPa　　　　　　　C. (5.5±0.5)MPa　　　D. 6MPa
答案：C

8. 若检测后作业人员不能马上开始作业，则应在作业人员实际实施进入操作前（　　）之内再次进行检测。
A. 15min　　　　　　 B. 25min　　　　　　 C. 10min　　　　　　 D. 20min
答案：C

9. 高速公路，大中城市中心城区的道路，禁止（　　）通行。
A. 小货车　　　　　　B. 拖拉机　　　　　　C. 大货车　　　　　　D. 汽车
答案：B

10. 高速公路限速标志标明的最高时速不得超过（　　）。

A. 100km　　　　　　B. 110km　　　　　　C. 120km　　　　　　D. 130km
答案：C

11. 机动车上道路行驶，不得超过限速标志标明的（　　）时速。在没有限速标志的路段，应当保持安全车速。
A. 规定　　　　　　B. 最高　　　　　　C. 最低　　　　　　D. 一半
答案：B

12. 机动车行经人行横道时，应当减速行驶；遇行人正在通过人行横道，应当（　　）让行。
A. 注意　　　　　　B. 减速　　　　　　C. 停车　　　　　　D. 不必
答案：C

13. 机动车不得在铁路道口、交叉路口、（　　）、桥梁、急弯、陡坡或者隧道中倒车。
A. 单行路　　　　　B. 禁行路　　　　　C. 专用路　　　　　D. 以上均正确
答案：A

14. 驾驶机动车上道路行驶，应当悬挂机动车号牌，放置（　　）、保险标志，并随车携带机动车行驶证。
A. 安全绳　　　　　B. 检验合格标志　　C. 护目镜　　　　　D. 车辆登记证
答案：B

15. 饮酒驾车是血液酒精含量（　　）时的驾驶行为。
A. ≤10mg/mL　　　B. ≥20mg/mL　　　C. ≥80mg/mL　　　D. ≥20mg/mL 且小于80mg/mL
答案：D

16. 硫化氢爆炸范围值是（　　）。
A. 1.0%～30.0%　　B. 3.2%～45.0%　　C. 4.3%～45.5%　　D. 5.2%～53.6%
答案：C

17. 甲烷的爆炸范围值是（　　）。
A. 3.2%～53.6%　　B. 3.5%～12.0%　　C. 4.5%～45.5%　　D. 5.0%～15.0%
答案：D

18. 井下作业时，作业人员应佩戴供（　　）的隔离式防护装具、安全带、安全绳、安全帽等防护用品。
A. 氧气　　　　　　B. 氮气　　　　　　C. 氢气　　　　　　D. 压缩空气
答案：D

19. 下列不属于应急培训内容的是（　　）。
A. 应急意识培训　　B. 应急知识教育　　C. 应急技能教育　　D. 应急演练
答案：D

20. 企业综合应急预案至少（　　）进行1次演练，并不断进行修改完善。
A. 半年　　　　　　B. 1年　　　　　　C. 2年　　　　　　D. 3年
答案：B

21. 依据《中华人民共和国安全生产法》的规定，生产经营单位委托工程技术人员为本单位提供安全生产管理服务的，安全生产责任由（　　）负责。
A. 被委托的工程技术人员　　　　　　B. 生产经营单位
C. 被委托的工程技术人员所在中介机构　　D. 所在地的安全生产监管部门
答案：B

22. 下列不属于生产经营单位主要负责人的安全生产职责的是（　　）。
A. 对"三违"人员进行再教育
B. 组织制订本单位的安全生产规章和规程
C. 组织制订和实施本单位的安全生产事故应急救援预案
D. 督促及时消除事故隐患
答案：A

23. 清除电焊熔渣或多余的金属时，以下能减少危险的做法是（　　）。
A. 清除的方向须靠向身体　　　　　　B. 佩戴眼罩和手套等个人防护器具
C. 须开风扇加强空气流通，减少吸入金属雾气　　D. 以上均不对

答案：B

24. 临时线路使用期限一般为( )，特殊情况下须延长使用时应办理延期手续，但最长不能超过( )。基建施工的临时线期限可按施工期确定。
   A. 15d，30d B. 15d，45d C. 30d，45d D. 10d，30d
   答案：A

25. 一般用危险度来表示发生事故的危险程度，危险度是由( )决定的。
   A. 发生事故的可能性与系统的本质安全性   B. 发生事故的可能性与事故后果的严重性
   C. 危险源的性质与发生事故的严重性   D. 危险源的数量和特性
   答案：B

26. 当线路较长时，宜按( )确定导线截面。
   A. 机械强度   B. 允许电压损失   C. 允许电流   D. 经济电流密度
   答案：B

27. 在锅炉、金属容器、管道内部等狭窄的特别危险场所，如果使用Ⅱ类设备，则必须装设( )保护。
   A. 短路   B. 过载   C. 失压   D. 漏电
   答案：D

28. 起重机驾驶员在起重作业过程中如发现设备机件有异常或故障应( )。
   A. 在该工作完成后立即设法排除   B. 边工作边排除
   C. 立即停止作业，设法进行排除   D. 继续工作
   答案：C

29. 起重机驾驶员在吊运作业时必须听从( )的指挥。
   A. 现场人员   B. 班组长   C. 起重机指挥员   D. 厂领导
   答案：C

30. 安全网使用( )后，必须进行绳的强度测试。
   A. 1个月   B. 2个月   C. 3个月   D. 4个月
   答案：C

二、多选题

1. 在排水管道损坏事故中，由于人为因素造成管道损坏的事故屡见不鲜。此人为因素主要有( )。
   A. 野蛮施工
   B. 管道安装不规范，施工质量差
   C. 管道安装及维护中不规范导致的管道漏水
   D. 城市地下设施开挖扰动管道基础，使管道失稳，发生不均匀沉降，从而使管道接口漏水或破裂
   答案：ABCD

2. 排水管网中易燃易爆气体可能来源大致包括( )。
   A. 污水中有机物被微生物降解发酵而产生甲烷气体(沼气)
   B. 某些常温下呈液态的VOC因泄漏甚至违规排放随废水一起排入市政下水道，从水相进入气相，弥散在地下管网中
   C. 气体状态的VOC因某种原因直接进入市政下水道
   D. 水中的污染物
   答案：ABC

3. 排水管网维护作业存在的潜在危险和原因主要有( )。
   A. 中毒、窒息   B. 燃烧及爆炸   C. 高处坠落
   D. 溺水   E. 触电   F. 车辆伤害
   答案：ABCDEF

4. 专业技术人员突发事件应急处理能力包括( )。
   A. 突发事件预警和识别能力   B. 迅速反应能力

C. 良好的心理素质　　　　　　　　　D. 专业的学历背景

答案：ABC

5. 关于重大事故的应急管理，下列说法正确的是(　　)。

A. 重大事故的应急管理是指事故发生后的应急救援活动

B. 应急管理是对重大事故的全过程管理

C. 应急管理应贯穿于事故的全过程，体现"预防为主，常备不懈"的应急思维

D. 应急管理是一个动态的过程，包括预防、准备、响应和恢复4个阶段

答案：BCD

6. 按照事故应急预案编制整体协调性和层次的不同，可将其划分为(　　)等几个层次。

A. 专项预案　　　　B. 基本预案　　　　C. 现场处置方案

D. 综合预案　　　　E. 部门预案

答案：ACD

7. 《中华人民共和国安全生产法》规定，生产经营单位应对重大危险源应急管理方面承担的管理职责有(　　)。

A. 进行重大危险源的申报

B. 制订重大危险源事故应急救援预案

C. 告知从业人员和相关人员在紧急情况下应采取的措施

D. 定期针对重大危险源组织应急演练

答案：ABCD

8. 集团规定危险作业一般包括：(　　)和其他危险作业等。

A. 有限空间作业　　B. 占道作业　　C. 动火作业　　D. 临时用电作业

E. 高处作业　　　　F. 吊装作业　　G. 动土作业

答案：ABCDEFG

9. 施工员的安全生产岗位责任制主要有(　　)。

A. 严格按施工组织设计中规定安全要求，合理组织、安排施工任务

B. 施工中严格落实各项安全技术措施，加强现场文明施工的管理，制止工人违章冒险作业

C. 对作业人员做好操作前的安全技术交底工作

D. 对安全部门或上级提出的隐患整改要求，认真限时加以落实

答案：ABCD

10. 防止施工坍塌事故的要求是(　　)。

A. 必须规范编制施工方案、制订有针对性的安全技术措施，由施工单位各部门会审后经总工程师(或技术负责人)审核并签字

B. 技术负责人必须对作业人员进行书面安全技术交底，并明确现场施工安全负责人

C. 施工时由施工安全负责人指定专人负责监控，并加强安全检查

D. 发现问题和隐患必须及时处理和整改

答案：ABCD

三、简答题

1. 突发环境事件现场应急措施有哪些？

答：根据污染物的性质，事件类型、可控性、严重程度和影响范围，须确定以下内容：

(1)明确切断污染源的基本方案。

(2)明确防止污染物向外部扩散的设施、措施及启动程序；特别是为防止消防废水和事件废水进入外环境而设立的环境应急池的启用程序，包括污水排放口和雨(清)水排放口的应急阀门开合和事件应急排污泵启动的相应程序。

(3)明确减少与消除污染物的技术方案。

2. 事故发生时的响应机制是什么？

答：针对突发环境事件严重性、紧急程度、危害程度、影响范围、企业(或事业)单位内部(生产工段、车间、企业)控制事态的能力以及需要调动的应急资源，将企业(或事业)单位突发环境事件分为不同的等级。根据事件等级分别制订不同级别的应急预案(如生产工段、车间、企业应急预案)，上一级预案的编制应以下一级预案为基础，超出企业应急处置能力时，应及时请求上一级应急救援指挥机构启动上一级应急预案。并且按照分级响应的原则，明确应急响应级别，确定不同级别的现场负责人，指挥调度应急救援工作和开展事件应急响应。

3. 按照《电工安全工作规程》的规定，哪些电气操作不填写操作票？

答：事故处理；拉合断路器的单一操作；拉开接地开关或拆除全厂(所)仅有的一组接地线。除以上3条其他操作均要填写操作票。

4. 生产经营单位的主要负责人对本单位安全生产工作负有哪些职责？

答：(1)建立、健全本单位安全生产责任制。
(2)组织制订本单位安全生产规章制度和操作规程。
(3)保证本单位安全生产投入的有效实施。
(4)督促、检查本单位的安全生产工作，及时消除生产安全事故隐患。
(5)组织制订并实施本单位的生产安全事故应急救援预案。
(6)及时、如实报告生产安全事故。

第二节　理论知识

一、单选题

1. 2017年底前，工业集聚区应按规定建成污水集中处理设施，并安装(　　)。
A. 自动净化装置　　　　　　　　　B. 自动报警装置
C. 自动在线监控装置　　　　　　　D. 自动清理装置
答案：C

2. 为推进农村环境连片整治，国家深化(　　)政策，实施农村清洁工程，开展河道清淤疏浚。
A. 以奖促治　　B. 以罚代管　　C. 奖惩结合　　D. 奖励为主、惩罚为辅
答案：A

3. 为使城市规划区范围内保留一定比例的水域面积，应严格城市规划的(　　)。
A. 红线管理　　B. 蓝线管理　　C. 绿线管理　　D. 黄线管理
答案：B

4. 自2018年起，单体建筑面积超过(　　)的新建公共建筑，应安装建筑中水设施。
A. 1万m²　　B. 2万m²　　C. 3万m²　　D. 4万m²
答案：B

5. (　　)负责全国排水许可工作的指导监督。
A. 国务院住房和城乡建设主管部门　　B. 国家环保部
C. 国家工商行政管理总局　　　　　　D. 水务局
答案：A

6. 各类施工作业需要排水的，由(　　)申请领取排水许可证。
A. 施工单位　　B. 建设单位　　C. 监理单位　　D. 设计单位
答案：B

7. 排水许可证的有效期为(　　)。
A. 3年　　B. 4年　　C. 5年　　D. 6年
答案：C

8. 城镇排水主管部门应当将排水许可材料按户整理归档，对排水户档案实行(　　)管理。
A. 信息化　　B. 标准化　　C. 正规化　　D. 系统化

答案：A

9. 当雨水径流量增大，排水管渠的输送能力不能满足要求时，可设（　　）。
   A. 调蓄池　　　　　　　　　　　　　B. 雨水泵站
   C. 增加提升泵增加临时排水　　　　　D. 人工打捞
   答案：A

10. 化粪池距离地下取水构筑物不得小于（　　）。
    A. 3m　　　　　B. 5m　　　　　C. 10m　　　　　D. 30m
    答案：D

11. 小区雨水管道宜按（　　）重力流设计。
    A. 充满度为55%的　　B. 充满度为75%的　　C. 非满管　　D. 满管
    答案：D

12. 小区雨水管道管内流速不宜小于（　　）。
    A. 0.75m/s　　　　B. 1m/s　　　　C. 5m/s　　　　D. 10m/s
    答案：A

13. 生活废水在（　　）情况下，可采用有盖的排水沟排除。
    A. 废水中含有大量悬浮物或沉淀物须经常冲洗　　B. 设备排水支管很多，用管道连接有困难
    C. 设备排水点的位置固定　　　　　　　　　　　D. 地面须经常冲洗
    答案：C

14. 城镇排水设施运行维护质量是指城镇排水管渠、泵站及其附属设施在（　　）所保持的质量状况和运行服务水平。
    A. 竣工验收交付使用后　　　　　　B. 竣工之后
    C. 施工单位撤场之后　　　　　　　D. 正式通水之后
    答案：A

15. 有沉泥槽的检查井积泥深度不应超过管底以下（　　）。
    A. 30mm　　　　B. 40mm　　　　C. 50mm　　　　D. 60mm
    答案：C

16. 日常巡视记录中管线沉陷、地面坍塌记录对于高级技师来说，其承担程度应当为（　　）。
    A. 负责　　　　B. 熟练　　　　C. 熟悉　　　　D. 参与
    答案：A

17. 排水检测完成后检测人员提交的检测成果应包括（　　），具体情况根据甲方需求而定。
    A. 检测原始记录：录像盘片、现场照片　　B. 工程竣工图及相关资料
    C. 相关管道建设原始资料　　　　　　　　D. 排水管道整改验收资料
    答案：A

18. 检测报告书应包括工程概括，即（　　）。
    A. 工程的依据、目的和要求，工程的地理位置、地质条件，检测时天气和环境，开竣工日期，实际完成的工作量，工程组织情况
    B. 排水管道建设原始测绘资料及相关图纸
    C. 相关管道建设原始资料
    D. 排水管道整改验收资料
    答案：A

19. 结构性检测病害一般可通过（　　）等手段解决。
    A. 日常养护疏通　　B. 工程修复　　C. 更新改造　　D. 抢险抢修
    答案：B

20. 以下针对排水设施检测的描述错误的是（　　）。
    A. 缺陷的类型和代码应在现场确认并录入，现场检测完毕后，应由第二者复核
    B. 根据录像回放、现场记录以及规范要求编写管道检测报告书，报告书应突出重点、文理通顺、表达清

楚、结论明确

C. 检测结束后，对爬行车进行回收，回收装置有手动收线和电动收线装置，回收过程中注意保持速度以及小车在管道中的姿态，避免翻车

D. 电视检测时管内水位必须大于直径的 30%

答案：D

21. 以下针对管道内窥检测技术的选择和适用范围的说法错误的是（　　）。

A. 管道声呐检测用于管道内污水充满度低或无水状态下，无法进行 CCTV 检测的污水管道的淤积、结垢、泄漏故障检测，适用于直径（断面尺寸）125～3000mm 各种材质的管道

B. 闭路电视检测系统适用管径为 200～3000mm

C. 管道潜望镜检测适用于管径为 150～3000mm 的管道检测

D. 激光检测可进行管道非接触、高精度、定量检测

答案：A

22. 管网普查的主要内容不包括（　　）。

A. 排水设施各部位结构完好情况：检查井井盖、井筒、踏步、井室、流槽、雨水口、管道等是否完整，有无损害的现象

B. 检查井及雨水口的淤积程度

C. 倒虹吸、截流井、跌落井、机闸的运行和使用情况

D. 各运行泵站设备是否正常

答案：D

23. 雨水口巡视检查分为外部巡查和内部巡查，巡查的频次分别为每月（　　）。

A. 1 次，1 次　　　　B. 1 次，2 次　　　　C. 2 次，1 次　　　　D. 2 次，2 次

答案：B

24. 污水中各种有机物经微生物分解，过程中产生大量（　　）等有害气体，腐蚀着以水泥混凝土为主要材料的管道，同时对养护作业存在着潜在的危险，因此要对污水管道进行定期检测。

A. 二氧化碳、硫化氢、甲烷　　　　　　　B. SO_2、硫化氢、甲烷

C. 一氧化碳、硫化氢、甲烷　　　　　　　D. 一氧化碳、二氧化碳、硫化氢

答案：C

25. 用于管道检测的声呐解析能力强，检测系统的角解析度为 0.9°（1 密位），即该系统将一次检测的一个循环（圆周）分为（　　）密位。

A. 400　　　　　　　B. 300　　　　　　　C. 500　　　　　　　D. 600

答案：A

26. 声呐检测时，在距管段起始、终止检查井处应进行（　　）长度的重复检测。

A. 2～3m　　　　　　B. 2～4m　　　　　　C. 1～3m　　　　　　D. 1～4m

答案：A

27. 管道潜望镜检测时，管内水位不宜大于管径的 1/2，管段长度不宜大于（　　）。

A. 30m　　　　　　　B. 50m　　　　　　　C. 60m　　　　　　　D. 100m

答案：B

28. 红外温度记录仪一般由光学系统、（　　）、信号调理电路及显示单元等组成。

A. 探测器　　　　　　B. 湿度传感器　　　　C. 处理器　　　　　　D. 信号接收器

答案：A

29. 红外温度记录仪根据探测机理不同分为（　　）和光子探测器两大类。

A. 热探测器　　　　　B. 湿度探测器　　　　C. 电子探测器　　　　D. 闭路电视检测系统

答案：A

30. 数学模型技术在指导排水设施的规划、设计、改造、（　　）等方面具有科学的指导意义。

A. 运营　　　　　　　B. 养护　　　　　　　C. 巡查　　　　　　　D. 检测

答案：A

31. 排水设施功能性检测时，须评定井段的功能性缺陷参数 G 和（　　）参数。
A. 所评定井段的所在位置　　　　　　　　B. 管道断面尺寸
C. 管道长度　　　　　　　　　　　　　　D. 所评定井段的淤积状况系数
答案：D

32. 排水管道的功能等级计算公式中，养护指数 MI 应为（　　）。
A. $MI = 85G + 5E + 10K$　　　　　　　B. $MI = 80G + 15E + 5K$
C. $MI = 85G + 10E + 5K$　　　　　　　D. $MI = 80G + 10E + 10K$
答案：A

33. 封堵（FD）造成的管道过水断面积损失为（　　），管道功能缺陷程度应评定为中度。
A. 5%～15%　　　B. 10%～20%　　　C. 10%～25%　　　D. 15%～20%
答案：A

34. 中度积泥的功能缺陷权重 P 值是（　　）。
A. 0.2　　　B. 0.5　　　C. 0.75　　　D. 1
答案：A

35. 管道内中度腐蚀按照排水管道结构评定标准结构缺陷权重应为（　　）。
A. 4.5　　　B. 5.0　　　C. 5.5　　　D. 6.0
答案：A

36. 800mm 管径的管道重要性参数取值为（　　）。
A. 0.1　　　B. 0.2　　　C. 0.3　　　D. 0.4
答案：C

37. 中心政治、商业及旅游区的管道地区重要性参数取值为（　　）。
A. 0　　　B. 0.3　　　C. 0.6　　　D. 1
答案：D

38. 结构缺陷的程度分级中，重度腐蚀的判别标准是（　　）。
A. 已显露钢筋；砌块明显脱落　　　　　B. 显露粗骨料；砌块失去棱角
C. 出现凹凸面；勾缝明显脱落　　　　　D. 露出粗骨料未显露钢筋
答案：A

39. 管道内轻度错口按照排水管道结构评定标准结构缺陷权重应为（　　）。
A. 0.1　　　B. 0.15　　　C. 0.2　　　D. 0.3
答案：A

40. 排水管道的结构等级计算的管道修复指数 RI 中沿程平均损坏程度临界值 α 的取值是（　　）。
A. 0.3　　　B. 0.4　　　C. 1　　　D. 3
答案：B

41. 北京市政府热线类处理时效是（　　）两方面。
A. 4 个小时　　　B. 5 个小时　　　C. 6 个小时　　　D. 7 个小时
答案：A

42. 排水巡查工与热线信息流转过程中，涉及类型信息来源包括（　　）两方面。
A. 水务系统平台反映和市政府平台反映　　　B. 百姓反映和市政府平台反映
C. 排水巡查工自发现和其他渠道平台反映　　　D. 水务系统平台和百姓反应
答案：C

43. 以下关于特急级别热线快速反应正确的是（　　）。
A. 排水巡查工在先期到达现场后，立即对现场进行安全拦护。现场拍照上传主管领导及说明现场情况。并疏导交通及维护现场秩序。减少、避免更大的人员伤亡及公共财产损失
B. 排水巡查工在先期到达现场后，立即对现场进行安全拦护。现场拍照上传主管领导及说明现场情况。不用疏导交通及维护现场秩序。减少、避免更大的人员伤亡及公共财产损失
C. 排水巡查工在先期到达现场后，不用立即对现场进行安全拦护。现场拍照上传主管领导及说明现场情

况。不用疏导交通及维护现场秩序。减少、避免更大的人员伤亡及公共财产损失

D. 排水巡查工在先期到达现场后,不用立即对现场进行安全拦护。不用现场拍照,但需向主管领导说明现场情况。并疏导交通及维护现场秩序。减少、避免更大的人员伤亡及公共财产损失

答案:A

44. 管线堵、冒类热线,处理时效是(　　)。
A. 72 个小时内完成　　　　　　　　　　B. 48 个小时内完成
C. 36 个小时内完成　　　　　　　　　　D. 24 个小时内完成
答案:A

45. 在热线处置过程中,以下对快速有效地解决热线问题描述正确的是(　　)。
A. 快速、准确地判断事件类型和紧急程度　　B. 快速、准确地判断事件先后顺序
C. 快速、准确地判断事件反应来源　　　　　D. 快速、准确地判断事件原因
答案:A

46. 以下对热线按事件类型分类描述正确的是(　　)。
A. 热线业务咨询　　　　　　　　　　　B. 排水巡查工自发现
C. 水务部门反映　　　　　　　　　　　D. 路人反映
答案:A

47. 县级以上人民政府应当加强对城镇排水与污水处理工作的领导,并将城镇排水与污水处理工作纳入(　　)和(　　)。
A. 国民经济,社会发展规划　　　　　　C. 管理视野,统筹范围
B. 管控范畴,全覆盖　　　　　　　　　D. 国民经济,统筹监管
答案:A

48. 违反《中华人民共和国水污染防治法》的规定排放污水的,由(　　)处罚。
A. 排水集团　　B. 城市管理委员会　　C. 环境保护主管部门　　D. 环境卫生主管部门
答案:C

49. 擅自拆除、改动城镇排水与污水处理设施的,由(　　)责令改正,恢复原状或者采取其他补救措施,处 5 万元以上 10 万元以下罚款;造成严重后果的,处 10 万元以上 30 万元以下罚款;造成损失的,依法承担赔偿责任;构成犯罪的,依法追究刑事责任。
A. 城镇排水主管部门　　B. 城市管理委员会　　C. 环境保护主管部门　　D. 环境卫生主管部门
答案:A

50. (　　)应当将编制的城镇排水与污水处理规划报本级人民政府批准后组织实施,并报上一级人民政府城镇排水主管部门备案。
A. 城镇排水主管部门　　B. 城市管理委员会　　C. 环境保护主管部门　　D. 环境卫生主管部门
答案:A

51. 县级以上地方人民政府应当根据(　　)与(　　)规划的要求,加大对城镇排水与污水处理设施建设和维护的投入。
A. 城镇排水,污水处理　　　　　　　　B. 建设,维护
C. 整治,修订　　　　　　　　　　　　D. 城镇污水,污水处理
答案:A

52. 国家鼓励实施城镇污水处理特许经营制度,具体办法由(　　)会同国务院有关部门制定。
A. 城镇排水主管部门　　　　　　　　　B. 建设部门
C. 国务院住房和城乡建设主管部门　　　D. 市主管部门
答案:C

53. 城镇污水处理设施维护运营单位不得擅自停运城镇污水处理设施,因检修等原因需要停运或者部分停运城镇污水处理设施的,应当在(　　)个工作日前向城镇排水主管部门、环境保护主管部门报告。
A. 15　　　　B. 20　　　　C. 30　　　　D. 90
答案:D

54.《城镇排水与污水处理条例》由( )(行政机关)颁布实施。
A. 国务院　　　　B. 北京市　　　　C. 市政府　　　　D. 主管部门
答案：A

55. 依照( )的规定，排水户需要取得排污许可证的，由环境保护主管部门核发。
A.《中华人民共和国水污染防治法》　　　B.《中华人民共和国环境保护法》
C.《水处理办法》　　　　　　　　　　　　D.《水污染管理办法》
答案：A

56. 县级以上地方人民政府应当按照城镇排涝要求，结合城镇用地性质和条件，加强( )以及雨水调蓄、超标雨水径流排放等设施的建设和改造。
A. 雨水管网、泵站　　　　　　　　　　　B. 污水管网、泵站
C. 雨水管网、污水管网　　　　　　　　　D. 泵站、小流域
答案：A

57. 水源地的保护对取水点周边的陆域控制范围参照各地出台的规定确定，一般控制为( )。
A. 100m　　　　B. 200m　　　　C. 300m　　　　D. 400m
答案：C

58. 按照排水设计规范规定，管径为450mm断面污水充满度要求为( )。
A. 0.6　　　　B. 0.7　　　　C. 0.8　　　　D. 0.9
答案：B

59. 一般雨水口泄水能力为20~50L/s，而联合多箅式雨水口可达( )。
A. 50~60L/s　　　　B. 60~70L/s　　　　C. 60~80L/s　　　　D. 70~80L/s
答案：A

60. 下列不属于偷排、漏排特点的是( )。
A. 隐蔽性　　　　B. 统一性　　　　C. 随机性　　　　D. 流动性
答案：B

61. DN100指管道的( )为100mm。
A. 外径　　　　B. 内径　　　　C. 公称直径　　　　D. 平均内径
答案：C

62. 工程施工建设周边排水设施结构外缘( )范围内不得进行机械挖掘、振动等影响排水设施安全的扰动性作业。
A. 2m　　　　B. 2.5m　　　　C. 3m　　　　D. 3.5m
答案：B

63. 刚性接口的钢筋混凝土管道施工时，( )前应将管口的外壁凿毛、洗净。
A. 接口　　　　B. 安管　　　　C. 稳管　　　　D. 抹带
答案：D

64. 对作业人员进入排水管道内进行检查、维护作业的管道，其管径不得小于( )。
A. 0.7m　　　　B. 0.8m　　　　C. 0.9m　　　　D. 1m
答案：B

65. 采用绞车牵引通沟牛来清除管道积泥的疏通方法称为( )。
A. 绞车疏通　　　　B. 射水疏通　　　　C. 转杆疏通　　　　D. 推杆疏通
答案：A

66. ( )是用人力将竹片、钢条等工具推入管道内清除沉积物的疏通方法，按推杆的不同，又分为竹片疏通或钢条疏通等。
A. 绞车疏通　　　　B. 射水疏通　　　　C. 转杆疏通　　　　D. 推杆疏通
答案：D

67. 采用高压射水清通管渠的疏通方法称为( )。
A. 绞车疏通　　　　B. 射水疏通　　　　C. 转杆疏通　　　　D. 推杆疏通

答案：B

68. 采用提高管渠上下游水位差，加大流速来疏通管渠的方法称为（　　）。
A. 绞车疏通　　　　B. 射水疏通　　　　C. 转杆疏通　　　　D. 推杆疏通
答案：A

69. （　　）与季节、地面环境、管道流速等诸多因素有关，只有掌握管道积泥规律，才能选择合适的维护频率，达到用较少的费用取得最佳维护效果的目的。
A. 管道淤积　　　　B. 管道沉降　　　　C. 管道封堵　　　　D. 管道浮渣
答案：A

70. 气体检查读数应以表头读数平稳后的数据作为单次检测结果，每个点测（　　）次，取平均值。
A. 2　　　　B. 3　　　　C. 4　　　　D. 5
答案：B

71. 爬行器具有的功能有（　　）。
A. 前进、后退　　　　B. 空挡、变速　　　　C. 防侧翻　　　　D. 以上都正确
答案：D

72. 摄像镜头应具有（　　）功能。
A. 平扫与旋转　　　　B. 仰俯与旋转　　　　C. 变焦　　　　D. 以上都正确
答案：D

73. 直径大于等于（　　）的管道不宜使用电视检测系统。
A. 600mm　　　　B. 1000mm　　　　C. 1800mm　　　　D. 2000mm
答案：D

74. 为满足侧向摄影要求，实施管道结构性检测的镜头须具备（　　）技术指标。
A. 周向270°，左右摆动≥180°　　　　B. 周向270°，左右摆动≥270°
C. 周向360°，左右摆动≥180°　　　　D. 周向360°，左右摆动≥270°
答案：D

75. 影像记录器宜采用（　　）记录方式，存储量大于（　　）。
A. 数字式，20G　　　　B. 数字式，40G　　　　C. 模拟式，20G　　　　D. 模拟式，40G
答案：A

76. 卵形管道在检测病害时摄像镜头宜在（　　）管道高度进行检测，偏离不应大于（　　）。
A. 1/3，±5%　　　　B. 1/3，±10%　　　　C. 2/3，±5%　　　　D. 2/3，±10%
答案：D

77. SC2型手持CCTV的视频采集软件中，"关闭系统"应按（　　）键。
A. ESC　　　　B. F8　　　　C. F9　　　　D. F10
答案：A

78. 棱镜是一种由两两相交但彼此均不平行的平面围成的透明物体，用以分光或使光束发生色散。在光学仪器中应用很广，在潜望镜、双目望远镜等仪器中改变光的进行方向，从而调整其成像位置的称"（　　）"，一般都采用直角棱镜。
A. 色散棱镜　　　　B. 等边三棱镜　　　　C. 全反射棱镜　　　　D. 等边四棱镜
答案：C

79. 人们用与光源的色温相等或相近的完全辐射体的绝对温度来描述光源的色表（人眼直接观察光源时所看到的颜色）又称光源的色温。色温是以绝对温度K来表示。不同的色温会引起人们在情绪上不同的反应，我们一般把光源的色温分成3类：暖色光、暖白光、冷色光，以下属于暖色光的是（　　）。
A. 白　　　　B. 蓝　　　　C. 紫　　　　D. 黄
答案：D

80. 空间分布特征对最大和最小间距要求为：（　　）在平面和高程上须满足一些最大和最小间距要求。
A. 城市排水设施　　　　B. 城市排水管网　　　　C. 污水泵站　　　　D. 城市道路
答案：B

81. 城市排水管网在日常运行过程中,会出现影响排水设施安全运行的外界因素,因此必须加强对排水设施的( )。
   A. 日常养护　　　　　B. 抢险　　　　　　C. 巡查管理　　　　　D. 排污处置
   答案:C

82. 《城镇排水管渠与泵站维护技术规程》(CJJ 68—2007)是2007年3月9日由中华人民共和国住房和城乡建设部公告第585号公布,自( )起实施。
   A. 2007年9月1日　　B. 2007年9月30日　　C. 2007年7月1日　　D. 2007年7月30日
   答案:B

83. 《污水排入城镇下水道水质标准》(CJ 343—2010)是2010年7月29日由中华人民共和国住房和城乡建设部公告第713号公布,自( )起实施。
   A. 2010年12月31日　B. 2011年1月1日　　C. 2011年3月1日　　D. 2011年3月31日
   答案:D

84. 中度洼水深度为断面尺寸的( )。
   A. 15%～30%　　　　B. 15%～40%　　　　C. 20%～40%　　　　D. 25%～50%
   答案:C

85. 中度结垢是指过水断面积损失的( )。
   A. 10%～25%　　　　B. 10%～30%　　　　C. 15%～25%　　　　D. 15%～30%
   答案:A

86. 中度树根是指过水断面损失的( )。
   A. 10%～25%　　　　B. 15%～25%　　　　C. 15%～35%　　　　D. 15%～30%
   答案:A

87. 杂物(ZW)造成的管道过水断面损失( ),管道功能缺陷程度应评定为中度。
   A. 5%～15%　　　　B. 10%～15%　　　　C. 15%～20%　　　　D. 10%～20%
   答案:A

88. ( )是指根据排水管道功能缺陷的类型、程度和数量,结合排水管道的社会和功能属性,按一定公式计算得到的数据。期区间为0～100,数值越大表明养护紧迫性越大。
   A. 养护指数　　　　B. 养护标准　　　　C. 养护频率　　　　D. 养护类型
   答案:A

89. 养护指数(MI)是指根据排水管道功能缺陷的( ),结合排水管道的社会和功能属性,按一定公式计算得到的数值。
   A. 类型、程度和数量　B. 类型、范围和数量　C. 数量、类型和成因　D. 位置、程度和类型
   答案:A

90. 使用年限≥30年,位于流沙等不稳定土层的普查周期( )。
   A. <5年　　　　　　B. ≤5年　　　　　　C. ≤10年　　　　　　D. <10年
   答案:B

91. 评估区域的设施完好率涉及( )的取值。
   A. 一级管线长度　　　　　　　　　　　B. 三级管线长度
   C. 一、二级管线合计长度　　　　　　　D. 四级管线长度
   答案:C

92. 排水管道的结构等级计算的管道修复指数RI中局部最大损坏程度临界值β的取值是( )。
   A. 0.3　　　　　　B. 0.4　　　　　　C. 1　　　　　　　D. 3
   答案:D

93. 排水热线事件受理信息记录应包括以下内容:信息来源、信息接入时间、反映人信息及( )。
   A. 事件现场情况及影响范围、设施类型、设施数量、反映人诉求及特殊说明、接线员信息(姓名、工号)等
   B. 事件六要素[时间、地点(行政区、地理坐标)、事件现场情况及影响范围、设施类型、设施数量、反映人诉求及特殊说明]、接线员信息(姓名、工号)等

C. 事件现场情况及影响范围、反映人诉求及特殊说明
D. 反映人诉求及特殊说明

答案：B

94. 下列不属于热线中心的职责的是( )。
A. 排水热线的受理、派发、跟踪、督办、回访及工作评价
B. 与北京市非紧急救助服务中心及市其他相关部门对接、沟通、协调
C. 热线事件运营范围认定、事件处置
D. 接到应急抢险事件电话通知相关领导

答案：C

95. 接到排水热线事件后，( )应初次联系反映人，告知反映人已收到事件信息，沟通现场情况等。
A. 运营管理部　　　　B. 客服中心　　　　C. 处置单位　　　　D. 施工单位

答案：C

96. 排水热线设施诉求类事件包括的内容有( )。
A. 管网堵冒、井盖丢损、箅子丢损、汛期积水、私接私排、外力破坏、应急抢险、污水处理、污泥处置、水表水卡、业务咨询
B. 管网堵冒、井盖丢损、箅子丢损、汛期积水、私接私排、外力破坏、应急抢险、污水处理、污泥处置、水表水卡、其他类型
C. 管网堵冒、井盖丢损、箅子丢损、汛期积水、私接私排、外力破坏、投诉索赔、污水处理、污泥处置、水表水卡、其他类型
D. 管网堵冒、井盖丢损、箅子丢损、汛期积水、私接私排、外力破坏、表扬建议、污水处理、污泥处置、水表水卡、其他类型

答案：B

97. 《北京市排水和再生水管理办法》中，为建设项目内部用户服务的设施称为( )。
A. 专用排水和再生水设施　　　　B. 自用排水和再生水设施
C. 非公共排水和再生水设施　　　D. 公共排水和再生水设施

答案：A

98. TN-S 系统属于( )系统。
A. PE 线与 N 线全部分开的保护接零　　　B. PE 线与 N 线共用的保护接零
C. PE 线与 N 线前段共用后段分开的保护接零　　D. 保护接地

答案：A

99. 配电变压器低压中性点的接地叫做( )。
A. 保护接地　　　　B. 重复接地　　　　C. 防雷接地　　　　D. 系统接地

答案：D

100. 低压配电系统的 N 线应当为( )线。
A. 粉色　　　　B. 淡蓝色　　　　C. 黑色　　　　D. 白色

答案：B

101. 在架空线路附近进行起重工作时，起重机具与 10kV 线路导线之间的最小距离为( )。
A. 0.35m　　　　B. 0.7m　　　　C. 1.0m　　　　D. 2.0m

答案：D

102. 接地摇表在使用前，电位探测真 P 和电流探测针 C 成一条直线并相距( )。
A. 10m　　　　B. 20m　　　　C. 30m　　　　D. 40m

答案：B

103. 下列说法正确的是( )。
A. PLC 模块指示灯 OK 灯可亮可不亮　　　B. 网络模块 3 个灯都可以不亮
C. 无论什么模块，只要亮红灯，一定存在故障　　D. 以上都正确

答案：C

104. 油冲洗是使用润滑油或其他相适宜的溶液,( )清洗管道( )的过程方法。
A. 单次,内表面　　B. 循环,外表面　　C. 循环,内表面　　D. 单次,外表面
答案:C

105. MTBM 指的是( )。
A. 平均维修时间　　B. 平均故障间隔期　　C. 平均维修间隔期　　D. 平均维护时间
答案:C

106. 生产维修体制是以( )为中心,兼顾生产和设备设计制造而采取的多样、综合的设备管理方法。最早被美国的 GE 公司采用。
A. 事后维修　　B. 维修预防　　C. 预防维修　　D. 改善维修
答案:C

107. MTBF 指的是( )。
A. 修复性维修时间　　B. 平均故障间隔期　　C. 平均维修间隔期　　D. 无故障工作期
答案:B

108. 根据《城镇污水再生利用设施运行、维护及安全技术规程》(CJJ 252—2016),设施、设备、仪器、仪表年度完好率应达( )以上。
A. 85%　　B. 90%　　C. 95%　　D. 98%
答案:C

109. 对开式轴承体中,滚动轴承( )与( )在中分面位置的间隙,不能吸收由于轴承紧力产生的变形,使轴承外圈向内变形过大,对轴承造成损坏,这种破坏称为夹帮。
A. 内圈,滚珠　　B. 滚珠,外圈　　C. 内圈,外圈　　D. 外圈,轴承座
答案:D

110. 用绝缘电阻表摇测绝缘电阻时,要用单根电线分别将线路 L 及接地 E 端与被测物连接。其中( )端的连接线要与大地保持良好绝缘。
A. L　　B. E　　C. G　　D. L 和 E
答案:B

111. 借助万用表检查电容时,应该把万用表调到( )挡位。
A. 电阻　　B. 电流　　C. 电压　　D. 直流电压
答案:A

112. 压力表刻度盘上刻有的红线是表示( )。
A. 最低工作压力　　B. 最高工作压力　　C. 中间工作压力　　D. 零压力
答案:B

113. 起重机的安全工作寿命,主要取决于( )不发生破坏的工作年限。当其主要受力构件发生不可复的整体失稳时,起重机应报废。
A. 工作机构　　B. 机构的易损零部件　　C. 金属结构　　D. 电气设备
答案:C

114. 通过数据模型的建立,计算出须提高( )等,实现污染物的减排,减少初期雨水及合流制溢流污染排入河道。
A. 管道流量、截流倍数　　B. 截流倍数、调蓄管道空间
C. 污染物负荷、截流倍数　　D. 调蓄管道空间、污染物负荷
答案:B

115. 雨水口间距宜为 25~50m。连接管串联雨水口的个数不宜超过( ),雨水口连接管的长度不宜超过( )。
A. 2 个,25m　　B. 3 个,25m　　C. 4 个,20m　　D. 5 个,20m
答案:B

116. 闭气检验规定的标准起点压力为 2000Pa,终点压力为 ≥1500Pa。500mm 的管道规定标准闭气时间为( )。

A. 2′30″ B. 3′15″ C. 3′30″ D. 4′30″
答案：D

二、多选题

1. 北京市鼓励、支持排水和再生水科学研究和技术开发，加快技术成果转化和产业化，引进和推广（　　），提高污水、污泥的再利用和资源化水平。
   A. 新技术 B. 新设备 C. 新工艺 D. 新材料
   答案：ACD

2. 专用排水和再生水设施建设由建设单位按照项目建设规划要求组织建设，并与主体工程（　　）。
   A. 同时设计 B. 同时施工 C. 同时验收 D. 同时投入使用
   答案：ABCD

3. 检查井类型分为（　　）。
   A. 圆形 B. 矩形 C. 扇形 D. 梯形
   答案：ABC

4. 雨水箅按形式分为（　　）。
   A. 平箅式 B. 道牙式 C. 联合式 D. 栅格式
   答案：ABC

5. 排水系统布置包括（　　）。
   A. 正交式 B. 截流式 C. 平行式 D. 立体式
   答案：ABC

6. 管道的埋设深度应根据（　　）等因素确定。
   A. 冰冻情况 B. 外部荷载 C. 管材强度 D. 水流速度
   答案：ABC

7. 新建排水设施应有完整、准确、清晰的竣工技术资料。竣工技术资料应包括（　　）。
   A. 工程建设文本 B. 技术设计资料 C. 竣工验收资料 D. 工程施工合同
   答案：ABC

8. 检测报告的编写首先须对影像资料进行合理的判读，应遵循（　　）。
   A. 缺陷的类型和代码应在现场确认并录入。现场检测完毕后，应由第二者复核
   B. 缺陷的几何尺寸应比照管径或相关物体的大小判定
   C. 无法确定的缺陷类型或等级必须在评估报告中加以说明
   D. 剪辑图像应采用现场抓取最佳角度和最清晰图片方式，特殊情况下也可采用观看录像抓取方式

9. 以下关于检测成果验收的说法正确的是（　　）。
   A. 检测单位提交的资料应齐全
   B. 检测的技术措施应符号本规程和经批准的技术设计书的要求
   C. 重要技术方案变动应提供充分的论证说明材料
   D. 须经任务委托单位批准
   答案：ABCD

10. 设施巡查工作的意义是（　　）。
    A. 能够降低投诉案件的发生 B. 能够减少道路存在的安全隐患
    C. 能够减轻管网养护的压力 D. 了解和掌握排水设施的现状
    答案：ABCD

11. 管道潜望镜检测设备主要技术指标说法正确的是（　　）。
    A. 图像传感器的技术指标应为：≥1/4″CCD，彩色
    B. 灵敏度（最低感光度）技术指标应为：≤3lux
    C. 视角≥45°
    D. 分辨率（dpi）≥640×480

答案：ABCD

12. 针对管道潜望镜的检测方法，以下说法正确的是(　　)。
A. 镜头中心应保持在管道竖向中心线的水面以上
B. 对各种缺陷、特殊结构和检测状况应作详细判读和记录
C. 现场检测完毕后，应由相关人员对检测资料进行复核并签名确认
D. 拍摄检查井内壁时，应保持摄像头无盲点地均匀慢速移动。拍摄缺陷时，应保持摄像头静止，并连续拍摄10s以上

答案：ABCD

13. 排水设施普查的一般步骤应包括(　　)。
A. 确定检测目的
B. 制订检测方案，根据检测的影响因素考虑交通状况、管道属性、管道水位计流速等
C. 现场检测施工管理
D. 出具排水设施普查检测结果

答案：ABCD

14. 排水管道检测方案至少应包括(　　)部分。
A. 施工组织设计　　　B. 安全施工方案　　　C. 资料齐全情况　　　D. 前期管道探勘

答案：AB

15. 排水管道结构性检测中，缺陷按积泥的程度分为轻度、中度、重度三类，以下关于缺陷程度分级的说法正确的是(　　)。
A. 轻度渗漏的缺陷程度分级判断依据为水从缺陷点间断滴出
B. 中度渗漏的缺陷程度分级判断依据为水从缺陷点以线状持续流出
C. 重度渗漏的缺陷程度分级判断依据为水从缺陷点大量涌出或喷出
D. 轻度渗漏的缺陷程度分级判断依据为水从缺陷点以线状持续流出

答案：ABC

16. 管道渗漏水，闭水试验不合格的原因通常有(　　)。
A. 基础不均匀下沉　　　　　　　　　　B. 管材及其接口施工质量差
C. 闭水段端头封堵不严密　　　　　　　D. 井体施工质量差

答案：ABCD

17. 以下关于紧急级别热线快速反应正确的是(　　)。
A. 排水巡查工在巡查过程中，发现设施紧急级别问题后，立即拨打热线值班电话或者登陆专用手机平台系统上报详细情况
B. 热线明确接收后，根据热线调度指令，排水巡查工进行下一步工作
C. 热线调度明确派发处置单元后，排水巡查工要继续看守现场，维护现场安全，指引热线派发单元进场处置
D. 排水巡查工在派发处置单元未到达之前，在做好安全拦护的情况下，先期进行现场调查，了解排水设施运行情况，记录并留存影像资料。处置单元到达后，排水巡查工配合处置人员一起完成热线处置

答案：ABCD

18. 热线接报应重点了解清楚(　　)信息要素并做好记录。
A. 事件内容(时间、地点、类别、财产损失、伤亡人员情况等)
B. 现场动态(有无危害衍生性)　　　　C. 已采取措施
D. 亟须帮助解决的问题　　　　　　　　E. 现场反映人姓名、单位、电话

答案：ABCDE

19. 分类热线类型及紧急程度的目的是(　　)。
A. 优化资源和人员配置
B. 避免导致人员伤亡和重大财产损失
C. 兼顾到不同类型、级别的热线处置时效不同，处置起来更方便快捷、准确而迅速

D. 优化排水巡查工工作强度

答案：ABC

20. 下列热线事件类型分类形式正确的是(　　)。
    A. 按事件类型分类
    B. 按事件来源分类
    C. 按时间先后分类
    D. 按事件重要性分类

答案：AB

21. 《北京市排水和再生水管理办法》中规定：排水和再生水设施监督检查人员行使监督检查职责时，有权采取的措施包含(　　)。
    A. 进入现场开展检查，调查了解有关情况
    B. 要求被检查单位和个人提供并有权查阅、复制有关文件、证照、资料
    C. 责令被检查单位和个人停止违法行为，履行法定义务。接受监督检查的单位和人员应当配合监督检查工作，不得拒绝、阻挠、妨碍监督检查人员依法执行公务
    D. 向建设单位提供施工现场排水和再生水管线的信息

答案：ABC

22. 《北京市排水和再生水管理办法》中对运营单位的巡查管理要求包括(　　)。
    A. 制订年度养护计划，并按照计划对设施进行巡查、养护、维护
    B. 定期巡查、维护排水和再生水井盖、雨水箅子
    C. 对违章排水作业行为进行行政处罚
    D. 完好保存设施建设资料和巡查、养护、维护记录等档案，逐步实现档案的信息化管理

答案：ABD

23. 《城镇排水与污水处理条例》共七章，包括：总则、规划与建设、法律责任、附则等，下列属于该条例的章节有(　　)。
    A. 排水
    B. 污水处理
    C. 设施维护与保护
    D. 监督与管理

答案：ABC

24. 《城镇排水与污水处理条例》中规定：从事(　　)等活动的企事业单位、个体工商户向城镇排水设施排放污水的，应当申请办理排水许可证。
    A. 建筑
    B. 工业
    C. 餐饮
    D. 医疗

答案：ABCD

25. 水体的分类包括(　　)。
    A. 形态
    B. 水质
    C. 功能
    D. 营养

答案：ABCD

26. 正压式空气呼吸器由(　　)组成。
    A. 接触部分
    B. 连通部分
    C. 供气部分
    D. 支撑部分

答案：ABC

27. 防汛工作实行(　　)的方针，遵循团结协作和局部利益服从全局利益的原则。
    A. 安全第一
    B. 常备不懈
    C. 以防为主
    D. 全力抢险

答案：ABCD

28. 城区内涝灾害主要包括(　　)。
    A. 河道漫溢
    B. 大范围积水
    C. 危旧房屋倒塌
    D. 地下设施进水

答案：ABCD

29. 一般常用的管道封堵方法有(　　)
    A. 无水封堵
    B. 有水封堵
    C. 管塞封堵法
    D. 砖砌封堵法

答案：CD

30. 在地铁施工期间穿越集团排水设施时，在安全距离内的排水设施，目前通常使用的管道保护工艺有(　　)。
    A. 翻转内衬工法
    B. 铁树脂喷涂
    C. 内涨圈加固法

D. 胀管法　　　　　　E. 螺旋缠绕法

答案：ABC

31. 污水管道系统从有利于管道的使用、养护与管理考虑，一般污水管敷设在次要街道或人行道部分位置，并靠近工厂建筑物某一侧，布置形式分为(　　)。

　　A. 分区布置　　　B. 扇形布置　　　C. 分散布置　　　D. 正交布置

答案：AB

32. 以下属于城市排水系统常用的布置形式的是(　　)。

　　A. 扇形布置　　　B. 环形布置　　　C. 分散布置　　　D. 分区布置

答案：ACD

33. 压力管养护应定期开盖检查压力井盖板，发现(　　)等情况应及时维修和保养。

　　A. 盖板锈蚀　　　B. 密封垫老化　　　C. 井体裂缝　　　D. 管内积泥

答案：ABCD

34. 排水管理单位应对污泥处置过程进行(　　)。

　　A. 跟踪　　　B. 监督　　　C. 检查　　　D. 指导

答案：AB

35. 污水管网的清通是污水管网运行过程中一项长期工作，管道不畅通，对污水处理厂进水的(　　)造成大的影响。

　　A. 工艺　　　B. 水质　　　C. 流速　　　D. 水量

答案：BD

36. 潜望镜最初是指从海面下伸出海面或从低洼坑道伸出地面，用以窥探海面或地面上活动的装置。潜望镜常用于潜水艇、坑道和坦克内用以观察敌情。现代潜艇潜望镜是在20世纪初发明的。1906年德国海军建成第一艘潜艇时，已使用了相当完善的光学潜望镜。管道潜望镜就是依据该原理在管网检测中的应用。最简单的潜望镜一般包括(　　)等组成部分。

　　A. 物镜　　　B. 目镜　　　C. 摄像头
　　D. 转像系统　　　E. 激光测距系统

答案：ABD

37. 系统应结合GPS全球卫星定位技术和无线通信技术，利用巡查人员手持PDA设备，将(　　)等通过无线网络在现场端和监控系统控制总台之间双向传递。

　　A. 巡查信息　　　B. 调度信息　　　C. 设施信息　　　D. 交通信息

答案：AB

38. 排水设施巡查管理系统应结合移动化终端设备构建，通过终端可以实现事件的(　　)等功能。

　　A. 上报　　　B. 处理　　　C. 查询　　　D. 结果

答案：ABC

39. 排水管道结构缺陷是指排水管道的建设或使用过程中，进入或残留在管道内的杂物以及水中泥沙沉淀、油脂附着等，使过水断面减小，影响其正常排水能力的缺陷状态，包括(　　)、封堵等。

　　A. 积泥　　　B. 洼水　　　C. 结垢
　　D. 树根　　　E. 杂物

答案：ABCDE

40. 根据《排水管道结构等级评定标准》(Q/BDG JS002—GW05—2012)，下列说法正确的是(　　)。

　　A. 管道老化状况系数 A 值与管道使用年限(年)有关
　　B. 管道重要性参数 E 值与管道断面尺寸(mm)有关
　　C. 管道所在地区属性分为四类，分别为中心政治、商业及交通干道；旅游区和其他商业区；其他机动车道路；其他区域
　　D. 管道修复指数 RI 值与评定段的结构性缺陷参数 J、评定段的管道重要性参数 E、评定段的地区重要性参数 K、评定段的土质重要性参数 T 有关
　　E. 评定段的管道重要性参数 T 与评定段的沿程平均损坏状况系数 S_α、评定段的局部最大损坏状况系数 S_β

有关

答案：ABD

41. 合理诉求的主要补救措施为(　　)。
A. 管理人员对不满意事件的解释　　　　B. 一线人员的道歉
C. 用其他服务代替　　D. 合理物质补偿　　E. 其他方式

答案：ABCDE

42. 以下认定为非集团运营范围积滞水热线的情况有(　　)。
A. 路面低洼造成的积水　　　　B. 专用排水设施(户线)问题造成的积滞水
C. 积水点所在道路上没有集团运营设施　　D. 集团运营范围内雨水箅子堵塞

答案：ABC

43. 需要于1h内到达现场并确认权属的事件是(　　)。
A. 应急抢险事件　　B. 黑臭水体事件　　C. 重大积滞水事件
D. 投诉索赔事件　　E. 井盖丢损事件

答案：ABC

44. 再生水管线维护工作内容包括(　　)。
A. 再生水管线巡视、保养　　　　B. 再生水管线及设施维修
C. 闸门操作　　D. 再生水管线抢修　　E. 水表查抄

答案：ABCDE

三、简答题

1. 城镇排水主管部门对排水户排放污水的情况实施监督检查时，有权采用哪些措施？

答：(1)进入现场开展检查、监测。

(2)要求被监督检查的排水户出示排水许可证。

(3)查阅、复制有关文件和资料。

(4)要求被监督检查的单位和个人就有关问题做出说明。

(5)依法采取禁止排水户向城镇排水设施排放污水等措施，纠正违反有关法律、法规和管理办法规定的行为。

2. 简述排水设施检测流程。

答：流程为资料收集、现场踏勘、管道封堵/抽水、管道清洗、现场检测、编制检测报告、提交成果，具体如下：

(1)资料收集：已有排水管线图、管道的竣工图或施工图等技术资料、已有管道检测资料、评估所需的资料、其他与检测相关的资料。

(2)现场踏勘：查看测区的地物、地貌、交通和管道分布情况；开井目视检查管道的水位、积泥等情况；核对所有搜集资料中的管位、管径、材质等。

(3)管道封堵/抽水。

(4)管道清洗：通常在对管道进行结构性检测或管道内障碍物影响到管道机械人行进时，会对管道进行清洗。使用设备为高压清洗车，适当的清洗会使管道检测更顺畅，效果更清晰。

(5)现场检测

管道检测应包括：①检测作业时，出发去现场前应对仪器设备进行细致的自检；②现场检测作业时应按要求设立安全标志；③管道实地检测与判读；④检测完成后应及时清理现场，做好设备工作。

现场检测流程：①安装CCTV检测设备；②下井；③井下检测；④设备回收。

(6)编制检测报告：根据录像回放、现场记录以及规范要求编写管道检测报告书，报告书应突出重点、文理通顺、表达清楚、结论明确。

(7)提交成果：检测报告等编写完毕，按要求提交成果，成果需规范、统一。

3. 未来地理信息技术的发展将使其在排水管网管理中应用能够更加广泛，其主要有哪几个方面？

答：主要有以下4个方面：

(1)将GIS扩展至多维分析，以三维可视化等方式提高管理水平。

(2)GIS与RS、GPS相结合,将后者作为高效的数据获取手段。

(3)越来越多地利用声音、图像、图形等多媒体数据。

(4)进一步与互联网络结合,使排水管网的地理信息数据可以突破空间的局限,在更大范围内获取和查询。

4. 拓扑空间查询和分析是对点、线、面三种基本元素相互之间的关系进行分析处理,提取其拓扑特征。举例说明排水系统的主要拓扑关系。

答:城市排水系统须通过检查井、排水管道和流域范围3个图层来表达,分别含有点、线、面要素。这3个图层之间须建立这样的拓扑关系:排水管道的起点和终点必须为检查井数据;流域范围面数据所覆盖的空间范围内,必须存在相应的检查井和排水管道。利用GIS的拓扑空间查询和分析功能,可以构建一系列拓扑关系,约束排水系统中各类数据之间的正确性。

5.《城镇排水与污水处理条例》第四十三条对新建、改建、扩建建设工程,保证排水与污水处理设施安全有何规定?

答:新建、改建、扩建建设工程开工前,建设单位应当查明工程建设范围内地下城镇排水与污水处理设施的相关情况。城镇排水主管部门及其他相关部门和单位应当及时提供相关资料。

建设工程施工范围内有排水管网等城镇排水与污水处理设施的,建设单位应当与施工单位、设施维护运营单位共同制订设施保护方案,并采取相应的安全保护措施。

因工程建设需要拆除、改动城镇排水与污水处理设施的,建设单位应当制订拆除、改动方案,报城镇排水主管部门审核,并承担重建、改建和采取临时措施的费用。

6.《北京市排水和再生水管理办法》第十八条规定了8条"应禁止的违反排水规定行为",除"擅自占压、拆卸、移动排水和再生水设施"之外,简述余下7条。

答:《北京市排水和再生水管理办法》第十八条规定有以下违反排水规定行为应禁止:

(1)穿凿、堵塞排水和再生水设施。

(2)向排水和再生水设施倾倒垃圾、粪便、渣土、施工废料、污水处理产生的污泥等废弃物。

(3)向排水管网排放超标污水、有毒有害及易燃易爆物质。

(4)在排水和再生水设施用地范围内取土、爆破、埋杆、堆物。

(5)擅自接入公共排水和再生水管网。

(6)住宅区再生水设施处理粪便水和重污染水。

(7)其他损害排水和再生水设施的行为。

7. 简述水量平衡的含义。

答:水量平衡是有计划利用水资源的基础,特别是缺水城市,水资源往往成为确定城市规模和选择产业的主要依据。不同用途的水量保证程度应该有不同的标准,本条结合《室外给水设计规范》、《村镇规划标准》和相关的工业企业设计标准给出了枯水流量的保证率,由于城市供水重要性与城市的地位、经济水平等都有关系,本条不规定按城市规模确定分级保证率;工业企业在规划阶段也很难准确预见其性质,其他景观、生态和农业渔业用水也都与其在城市中的地位有关系,因此,规范按重要程度分为重要和一般两个等级给出用水水源的保证率。

8. 简述城市管网产生渗漏、断裂等损坏时,对人们的直接影响。

答:(1)污染:城镇排水管道的损坏,使周边土壤及水体产生污染。

(2)损失和赔偿:城市道网产生渗漏、断裂等损坏(特别是压力管道)时,会造成重大的经济损失(直接的和间接的)。除开挖路面、更换管材、管材和管道连接件外,还造成路面交通堵塞,公交车和机动车改道,人们在时间上显露的间接经济损失更是巨大,各地排水公司还将承受各经济损失(包括开挖路面、更换材料和有关的赔偿等)。

9. 模拟编制应急预案的依据是什么?

答:《中华人民共和国安全生产法》《中华人民共和国突发事件应对法》《中华人民共和国消防法》《突发事件总体应急预案》《生产经营单位安全生产事故应急预案编制导则》《生产安全事故报告和调查处理条例》《中华人民共和国传染病防治法》《企业职工伤亡事故分类标准》《关于加强工程建设单位施工安全生产管理的若干规定》。

10. 何为 IP 防护等级？手持 CCTV 中摄像头部分的 IP 防护等级 IP68 其中的数字含义是什么？

答：IP 防护等级是将电器依其防尘、防止外物的(含工具、人的手指等均不可接触到电器内之带电部分，以免触电)侵入和防湿气、防水侵入之特性加以分级的。IP 防护等级是由两个数字所组成，第 1 个数字表示电器防尘、防止外物侵入的等级，第 2 个数字表示电器防湿气、防水侵入的密闭程度等级，数字越大表示其防护等级越高。

手持 CCTV 中摄像头部分的 IP 防护等级是 IP68，其中："6"表示完全防止外物及灰尘侵入；"8"表示防止沉没时水的浸入。

11. 不同品牌的手持 CCTV 结构和功能会有所差异，但主要部件基本相同，简述摄像头、手柄、控制器和线缆的主要功能。

答：(1)摄像头部分：用于观察管道内部情况，并进行拍照或录像。

(2)手柄部分：通过长度可调的手柄，将摄像头放置到管口。

(3)控制器部分：用于控制摄像头部分，包括图像的放大缩小，灯光的强弱以及图像的采集。

(4)线缆部分：包含用于数据传输的数据线以及电源供给的电源线。

12. 碳纤维手持伸缩杆的优点有哪些，使用时应注意哪些问题？

答：碳纤维杆的优点：(1)抗拉强度高，其强度是钢材料的 6～12 倍；(2)密度小、重量轻，密度只有钢材料的 1/4 不到；(3)耐腐蚀、寿命长，是手持 CCTV 伸缩杆的首选材料。

注意事项：使用时应注意避免与井口、井壁发生磕碰，造成伸缩杆变形或破损；进行伸缩操作时，应注意观察限位机构或限位提示线，避免因用力过大或操作不当导致限位机构损坏或造成伸缩杆脱出。

13. 电视检测设备的基本性能有哪些？

答：(1)摄像镜头应具有平扫与旋转、仰俯与旋转、变焦功能，摄像镜头高度应可以自由调整。

(2)爬行器应具有前进、后退、空挡、变速、防侧翻等功能，轮径大小、轮间距应可以根据被检测管道的大小进行更换或调整。

(3)主控制器应具有在监视器上同步显示日期、时间、管径、在管道内行进距离等信息的功能，并应可以进行数据处理。

(4)灯光强度应能调节。

14. 简述车载电视检查设备工作流程。

答：(1)根据待检查管径的大小，确定镜头输送器的安装尺寸并进行组装。

(2)安装镜头，连接控制及信号电缆，套上电缆保护套筒。

(3)开启发电机待其输出电压稳定在 220V，频率稳定在 50Hz 之后，再给其他用电设备供电。

(4)开机，启动镜头控制系统及监视器；开启镜头操作控制器及输送器操作控制器；将爬行器送至检查井底。

(5)打开镜头的照明系统，在大管径管道中工作或管道光线严重不足时，可打开外置照明灯头。

(6)镜头回位至初始位置。

(7)开启笔记本电脑，运行检视软件，并填写基本工作信息。

(8)开启 DVD－RW 刻录机，实现监视器屏幕的同步录像。

(9)通过监视器来观察管内的情况，当发现病害或可疑物时，停止爬行器，通过调节镜头及输送器控制器的操作手柄来控制镜头变焦及旋转，使其更加清晰地显示出病害，并在软件上详细记录相关信息。

(10)镜头回位，继续前进。

(11)管道检查完毕，封盘、关闭 DVD－RW 刻录机、关闭电脑、关闭镜头照明系统、关闭监视器。

(12)停止爬行器，使其处于空挡状态。

(13)启动绞盘电机缠绕电缆，并同时清洁电缆，使镜头输送器回到井口。

(14)将输送器及镜头提升到地面，并清洁。

(15)关闭电缆绞盘装置。

15. 简述电视检查设备的主要作用。

答：(1)通过爬行器及镜头来代替工作人员的双腿及眼睛，客观真实地反映出地下管线内部的情况。

(2)新铺设管道竣工验收。

(3)现况管线的功能性、结构性检测，为管线评估提供依据。

(4)为雨污水管网、检修井及孔洞的养护工作提供依据。

(5)管网施工过程中的工程自检。

16. 简述电视检查设备的各组成部分及其功能。

答：其组成共分为五部分：控制单元、行走器、摄像单元、动力系统和电缆系统。

(1)控制单元：控制单元主要控制爬行器的前进、后退、转动和停止以及起升架的升降，控制镜头旋转、变焦以及灯光开启和强弱。

(2)行走器：主要承载监视镜头，在管道中行进，同时拖动电缆前进。主要包括履带式爬行器、轮式爬行器；爬行器的动力性能和外形尺寸与所要检查的管道内部情况及直径相符合。

(3)摄像单元：采用高分辨率变焦彩色摄像机观察管道内部情况。

(4)动力系统(动力源)：提供动力的源头，是设备正常运转必备的基本条件，电视检查设备使用的是220V、50Hz的交流或直流电源，由发电机提供动力或固定电源提供。

(5)电缆系统(传输介质)：用于传输动力、传输视频信号、传输控制信号及提供设备牵引。

17. 手持CCTV照明灯有雾气，可能的原因是什么，如何进行故障排查？

答：(1)如照明灯外表面有雾气，可能由于管道内与室外地面温差较大，照明灯在管道环境内适应几分钟，元器件温度达到环境温度时可自然消除。

(2)如照明灯内部有雾气，可能是由于照明灯灯罩密封不严，须更换密封。

18. 手持CCTV录像画面显示异常，须采取哪些操作？

答：(1)检查录像软件有无异常；(2)如有操作系统，检查操作系统有无异常；(3)检查摄像头机芯是否损坏；(4)检查信号线有无异常，信号线的接头插针有无变形或弯曲。

19. 排水管道检测时的现场作业应符合什么标准？现场使用的检测设备应符合什么标准？现场检测人员数量有何规定？

答：排水管道检测时的现场作业应符合现行行业标准《排水管道维护安全技术规程》(CJJ 6—2009)的有关规定。现场使用的检测设备，其安全性能应符合现行国家标准《爆炸性气体环境用电气设备》(GB 3836—2010)的有关规定。现场检测人员的数量不得少于2人。

20. GIS对空间事物的锁拟、预测乃至智能决策功能目前还处于研究和试验阶段，投入实际应用的实例还不多见。这类系统功能的发挥建立在良好的数据结构和精确的数据质量基础之上。因此，在不断探索GIS应用广度和深度的同时，不断提高数据获取精度，研究数据校核和检验手段，改进数据存储性能和管理效率是十分必要的。请写出①～⑤对应的内容。

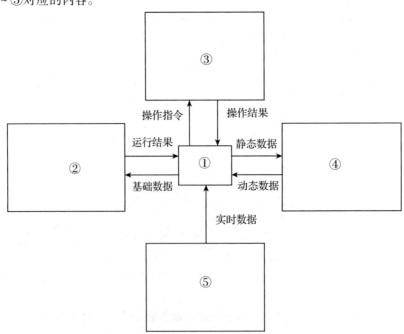

答：①为GIS；②为客户服务系统、减灾防洪系统、图档管理系统、设施管理系统、应急管理系统；③为

调度决策系统；④为水力计算模型、辅助规划设计；⑤为自动监控系统。

21. 简单描述信息化技术的应用为城市排水管网管理带来的变革。

答：(1)提高了数据收集速度，同时提高了可靠性、准确性、精准度。

(2)改变了管网资料的存储方式、使资料存储、检索、更新方便。

(3)提高了管理人员对管网系统运行状况掌握效率和程度，管理人员能及时准确地获取信息，并对系统运行中的突发事件具有更长的反应时间，可选择更多的处理方案。

(4)变革了管理运行方式，自动化办公系统使管理人员告别了传统的管理手段和方法。

(5)对被管理对象的操作方法从传统的依靠经验转化为依靠数学模型、智能决策系统。可靠性、及时性得到提高。

(6)变革了地域和部门之间的数据交流方式，使管网管理突破了空间距离的桎梏，让信息的实时更新和共享成为可能。

综上所述，对城市排水管网信息化管理对提高城市管理水平、维护城市安全运行、改善城市环境具有重要意义。

22. 城市排水管网地理信息系统软件作为一种专业管理工具，总体目标在于提高城市排水管网管理水平和效率，根据管理工作的需要它应满足何种要求？

答：(1)提供管网数据的检索手段。

(2)直观反映管网的分布状况，并能提供管网平面和高程布置的分析手段作为规划、设计和施工的依据。

(3)反映管网在运行中的变化规律和趋势，包括管网材料本身的损耗和管网内水流流量、水质的变化情况，为管网的运行调度提供数据依据。

(4)提供将常用格式的原始数据录入系统的途径，仅能与已经建立在其他软件平台上的系统交换数据。

(5)能作为日常清通维护和事故处理的管理平台，进行原因分析、人员调度、信息记录等操作。

(6)能与管网模型、在线检测等系统交换数据。

23. 简述城市排水管网地理信息系统的基本功能。

答：(1)具有数据录入和编辑的多种方式。可通过点击图形录入或编辑相应的对象数据，也可通过链接到数据存储文件进行操作。属性数据可通过属性列表中直接输入，也可从其他格式数据库或文本文件中批量导入。

(2)图形编辑。可进行图形的增加、删除、移动、复制，线条的拉长和缩短，以及多边形边界修改操作。系统能自动维护相应空间数据与其保持一致。

(3)数据格式转换。系统可与常用数据输入输出设备和其他常用软件系统交换不同格式数据。

(4)查询分析。排水管网GIS系统通常具备多样的查询方式，可以按空间、材质、管径、埋设日期、属性等进行查询，查询依据可以是单一条件，也可以是多个条件复合。

(5)空间分析。基本空间分析包括几何分析、网络分析、空间统计分析等，它是地理信息系统软件对现实世界中的变化和运行过程进行模拟和决策分析的基础。

(6)数据输出。数据及其分析结果应能根据用户设置，以图纸形式输出。

24. 简述GIS系统设施的管理功能。

答：GIS是管网信息化管理体系的核心，包括基础地形图数据，管网空间数据、管网属性数据、管网档案数据、纸质的竣工图纸及其他相关数据。GIS系统兼备管网基础设施资料的查询统计功能，通过数字化的方式管理管网设施数据极大地提高了管理工作的工作效率，解决了传统管理模式中排水设施信息的查询不便、统计困难和管理难度大等问题。

25. 简述GIS系统运行监控功能。

答：通过电视检查设备采集的管道内部状况视频，按照一定的格式上报到系统中，与管道数据建立关联关系，按照设施等级评定流程，实现等级自动计算。评定成果与管道空间数据进行关联，可以查询管道等级历史成果数据，为管道养护提供分析依据。对设施运行状况利用地图空间进行直观表达，实现柱状图、折线图等表示，可以反映管线运行指标及影响范围。

26. 简述GIS系统养护管理功能。

答：管网设施是城市安全运行的重要公共设施之一，确保排水管网使用功能、结构功能、附属构筑物正常的主要手段就是定期对管道进行维护，包括管道冲洗、疏通、清淤、雨水口清掏等维护作业，有些结构老化、腐蚀严重的管道无法正常使用，还需要对管道进行更新改造。排水管线运营单位应建立完善的管道维护记录，便于对管道进行周期性维护。

养护维护信息系统以设施周期性养护决策管理为中心，综合分析了企业内部对维护工作管控的管理主线、技术主线，形成管理计划批复、任务实施、支付计量的业务闭环，建立了以空间数据为核心，业务信息为补充的综合信息系统。

27. 简述《室外排水设计规范》(2014年版)的重点条款内容。

答：相关重点条款如下：

第4.1.3条 管渠材质、管渠构造、管渠基础、管道接口，应根据排水水质、水温、冰冻情况、断面尺寸、管内外所受压力、土质、地下水位、地下水侵蚀、性、施工条件及对养护工具的适应性等因素进行选择与设计。

第4.1.4条 输送腐蚀性污水的管渠必须采用耐腐蚀材料，其接口及附属构筑物必须采取相应的防腐蚀措施。

第4.1.5条 当输送易造成管渠内沉析的污水时，管渠形式和断面的确定，必须考虑维护检修的方便。

第4.1.6条 工业区内经常受有害物质污染的场地雨水，应经预处理达到相应标准后才能排入排水管渠。

第4.1.7条 排水管渠系统的设计，应以重力流为主，不设或少设提升泵站。当无法采用重力流或重力流不经济时，可采用压力流。

第4.1.9条 污水管道、合流污水管道和附属构筑物应保证其严密性，应进行闭水试验，防止污水外渗和地下水入渗。

第4.1.12条 排水管渠系统中，在排水泵站和倒虹管前，宜设置事故排出口。

28. 简述《给水排水管道工程施工及验收规范》的重点条款内容。

答：《给水排水管道工程施工及验收规范》(GB 50268—2008)于2008年10月15日由中华人民共和国住房和城乡建设部公告第132号公布，自2009年5月1日起实施。相关重点条款摘要：

第3.1.15条 给排水管道工程施工质量控制应符合下列规定：

(1) 各分项工程应按照施工技术标准进行质量控制，每分项工程完成后，必须进行检验；

(2) 相关各分项工程之间，必须进行交接检验，所有隐蔽分项工程必须进行隐蔽验收，未经检验或验收不合格不得进行下道分项工程。

第4.1.9条 给排水管道铺设完毕并经检验合格后，应及时回填沟槽。回填前，应符合下列规定：

(1) 预制钢筋混凝土管道的现浇筑基础的混凝土强度、水泥砂浆接口的水泥砂浆强度不应小于5 MPa；

(2) 现浇钢筋混凝土管渠的强度应达到设计要求；

(3) 混合结构的矩形或拱形管渠，砌体的水泥砂浆强度应达到设计要求；

(4) 井室、雨水口及其他附属构筑物的现浇混凝土强度或砌体水泥砂浆强度应达到设计要求；

(5) 回填时采取防止管道发生位移或损伤的措施；

(6) 化学建材管道或管径大于900 mm的钢管、球墨铸铁管等柔性管道在沟槽回填前，应采取措施控制管道的竖向变形。

29. 根据QB结构等级评定标准，评定排水管线的结构等级应该检测哪几种管段？

答：(1)排水管线的首尾井段；(2)水力坡降异常的井段；(3)横跨交通干道的井段；(4)有结构缺陷尚未修复完成的井段；(5)已检测出结构缺陷的上下游井段；(6)在保护范围内有新建地下工程的井段；(7)位于粉砂土、湿陷性土等不稳定土层的井段。

30. 简述排水管道结构等级评定标准中，排水管道结构缺陷的定义。

答：排水管道的建设或使用过程中，由于外部扰动、地面沉降或水中有害物质的作用，使管道的结构外形或结构强度发生变化，影响其正常使用寿命的缺陷状态。包括腐蚀、破裂、变形、错口、脱节、渗漏、侵入等。

31. 遇到何种情况时，热线中心可向处置单位上一级部门或分管领导申请热线升级督办？

答：(1)涉及重大不稳定因素或重大安全风险的事件。

(2)对公众利益有重大影响的事件。

(3)对企业形象有重大影响的事件。

(4)发生于重点区域，或特殊保障时期发生于敏感区域的事件。

(5)需要集团内部多个部门或单位联合处置的。
(6)处置效果不理想且整改一次未取得改善的。

四、计算题

1. 已知某班通过专业工具检测某管线，管线名称为"××路污水一线"，发现部分功能性缺陷，具体缺陷位置及管线参数如下图：

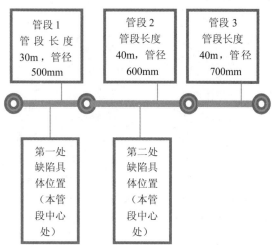

具体病害参数如下：

(1)第一处缺陷：此处仅发现一种缺陷，缺陷类型为树根，缺陷纵向计量长度为1个，缺陷程度为中度树根。

(2)第二处缺陷：此处发现两种缺陷(提示：在同一处或同一位置出现两种缺陷)，具体缺陷参数如下：

①第一种缺陷，缺陷类型为洼水，缺陷纵向计量长度为5m，缺陷程度为中度洼水。

②第二种缺陷，缺陷类型为结垢，缺陷纵向计量长度为5m，缺陷程度为轻度结垢。

该管线位于长安街，另外管道高峰充满度75%。根据上述已知情况，计算"××路污水一线"的养护指数 MI 值，并判断该管线的功能等级。

解：由题中图片可判断功能缺陷第一处为中度树根，权重0.75。第二处第一种缺陷为中度洼水，权重0.25；第二种缺陷为轻度结垢，权重0.15。

沿程平均淤积状况系数 $Y_\alpha = \frac{1}{\alpha L} \sum_{i=1}^{n} P_i L_i = (0.75 \times 1 + 0.25 \times 5 + 0.15 \times 5)/[0.4 \times (30+40+40)] = 0.0625$

局部最大淤积状况系数 $Y_m = \frac{1}{\beta}\max\{P_i\} = 1 \times 0.75/1 = 0.75$；由 $Y_\alpha < Y_m$，得淤积状况系数 $Y = Y_m = 0.75$

由管道充满度可知负荷状况系数 $F = 0.3$，则 $1 > Y > F$，得功能性缺陷参数 $G = 0.75$

根据管径为500~700mm，故管道重要性参数 $E = 0.3$；管线位于长安街，属于中心政治、商业及旅游区，故地区重要性参数 $K = 1$，则

养护指数 $MI = 85G + 5E + 10K = 85 \times 0.75 + 5 \times 0.3 + 10 \times 1 = 75.25$

该管线的功能等级为4级。

2. 已知某条管段位于中心商业区，管径为600mm，土质弱性膨胀土，已知管段运行状况最大系数为3，管段运行状况系数为3，功能性缺陷影响系数取1.2。求管道养护指数 MI，并判断该管段的养护等级。

解：功能性缺陷参数的计算公式为：当 $Y_{max} > \beta Y$ 时，$G = Y_{max}$；当 $Y_{max} < \beta Y$ 时，$G = \beta Y$

已知 $Y_{max} = 3$，$Y = 3$，$\beta = 1.2$，则 $\beta Y = 3.6$，故该管段的功能性缺陷参数 $G = \beta Y = 3.6$；由题可知，地区重要性参数为10，管道重要性参数为3，则

养护指数 $MI = 0.8G + 0.15K + 0.05E = 0.8 \times 3.6 + 0.15 \times 10 + 0.05 \times 3 = 4.53$

该管段的养护等级为3级。

3. 已知某条管段位于交通干道，管径为1000mm，土质弱性膨胀土，已知管段运行状况最大系数为4，管段运行状况系数为3，功能性缺陷影响系数取1.2。求管道养护指数 MI，并判断该管段的养护等级。

解：已知 $Y_{max}=4$，$Y=3$，$\beta=1.2$，则 $\beta Y=3.6$，故该管段的功能性缺陷参数 $G=Y_{max}=4$；由题可知，地区重要性参数为6，管道重要性参数为6，则

养护指数 $MI=0.8G+0.15K+0.05E=0.8\times4+0.15\times6+0.05\times6=4.4$

该管段的养护等级为3级。

4. 已知某条管段附近具有三、四级民用建筑工程，管径为1000mm，已知管段运行状况最大系数为4，管段运行状况系数为3，功能性缺陷影响系数取1.2。求管道养护指数 MI，并判断该管段的养护等级。

解：已知 $Y_{max}=4$，$Y=3$，$\beta=1.2$，则 $\beta Y=3.6$，故该管段的功能性缺陷参数 $G=Y_{max}=4$；由题可知，地区重要性参数为3，管道重要性参数为6，则

养护指数 $MI=0.8G+0.15K+0.05E=0.8\times4+0.15\times3+0.05\times6=3.95$

该管段的养护等级为2级。

5. 已知某条管段附近具有一、二级民用建筑工程，管径为1500mm，已知管段运行状况最大系数为4，管段运行状况系数为3，功能性缺陷影响系数取1.2。求管道养护指数 MI，判断该管段的养护等级并给出养护建议。

解：已知 $Y_{max}=4$，$Y=3$，$\beta=1.2$，则 $\beta Y=3.6$，故该管段的功能性缺陷参数 $G=Y_{max}=4$；由题可知，地区重要性参数为6，管道重要性参数为10，则

养护指数 $MI=0.8G+0.15K+0.05E=0.8\times4+0.15\times6+0.05\times10=4.6$

该管段的养护等级为3级，根据基础数据进行全面的考虑，应尽快处理。

6. 已知某条管段附近具有一、二级民用建筑工程，管径为1500mm，土质为弱膨胀土，已知该管段长度为50m，且存在3级沉积缺陷10m，2级障碍物1m，3级树根缺陷1m，判断该管段养护等级并给出养护建议。

解：管段运行状况系数 $Y=\dfrac{1}{m}\sum_{j=1}^{m}P_j=(6+3+6)/3=5$

由管段运行状况最大系数 $Y_{max}=\max\{P_j\}$，得 $Y_{max}=6$

已知 $Y_{max}=6$，$Y=5$，$\beta=1.2$，则 $\beta Y=6$，故该管段的功能性缺陷参数 $G=Y_{max}=6$；由题可知，地区重要性参数为6，管道重要性参数为10，则

养护指数 $MI=0.8G+0.15K+0.05E=0.8\times6+0.15\times6+0.05\times10=6.2$

该管段的养护等级为3级，根据基础数据进行全面的考虑，应尽快处理。

7. 已知某条管段位于中心商业区，管径为600mm，已知该管段长度为50m，且存在4级沉积缺陷10m，3级障碍物1m，判断该管段养护等级并给出养护建议。

解：管段运行状况系数 $Y=\dfrac{1}{m}\sum_{j=1}^{m}P_j=(10+6)/2=8$

由管段运行状况最大系数 $Y_{max}=\max\{P_j\}$，得 $Y_{max}=10$

已知 $Y_{max}=10$，$Y=8$，$\beta=1$，则 $\beta Y=8$，故该管段的功能性缺陷参数 $G=Y_{max}=10$；由题可知，地区重要性参数为10，管道重要性参数为3，则

养护指数 $MI=0.8G+0.15K+0.05E=0.8\times10+0.15\times10+0.05\times3=9.65$

该管段的养护等级为4级，输水功能受到严重影响，应立即进行处理。

8. 已知某条管段位于胡同内，管径为1000mm，已知该管段长度为50m，且存在3级沉积缺陷10m，3级结垢10m，判断该管段养护等级并给出养护建议。

解：管段运行状况系数 $Y=\dfrac{1}{m}\sum_{j=1}^{m}P_j=(6+6)/2=6$

由管段运行状况最大系数 $Y_{max}=\max\{P_j\}$，得 $Y_{max}=6$

已知 $Y_{max}=6$，$Y=6$，$\beta=1$，则 $\beta Y=6$，故该管段的功能性缺陷参数 $G=Y_{max}=6$；由题可知，地区重要性参数为0，管道重要性参数为6，则

养护指数 $MI=0.8G+0.15K+0.05E=0.8\times6+0.15\times10+0.05\times6=6.6$

该管段的养护等级为3级，根据基础数据进行全面的考虑，应尽快处理。

9. 已知某条管段附近具有一、二级民用建筑工程，管径为1500mm，已知该管段长度为100m，管道有沉积物50m，且厚度为管径的50%，管道内有一处有树根，且过水断面损失为20%，判断该管段功能性缺陷类

型,以及该管段养护等级并给出养护建议。

解:须确定功能性缺陷是局部缺陷或者整体缺陷,按下列公式进行计算

$$Y_M = \frac{1}{YL}\sum_{j=1}^{m}P_jL_j$$

式中:Y_M——管段功能性缺陷密度指数;
Y——管段运行状况参数;
P_j——第 j 处功能性缺陷分值;
L——管段长度,m;
L_j——第 j 处功能性缺陷的长度,当缺陷的计量单位为"个"时,长度设为1m。

(1)已知 $L=100$m,因该管段有沉积、树根两类病害,且4级沉积缺陷的分值为10,3级树根缺陷的分值为6,根据

$Y = \frac{1}{m}\sum_{j=1}^{m}P_j$,得 $Y = (10+6)/2 = 8$,则 $Y = (10\times50+6\times1)/(8\times100) \approx 0.63$

该管段功能性缺陷类型为整体缺陷。

(2)由管段损坏状况最大系数 $Y_{max} = \max\{P_j\}$,得 $Y_{max} = 10$

已知 $Y_{max} = 10$,$Y = 8$,$\beta = 1$,则 $\beta Y = 8$,故该管段的功能性缺陷参数 $G = Y_{max} = 10$;由题可知,地区重要性参数为6,管道重要性参数为10,则

养护指数 $MI = 0.8G + 0.15K + 0.05E = 0.8\times10 + 0.15\times6 + 0.05\times10 = 9.4$

该管段的养护等级为4级,输水功能受到严重影响,应立即进行处理。

10. 已知某条管段在胡同内,管径为1000mm,已知该管段长度为100m,管道有沉积物50m,且厚度为管径的30%,管道内有一处有树根,且过水断面损失为50%,管道内有结垢30m,且软质结垢造成的断面面积损失为60%,判断该管段功能性缺陷类型,以及该管段养护等级并给出养护建议。

解:(1)已知 $L=100$m,因该管段有沉积、树根、结垢三类病害,且3级沉积缺陷的分值为6,4级树根缺陷的分值为10,3级结垢缺陷的分值为6,根据

$Y = \frac{1}{m}\sum_{j=1}^{m}P_j$,得 $Y = (10+6+6)/3 \approx 7.3$,则 $Y_M = (6\times50+10\times1+6\times30)/(7.3\times100) \approx 0.67$

该管段功能性缺陷类型为整体缺陷。

(2)由管段损坏状况最大系数 $Y_{max} = \max\{P_j\}$,得 $Y_{max} = 10$

已知 $Y_{max} = 10$,$Y = 7.3$,$\beta = 1$,则 $\beta Y = 7.3$,故该管段的功能性缺陷参数 $G = Y_{max} = 10$;由题可知,地区重要性参数为0,管道重要性参数为6,则

养护指数 $MI = 0.8G + 0.15K + 0.05E = 0.8\times10 + 0.15\times0 + 0.05\times6 = 8.3$

该管段的养护等级为4级,输水功能受到严重影响,应立即进行处理。

11. 已知某条管段在交通干道,管径为600mm,已知该管段长度为100m,管道有沉积物50m,且厚度为管径的30%,管道内有一处有树根,且过水断面损失为50%,管道内有结垢30m,且软质结垢造成的断面面积损失为60%,判断该管段功能性缺陷类型,以及该管段养护等级并给出养护建议。

解:(1)已知 $L=100$m,因该管段有沉积、树根、结垢三类病害,且3级沉积缺陷的分值为6,4级树根缺陷的分值为10,3级结垢缺陷的分值为6,根据

$Y = \frac{1}{m}\sum_{j=1}^{m}P_j$,得 $Y = (10+6+6)/3 \approx 7.3$,则 $Y_M = (6\times50+10\times1+6\times30)/(7.3\times100) \approx 0.67$

该管段功能性缺陷类型为整体缺陷。

(2)管段损坏状况最大系数 $Y_{max} = \max\{P_j\}$,得 $Y_{max} = 10$

已知 $Y_{max} = 10$,$Y = 7.3$,$\beta = 1$,则 $\beta Y = 7.3$,故该管段的功能性缺陷参数 $G = Y_{max} = 10$;由题可知,地区重要性参数为6,管道重要性参数为3,则

养护指数 $MI = 0.8G + 0.15K + 0.05E = 0.8\times10 + 0.15\times6 + 0.05\times3 = 9.05$

该管段的养护等级为4级,输水功能受到严重影响,应立即进行处理。

12. 已知某条管段位于胡同内,管径为1000mm,土质弱性膨胀土,已知该管段长度为50m,且存在3级沉积缺陷10m,3级结垢10m,存在3级异物侵入缺陷1m,3级支管暗接1m,判断该管段养护等级并给出养护建

议,以及该管段修复等级并给出修复建议。

解:(1)管段运行状况系数 $Y = \frac{1}{m}\sum_{j=1}^{m} P_j = (6+6)/2 = 6$

管段运行状况最大系数 $Y_{max} = \max\{P_j\}$,得 $Y_{max} = 6$

已知 $Y_{max} = 6$,$Y = 6$,$\beta = 1$,则 $\beta Y = 6$,故该管段的功能性缺陷参数 $G = Y_{max} = 6$;由题可知,地区重要性参数为0,管道重要性参数为6,则

养护指数 $MI = 0.8G + 0.15K + 0.05E = 0.8 \times 6 + 0.15 \times 10 + 0.05 \times 6 = 6.6$

该管段的养护等级为3级,根据基础数据进行全面的考虑,应尽快处理。

(2)管段损坏状况系数 $S = \frac{1}{n}\sum_{i=1}^{n} P_i = (6+6)/2 = 6$

管段损坏状况最大系数 $S_{max} = \max\{P_j\}$,得 $S_{max} = 6$

结构性缺陷参数的计算公式为:当 $S_{max} > \alpha S$ 时,$F = S_{max}$;当 $S_{max} < \alpha S$ 时,$F = \alpha S$

已知 $S_{max} = 6$,$S = 6$,$\alpha = 1$,则 $\alpha S = 6$,则 $F = S_{max} = 6$,故该管段的结构性缺陷参数是6;由题可知,地区重要性参数为0,管道重要性参数为6,土质影响参数为6,则

修护指数 $RI = 0.7F + 0.1K + 0.05E + 0.15T = 0.7 \times 6 + 0.1 \times 0 + 0.05 \times 6 + 0.15 \times 6 = 5.4$

该管段的修复等级为3级,结构在短期内可能会发生破坏,应尽快修复。

13. 已知某条管位于中心商业区,管径为600mm,土质弱性膨胀土,已知该管段长度为50m,且存在4级沉积缺陷10m,3级障碍物1m,存在2级腐蚀缺陷50m,2级渗漏1m,判断该管段养护等级并给出养护建议,以及该管段修复等级并给出修复建议。

解:(1)管段运行状况系数 $Y = \frac{1}{m}\sum_{j=1}^{m} P_j = (10+6)/2 = 8$

管段运行状况最大系数 $Y_{max} = \max\{P_j\}$,得 $Y_{max} = 10$

已知 $Y_{max} = 10$,$Y = 8$,$\beta = 1$,则 $\beta Y = 8$,故该管段的功能性缺陷参数 $G = Y_{max} = 10$;由题可知,地区重要性参数为10,管道重要性参数为3,则

养护指数 $MI = 0.8G + 0.15K + 0.05E = 0.8 \times 10 + 0.15 \times 10 + 0.05 \times 3 = 9.65$

该管段的养护等级为4级,输水功能受到严重影响,应立即进行处理。

(2)管段损坏状况系数 $S = \frac{1}{n}\sum_{i=1}^{n} P_i = (3+3)/2 = 3$

管段损坏状况最大系数 $S_{max} = \max\{P_j\}$,得 $S_{max} = 3$

已知 $S_{max} = 3$,$S = 3$,$\alpha = 1$,则 $\alpha S = 3$,故该管段的结构性缺陷参数 $F = S_{max} = 3$;由题可知,地区重要性参数为10,管道重要性参数为3,土质影响参数为6,则

修复指数 $RI = 0.7F + 0.1K + 0.05E + 0.15T = 0.7 \times 3 + 0.1 \times 10 + 0.05 \times 3 + 0.15 \times 6 = 4.15$

该管段的修复等级为2级,结构在短期内不会发生破坏现象,但应做修复计划。

14. 已知某条管段在交通干道,管径为600mm,已知该管段长度为100m,土质为弱膨胀土,管道有沉积物50m,且厚度为管径的30%,管道内有一处有树根,且过水断面损失为50%,管道内有结垢30m,且软质结垢造成的断面面积损失为60%,管道现已表面轻微剥落,管壁出现凹凸面70m,管道内有3处破裂,且破裂处已形成明显间隙,但管道的形状未受影响且破裂无脱落,判断:(1)该管段功能性缺陷类型;(2)该管段养护等级并给出养护建议;(3)该管段结构性缺陷类型;(4)该管段修复等级并给出修复建议。

解:(1)已知 $L = 100m$,因该管段有沉积、树根、结垢三类病害,且3级沉积缺陷的分值为6,4级树根缺陷的分值为10,3级结垢缺陷的分值为6,根据

$Y = \frac{1}{m}\sum_{j=1}^{m} P_j$,得 $Y = (10+6+6)/3 \approx 7.3$,则 $Y_M = (6 \times 50 + 10 \times 1 + 6 \times 30)/7.3 \times 100 \approx 0.67$

该管段功能性缺陷类型为整体缺陷。

(2)管段损坏状况最大系数 $Y_{max} = \max\{P_j\}$,得 $Y_{max} = 10$,

已知 $Y_{max} = 10$,$Y = 7.3$,$\beta = 1$,则 $\beta Y = 7.3$,故该管段的功能性缺陷参数 $G = Y_{max} = 10$;由题可知,地区重要性参数为6,管道重要性参数为3,则

养护指数 $MI = 0.8G + 0.15K + 0.05E = 0.8 \times 10 + 0.15 \times 6 + 0.05 \times 3 = 9.05$

该管段的养护等级为4级，输水功能受到严重影响，应立即进行处理。

（3）须确定结构性缺陷是局部缺陷或者整体缺陷，按下列公式进行计算

$$S_M = \frac{1}{SL}\sum_{i=1}^{n} P_i L_i$$

式中：S_M——管段结构性缺陷密度指数；

S——管段损坏状况参数；

P_i——第i处结构性缺陷分值；

L——管段长度，m；

L_i——第i处结构性缺陷的长度，当缺陷的计量单位为"个"时，长度设为1m。

已知$L=100$m，因该管段有腐蚀、破裂两类病害，且1级腐蚀缺陷的分值为1，2级破裂缺陷的分值为3，根据

$S = \frac{1}{n}\sum_{i=1}^{n} P_i$，得 $S=(1+3)/2=2$，则 $S_M=(1\times 70+3\times 3)/(2\times 100)=0.395$

该管段结构性缺陷类型为部分或整体缺陷。

（4）由管段损坏状况最大系数 $S_{max} = \max\{P_j\}$，得 $S_{max}=3$

已知 $S_{max}=3$，$S=2$，$\alpha=1$，则 $\alpha S=2$，故该管段的结构性缺陷参数 $F=S_{max}=3$；由题可知，地区重要性参数为6，管道重要性参数为3，土质影响参数为6，则

修复指数 $RI = 0.7F + 0.1K + 0.05E + 0.15T = 0.7\times 3 + 0.1\times 6 + 0.05\times 3 + 0.15\times 6 = 3.75$

该管段的修复等级为2级，结构在短期内不会发生破坏现象，但应做修复计划。

15. 已知某条管段在胡同内，管径为1000mm，土质为弱膨胀土，已知该管段长度为100m，管道有沉积物50m，且厚度为管径的30%，管道内有一处有树根，且过水断面损失为50%，管道内有结垢30m，且软质结垢造成的断面面积损失为60%，管道现已完全显露粗骨料50m，管道内有一处变形，且变形大于管道直径的25%，判断：（1）该管段功能性缺陷类型；（2）该管段养护等级并给出养护建议；（3）该管段结构性缺陷类型；（4）该管段修复等级并给出修复建议。

解：（1）已知$L=100$m，因该管段有沉积、树根、结垢三类病害，且3级沉积缺陷的分值为6，4级树根缺陷的分值为10，3级结垢缺陷的分值为6，根据

$Y = \frac{1}{m}\sum_{j=1}^{m} P_j$，得 $Y=(10+6+6)/3\approx 7.3$，则 $Y_M = (6\times 50+10\times 1+6\times 30)/7.3\times 100\approx 0.67$

该管段功能性缺陷类型为整体缺陷。

（2）由管段损坏状况最大系数 $Y_{max} = \max\{P_j\}$，得 $Y_{max}=10$

已知 $Y_{max}=10$，$Y=7.3$，$\beta=1$，则 $\beta Y=7.3$，故该管段的功能性缺陷参数 $G=Y_{max}=10$，由题可知，地区重要性参数为0，管道重要性参数为6，则

养护指数 $MI = 0.8G + 0.15K + 0.05E = 0.8\times 10 + 0.15\times 0 + 0.05\times 6 = 8.3$

该管段的养护等级为4级，输水功能受到严重影响，应立即进行处理。

（3）已知$L=100$m，因该管段有腐蚀、变形两类病害，且3级腐蚀缺陷的分值为6，4级变形缺陷的分值为10，根据

$S = \frac{1}{n}\sum_{i=1}^{n} P_i$，得 $S=(6+10)/2=8$，则 $S_M=(6\times 50+10\times 1)/(8\times 100)\approx 0.39$

该管段结构性缺陷类型为部分或整体缺陷。

（4）由管段损坏状况最大系数 $S_{max} = \max\{P_j\}$，可得 $S_{max}=10$。

已知 $S_{max}=10$，$S=8$，$\alpha=1$，则 $\alpha S=8$，故该管段的结构性缺陷参数 $F=S_{max}=10$；由题可知，地区重要性参数为0，管道重要性参数为6，土质影响参数为6，则

修复指数 $RI = 0.7F + 0.1K + 0.05E + 0.15T = 0.7\times 10 + 0.1\times 0 + 0.05\times 6 + 0.15\times 6 = 8.2$

该管段的修复等级为4级，结构已经发生或马上发生破坏，应立即修复。

16. 已知某条管段在中心商业区内，管径为300mm，土质为弱膨胀土，已知该管段长度为100m，管道有沉积物50m，且厚度为管径的30%，管道内有一处有树根，且过水断面损失为50%，管道内有结垢30m，且软质结垢造成的断面面积损失为60%，管道现已完全显露粗骨料50m，管道内有一处变形，且变形大于管道直

径的25%，判断：(1)该管段功能性缺陷类型；(2)该管段养护等级并给出养护建议；(3)该管段结构性缺陷类型；(4)判断该管段修复等级并给出修复建议。

解：(1)已知 $L=100\mathrm{m}$，因该管段有沉积、树根、结垢三类病害，且3级沉积缺陷的分值为6，4级树根缺陷的分值为10，3级结垢缺陷的分值为6，根据

$$Y = \frac{1}{m}\sum_{j=1}^{m} P_j$$，得 $Y=(10+6+6)/3\approx 7.3$，则 $Y_\mathrm{M}=(6\times 50+10\times 1+6\times 30)/7.3\times 100\approx 0.67$

该管段功能性缺陷类型为整体缺陷。

(2)由管段损坏状况最大系数 $Y_{\max}=\max\{P_j\}$，得 $Y_{\max}=10$

已知 $Y_{\max}=10$，$Y=7.3$，$\beta=1$，则 $\beta Y=7.3$，则，故该管段的功能性缺陷参数 $G=Y_{\max}=10$；由题可知，地区重要性参数为10，管道重要性参数为0，则

养护指数 $MI=0.8G+0.15K+0.05E=0.8\times 10+0.15\times 10+0.05\times 0=9.5$

该管段的养护等级为4级，输水功能受到严重影响，应立即进行处理。

(3)已知 $L=100\mathrm{m}$，因该管段有腐蚀、变形两类病害，且3级腐蚀缺陷的分值为6，4级变形缺陷的分值为10，根据

$$S = \frac{1}{n}\sum_{i=1}^{n} P_i$$，得 $S=(6+10)/2=8$，则 $S_\mathrm{M}=(6\times 50+10\times 1)/(8\times 100)\approx 0.39$

该管段结构性缺陷类型为部分或整体缺陷。

(4)由管段损坏状况最大系数 $S_{\max}=\max\{P_i\}$，得 $S_{\max}=10$

已知 $S_{\max}=10$，$S=8$，$\alpha=1$，则 $\alpha S=8$，故该管段的结构性缺陷参数 $F=S_{\max}=10$；由题可知，地区重要性参数为10，管道重要性参数为0，土质影响参数为6，则

养护指数 $RI=0.7F+0.1K+0.05E+0.15T=0.7\times 10+0.1\times 10+0.05\times 0+0.15\times 6=8.9$

该管段的修复等级为4级，结构已经发生或马上发生破坏，应立即修复。

17. 已知某班通过专业工具检测某管线，管线名称为"××路污水一线"，发现部分结构性缺陷，具体缺陷位置及管线参数如下图：

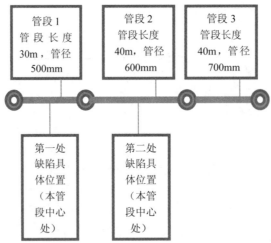

具体病害参数如下：

(1)第一处缺陷：此处仅发现一种缺陷，缺陷类型为渗漏，缺陷纵向计量长度为1个，缺陷程度为中度。

(2)第二处缺陷：此处发现两种缺陷（提示：在同一处或同一位置出现两种缺陷），具体缺陷参数所示。

①第一种缺陷，缺陷类型为腐蚀，缺陷纵向计量长度为5m，缺陷程度为中度。

②第二种缺陷，缺陷类型为破裂，缺陷环向1个，缺陷程度为中度。

该管线位于长安街，另外管道所在土层类型为杂填土、粉质黏土；管线建设年代为1983年。根据上述已知情况，求"××路污水一线"的管道修复指数 RI 值，并判断该管线结构等级。

解：由题中图片可判断结构缺陷第一处为中度渗漏，权重3；第二处一种缺陷为中度腐蚀，权重4.5；第二种缺陷为中度破裂，权重1，则

沿程平均损坏状况系数 $S_\alpha = \dfrac{1}{\alpha L} \sum\limits_{i=1}^{n} P_i L_i = (3\times1 + 4.5\times5 + 1\times1)/[0.4\times(30+40+40)] \approx 0.6$

局部最大损坏状况系数 $S_m = \dfrac{1}{\beta}\max\{P_i\}_m = 1\times5/3 \approx 1.67$

再由 $S_\alpha < S_m$，可知损坏状况系数 $S = S_m = 1.83$；管线建造年代为1983年，故可知老化状况系数 $A = 0.3$，故 $S > 1 > A$，即可得结构性缺陷参数 $J = 1$；根据管径为 $500\sim700\mathrm{mm}$，故管道重要性参数 $E = 0.3$；管线位于长安街，属于中心政治、商业及旅游区，故地区重要性参数 $K = 1$。

管线所在土层为杂填土、粉质黏土，故土质重要性参数 $T = 0.3$，则

管道修复指数 $RI = 70J + 50E + 10K + 15T = 70\times1 + 5\times0.3 + 10\times1 + 15\times0.3 = 86$，该管线结构等级为4级。

第三节　操作知识

一、单选题

1. 向排水设施排放超标污水、有毒有害及易燃易爆物质处置措施正确的是（　　）。
A. 要求排放户立即停止超标排放，告知其造成的不良后果及承担的相应责任
B. 要求排放户立即停止超标排放，不告知其造成的不良后果及承担的相应责任
C. 不要求排放户立即停止超标排放，只告知其造成的不良后果及承担的相应责任
D. 不要求排放户立即停止超标排放，不告知其造成的不良后果及承担的相应责任
答案：A

2. 供气式呼吸防护装备的使用应符合（　　）。
A. 供气管接头不允许与作业场所其他气体导管接头通用
B. 应避免供气管与作业现场其他移动物体相互干扰，不允许碾压供气管
C. 使用前应检查供气气源质量，气源应清洁无污染，并保证氧含量合格
D. 以上均不正确
答案：D

3. 皮卡（PICK UP）车载GPS巡查管理系统是借助GPS、GIS、GPRS网络等技术，针对排水行业开发的管网巡查的管理工具。车载设备由GPS天线、（　　）、GPRS天线、电源线及控制线等组成。
A. GPS主机　　　　B. PAD手机　　　　C. GIS地理信息系统　　D. 北斗定位终端
答案：A

4. 气体检测仪按使用方式分为固定气体检测仪和（　　）。
A. 便携式气体检测仪　　　　　　B. 单一气体检测仪
C. 复合式气体检测仪　　　　　　D. 北斗定位终端
答案：A

5. 排水管道巡查工在日常使用及未使用时须对巡查设备维护保养，以下说法错误的是（　　）。
A. 操作人员必须用严肃的态度和科学的方法正确使用和维护好设备
B. 保持设备整洁
C. 认真做好设备保养工作，认真填写运行记录
D. 不用执行交接班制度
答案：D

6. 以下对呼吸器维护保养要求说法错误的是（　　）。
A. 仪器应放置在专用存放柜内，不遭到灰尘污染，以免有害生理健康
B. 气瓶严禁沾染油脂
C. 在运输和储存的过程中，应避免气瓶受到振动，且不要拖拉手动瓶阀来移动气瓶
D. 空气呼吸器及备件属于公司贵重防护仪器，使用管理工作由公司各使用班组具体负责，要严格交接班

制度，非使用人员可以随意佩带或挪动

答案：D

7. 半导体式气体检测仪的缺点是(　　)。
A. 定性较差，受环境影响较大
B. 成本低廉，适宜于民用气体检测的需求
C. 在可燃性气体范围内，无选择性
D. 可应用范围较窄，限制因素较多

答案：A

8. 燃烧式气体检测仪的缺点是(　　)。
A. 在可燃性气体范围内，无选择性
B. 定性较差，受环境影响较大
C. 在不可燃性气体范围内，无选择性
D. 不宜应用于计量准确要求的场所

答案：A

9. SC2型手持CCTV的视频采集软件中，"开始录像"应按(　　)键。
A. F1　　　　B. F2　　　　C. F3　　　　D. F4

答案：A

10. SC2型手持CCTV的视频采集软件中，"拍照"应按(　　)键。
A. F1　　　　B. F2　　　　C. F3　　　　D. F4

答案：C

11. 直向摄影过程中，图像应保持正向水平，中途不应改变(　　)。
A. 拍摄角度和焦距
B. 拍摄角度和灯光照度
C. 灯光照度和焦距
D. 拍摄角度、焦距和灯光照度

答案：A

12. 每一管段检测完成后，应根据电缆上的标记长度对计数器显示数值进行(　　)。
A. 校准　　　B. 修正　　　C. 归零　　　D. 清除

答案：B

13. 当对特殊形状的管道进行电视检测时，应适当调整(　　)以获得最佳图像。
A. 车身位置　　B. 轮胎大小　　C. 电缆长度　　D. 摄像头位置

答案：D

14. 当使用变焦功能时，爬行器应处于(　　)状态。
A. 空挡　　　B. 静止　　　C. 行进　　　D. 不受限制

答案：B

15. 在电视检查中，监视器上必须显示(　　)信息。
A. 日期、时间　B. 管径　　C. 在管道内行进距离　D. 以上全是

答案：D

二、多选题

1. 以下关于雨水口晴天积水的处置描述正确的是(　　)。
A. 排水巡查工赶到现场后先取证拍照，检查雨水口、支管、下游管线运行情况。对于因为垃圾堵塞、管线闷控、支管损坏等情况上报主管部门，移交养护部门清淤、维护
B. 发现雨水口有私接情况的，调查清楚私接来源后上报
C. 根据上级指示进行处置私接单位或个人(限期整改、封堵、移交执法)，以及后续跟踪监督工作，记录巡查日志
D. 发现雨水口有私接情况的，无须调查直接上报

答案：ABC

2. 下列关于对讲机维护保养的说法正确的是(　　)。
A. 对讲机不可放在潮湿或高温地方
B. 任何非专业技术人员均不可以擅自拆开对讲机
C. 轻拿轻放对讲机，切勿手提天线移动对讲机

D. 当发觉对讲机失灵或机身破裂或其他附件损坏时，须及时报修

答案：ABCD

3. 下列巡查作业人员对电动车日常维护保养的做法正确的是(　　)。

A. 电动车在使用前应注意检查车况是否良好，轮胎气压是否充足，前后刹车是否灵敏，整车有无异响，螺丝是否松动，电池电量是否充足

B. 在保证安全的前提下，行驶中应尽量减少频繁刹车、启动，以节省电能

C. 充电时应注意，不要使用其他品牌的充电器；不要擅自拆卸充电器

D. 不要使电动自行车受到意外损害，定期检查电池是否变形、破损、渗漏、污染等

答案：ABCD

4. 管道通风机在作业前应进行的检查工作有(　　)。

A. 检查通风机各主要零部件(叶轮等)是否完好，各紧固螺栓有无脱落

B. 将设备放在安全区域作业，远离天然气、水、电等危险源，并作好警示标识，禁止非作业人员靠近

C. 点动试机，确认设备运行无异常振动及声响

D. 连接排风管，将排水风管最末端放到最安全便捷的方向

答案：ABCD

5. 当遭遇可能造成内河水位超出警戒水位的情况，危机防汛墙安全，为确保防汛安全，沿岸防汛泵站在同意调度下可采取(　　)操作。

A. 加大抽升　　　B. 应急停泵　　　C. 应急减泵　　　D. 紧急撤离

答案：ABCD

6. 在井(地)下施工中有人发生毒气中毒时，井(地)上人员绝对不要盲目下去救助，应立即报告工地负责人及有关部门，现场不具备抢救条件时，应及时拨打(　　)电话求救。

A. 110　　　B. 120　　　C. 119　　　D. 122

答案：ABC

7. 大型施工机械的装、拆主要的要求是(　　)。

A. 必须由有装、拆资质的专业施工队伍进行作业

B. 装、拆前要制订方案，方案须经上级审批通过

C. 对装、拆人员要进行方案和安全技术交底

D. 装、拆人员须持证上岗，并派有监护人员和设置装、拆的警戒区域

E. 安装完毕后，企业应进行验收，经行业指定的检测机构检测合格后方能投入使用

答案：ABCDE

三、简答题

1. 简述气体检测仪维护保养中常见的故障及其解决方法。

答：见下表：

故障	可能原因	处理方法
检测仪不能开启	无电池	安装电池
	电池电量耗尽	充电
	检测仪损坏或有缺陷	与供货厂商联系
检测仪一开机就出现告警	电池低电压告警	充电
	更换传感器	传感器告警
启动自测之后，检测器不显示正常周围气体读数	检测仪需要校准	校准检测仪
	目标气体存在	检测仪工作正常；在可疑区域按照注意事项来做

续表

故障	可能原因	处理方法
检测仪对按钮没有反应	电池电量耗尽	充电
	检测仪的运行无须使用者的输入	按钮操作功能会在运行结束后自动恢复
检测仪不能精准地测量气体	检测仪须校准	校准传感器
	检测仪比周围气体热或冷	使用之前，让检测仪达到周围温度
	传感器滤网堵塞	清洁传感器滤网
检测仪不报警	报警设定点设置不正确	重新设置报警设定点
	报警设定点设置为零	重新设置报警设定点
	检测仪处于校准模式	完成校准步骤
没有明显原因，检测仪间歇地出现报警	周围气体水平接近报警设定点或传感器暴露于目标气体阵风下	检测仪工作正常，在可疑区域区域按注意事项来做。检查气体暴露最大值读数
	遗失传感器或传感器障碍	重新设定报警设定点；更换传感器
检测仪自动关断	由于电池电量不足，自动关断功能被启动	充电
装置无法自动归零或无法确定校准氧气传感器读数	氧气传感器失效	更改氧气传感器

2. 巡查仪器设备的保养必须达到哪四项规定要求？

答：(1)整齐：工具、工件、附件放置整齐，工具箱、料架应摆放合理整齐，仪器设备零部件及安全防护装置齐全，各种标牌应完整、清晰；线路、管道应安装整齐、安全可靠。

(2)清洁：设备内外清洁，油垢、锈蚀，无玻璃粉和塑料屑；各滑动面无油污、无碰伤；各部位不漏油、不漏水、不漏气、不漏电。

(3)润滑：按时按质按量加油和换油，油箱、冷却箱应清洁，各部位轴承润滑良好。

(4)安全：实行定人定机和交接班制度；熟悉设备结构，遵守操作维护规程，合理使用，精心保养，监测异状，不出事故。

3. 倒虹管日常养护应做到哪些方面？

答：(1)倒虹管养护宜采用水力冲洗的方法，冲洗流速不宜小于1.2 m/s。

(2)过河倒虹管的河床覆土小于1.0m时，应及时采取抛石等保护措施。

(3)在通航河道上设置的倒虹管保护标志应保持结构完好和字迹清晰。

(4)倒虹管养护要抽空管道时，应先进行抗浮验算。

(5)倒虹管沉砂井应定期清理。

4. 简述污水管道事故的急处理流程。

答：(1)救护人员一定要配备必要的个人防护用品，将中毒人员撤离出甲烷污染区。

(2)如果中毒者不能自行呼吸，要对其进行人工呼吸；如果中毒者脉搏停止，要进行心脏起搏抢救。

(3)如果有条件，对中毒者进行氧气呼吸。

(4)叫救护车，立即送医院抢救。

(5)在等待救护车或送医院途中，要使中毒者保持温暖、舒适，静卧休息，并注意观察中毒者的呼吸和脉搏。

5. 简述城市排水管道爆炸事件及其解决办法。

答：城市排水管道往往埋管较深，管道、泵站和化粪池等设施内易聚集甲烷等易燃易爆气体。一旦管理不善，容易发生管道爆炸事件，产生强大的破坏力，造成人员伤亡财产损失和社会恐慌。因此，管道管理单位除了定期清淤，减少淤泥堆积以外，应完善管道监控系统，建设管道爆炸预警体系，及时发现安全隐患。

6. 排水事故应急响应中时间报告和现场保护要点有哪些？

答：(1)排水事故发生后，现场人(目击者、单位或个人)有责任及义务立即拨打应急处理小组电话报告，接到报告后，应急处理小组应立即指令相关部门派员前往现场初步确认是否属于排水重特大突发事件。排水重特大突发事件一经确认，应急处理小组按指令须立即向公司应急指挥组或上级机构报告，并启动应急处理预案。

(2)因抢救人员、防止事件扩大、恢复生产以及疏散交通等原因，需要移动现场物件的，应当作好标志，采取拍照、摄像、绘图等方法详细记录事故现场原貌，妥善保存现场重要痕迹、物证。

(3)发生严重或特别严重事故公司应急指挥组应在事件发生后2h内通报公司应急指挥部及局应急办，并于当天写出事件快报分别报送。

7. 接到哪些热线事件，应按照应急抢险事件流程处置？

答：道路塌陷；中水跑水；污水大面积外溢导致影响道路通行；地铁(或其他专业)施工导致排水管线破坏；向排水管道排放有毒、有害、易燃易爆液体；排水设施周边发生人员伤亡事件。

8. 简述现场判断热线设施诉求事件为管网堵冒的6个主要因素。

答：①管线欠养淤积；②雨水口及支管欠养淤积；③管线断裂等内部结构损坏；④管线设施固化物堵塞及违规倾倒；⑤雨水口支管设施固化物堵塞及违规倾倒；⑥雨水口无支管或支管损坏。

四、实操题

1. 有限空间内人员中毒的救援及现场急救的操作。

情景设置：(1)非机动车道；(2)有限空间环境为"IDLH"环境；(3)无外伤或骨折伤害；(4)白天。

序号	知识点	考核项	考核细则
1	劳动保护、安全防护用品使用	个体防护	统一着装，反光服、安全帽、防护鞋、防护手套等佩戴齐全，缺项不得分
2	占道作业交通安全设置技术要求	交通维护导行	占道区域设置锥桶应使用警戒带隔离，设置施工告知牌
3			占道作业保证非机动车和行人安全通行
4			设置上游过渡区和缓冲区，且上游过渡区不小于5m，缓冲区不小于2m
5	安全防护设备的选择与使用	呼吸防护设备	选择携气式正压空气呼吸器
6			选择救援携气式正压空气呼吸器
7		防坠落设备	选择全身式安全带、安全绳，且有快速接头(D形环)，缺项不得分
8		通风设备	选择防爆型鼓风机，确保网管无明显破损
9		通讯及照明设备	选择防爆型通讯设备与防爆型照明设备，且用电符合12V安全电压，缺项不得分
10	有限空间救援作业程序	救援作业程序	发生事故后应立即拨打119、110和120，以得到消防队员和急救专业人员的救助，同时向上级主管领导汇报
11			请示救援，得到批准后方可开展救援工作
12			救援人员配置携气式正压呼吸器等最高级别防护
13			地面监护2人，并持有效证件
14	常见安全事故应急救援	心肺复苏术	将伤员移动至新鲜空气环境下，仰卧平躺在坚硬平面上
15			判断伤员意识，轻拍双肩，高声呼喊
16			实施胸外按压，按压部位位于两肋交汇，两乳连线中部
17			施救人员位于伤员左侧，按压时避免手臂弯曲，按压频率为100次/min
18			按压深度5cm，连续按压30次，进行人工吹气
19			清除口中异物，打开气道，扶起下颌，捏紧伤员鼻翼，口对口吹气1s以上，见伤员胸部鼓起
20			按压与吹气之比为30:2，做5个循环后可以观察一下伤员的呼吸和脉搏，见伤员恢复呼吸或意识，为心肺复苏有效表征

续表

序号	知识点	考核项	考核细则
21	常见安全事故应急救援	侧卧位放置	救护员位于伤员一侧,将靠近自身的伤员的手臂肘关节屈曲成90°,置于头部侧方,另一手肘弯曲置于胸前
22			将伤员远离救护员一侧的下肢屈曲,救护员一手抓住伤员膝部,另一手扶住伤员肩部,轻轻将伤员翻转成侧卧姿势
23			将伤员置于胸前的手掌心向下,放在面颊下方,将气道轻轻打开

2. 大型/中型抽排设备现场操作。

情景设置:(1)机动车道;(2)积水深度1m,交通中断;(3)龙吸水子母车;(4)迪沃;(5)白天。

序号	知识点	考核项	考核细则
1	劳动保护、安全防护用品使用	个体防护	统一着装,反光服、安全帽、防护鞋、防护手套等佩戴齐全,缺项不得分
2	占道作业交通安全设置技术要求	交通维护导行	在来车方向最近一个路口,设置导行,封闭积水车道,设置警戒带隔离,危险告知牌
3			设置禁行标志、警示灯具、施工告知牌、消能桶
4	龙吸水子母车现场操作	排水前的准备工作	检查液压油箱液位
5			开启电源总开关,确认底盘储气筒压力超过0.5MPa,若不足,请空转发动机充气,直至自然排气
6			查各个开关接头是否有松动,油管、气管等是否破损渗漏
7			按照抢险预案,选择好抽、排水区域,将车停在合适的位置
8		抽水作业	车辆自重超过14t,应停放在坚硬平面上,以免下沉
9			所有管路应连接牢固,螺丝锁紧,以防脱落
10			整个开机预备过程须有专人观察指挥专人操作,切勿一人独自操作
11			后门开关时,作业范围2m内不应站人
12			长时间作业监测油箱温度,当油箱温度高于80℃时,请停止水泵工作,等油温降低至55℃以下后再开机操作
13			观察记录液压油箱的油液位置,若出现油液位置下降则说明有漏油应停机检查漏油,待检修完成再进行抽水
14	迪沃抽水现场操作	排水前的准备工作	确保水泵电机电缆无破损,无脱皮现象
15			每次使用应检查电机电缆工业插头和插座内无进水的情况
16			检查排水软管喉箍无锈蚀无断裂情况
17		抽水作业	两人抬起水泵放置到即将要排水处。将排水软管抬至水泵处后,将排水软管接合器的公端与水泵出水口用卡箍结合,螺栓拧紧
18			保证水泵放置后至少淹没水泵最高位置超过20cm,防止水泵运行产生漩涡,方可开机
19			严禁拉扯水泵电缆,且需要软绳拴住水泵吊环处并固定在一端
20			随时观察显示屏中电机参数的变化,电流应保证在32A左右,防止过载损坏电机水泵部件
21			将抽排控制旋钮旋转至停止位置,待显示屏参数都为0时,按下电源断电按钮,则系统断电
22			关掉柴油发电机
23			收拾排水软管,水泵(水中的水泵需用拴住的软绳拉回,严禁拉扯电缆)、电缆放回原处

3. D600 污水管道 CCTV 检测及管道预处理的操作。

情景设置：(1)非机动车道；(2)管道存泥大于20%；(3)管道内水深小于10cm；(4)水车、手持、爬行器；(5)管道有轻微漏金、轻度侵入病害；(6)白天。

序号	知识点	考核项	考核细则
1	劳动保护、安全防护用品使用	个体防护	统一着装，反光服、安全帽、防护鞋、防护手套等佩戴齐全，缺项不得分
2	占道作业交通安全设置技术要求	交通维护导行	占道区域设置锥桶应使用警戒带隔离，设置施工告知牌
3			占道作业保证非机动车和行人安全通行
4			设置上游过渡区和缓冲区，且上游过渡区不小于5m，缓冲区不小于2m
5	排水管道检测技术	现场踏勘	利用手持CCTV检查管道水位、淤积和检查井内构造
6			核对检查井位置、管道埋深、管径、管材等资料
7	排水管道养护技术	高压射流车养护(预处理)	将高压射流车行驶至冲洗检查井位置，卷管器(胶管轮盘)延管道中心线垂直于检查井上方(根据实际情况，设置适合位置)
8			固定车辆，开启PTO/取力装置(取力装置挂挡必须在停车时进行)
9			根据管径大小选择适用型号的喷头
10			安装井口导轮支架，使胶管放置在导轮上固定于井口圆心位置
11			开启节水阀使胶管处于供水状态，调整油压杆/按钮缓慢增加油压压力不大于13.8MPa，(小型冲洗车压力为13.8~15MPa)缓慢加大射水压力
12			当胶管喷头行进至另一检查井时关闭油压杆/按钮停止油压操作
13			在回收胶管时使胶管有序缠绕在卷管器上，并将胶管擦拭干净
14			胶管提升到地面时注意喷溅
15			利用工具隔挡在检查井下游管口，防止淤泥进入下游管道内，并及时将淤泥进行清掏
16	排水管道检测技术	检测程序	检查仪器设备。检测前对设备进行自检，确保其完好率达100%
17			设置排水设施基本参数
18			爬行器出入检查井时避免镜头碰撞
19			管道检测与初步判读。检测时，使显示的图像清晰可见，进行现场初步判读
20			现场检查设置专门人员全程监督检测过程，并签字确认检测记录
21			根据检测视频或图片资料，现场填写检测报告(简版模板)，进行缺陷判读和评估
22			管道缺陷的环向位置应采用时钟表示法
23		仪器保养	检查完成后，及时清理现场，擦拭设备仪器
24			清洁镜头旋转轴处和电缆连接口周边
25			回收电缆时用布和水擦拭干净，检查有无受损
26			用柔软的湿布清洁镜头，防止镜片划伤